苍术幼苗

苍术植株

苍术花期

苍术现蕾期

赤芍植株

赤芍花

赤芍种子

赤芍种苗

赤芍培土　　　　　　　　　　黄芪幼苗

黄芪开花期　　　　　　　　　黄芪结果期

黄芪种子　　　　　　　　　　黄芪壮苗

黄芪定植　　　　　　　　　　黄芪人工除草

黄芪收获

黄芪初加工

黄芪药材

甘草苗期

甘草结果期

甘草种子

甘草幼苗出土

甘草幼苗　　　　　　　　　　甘草人工除草

甘草间苗定苗　　　　　　　　甘草初加工

防风植株　　　　防风花期　　　防风收获

丹参植株

丹参花序

丹参药材

沙参苗期

北沙参花期

北沙参果期

黄芩植株　　　　　　　　黄芩花

桔梗植株

桔梗花期　　　　　　　　　　　　桔梗果期

桔梗药用品种（紫花桔梗）　　　　桔梗收获（收获前割去茎叶）

苦参幼苗期　　　　　　　　　　　苦参花期

苦参果期　　　　　　　　　　　　苦参培土

苦参药材

款冬幼苗

款冬中耕培土

款冬叶片过密

通辽市药用植物资源及利用

◎ 郭 园 编著

中国农业科学技术出版社

图书在版编目(CIP)数据

通辽市药用植物资源及利用／郭园编著． -- 北京：中国农业科学技术出版社，2024.12. -- ISBN 978-7-5116-7260-5

Ⅰ．Q949.95

中国国家版本馆 CIP 数据核字第 2024HM5838 号

责任编辑　周丽丽
责任校对　李向荣
责任印制　姜义伟　王思文

出 版 者	中国农业科学技术出版社
	北京市中关村南大街 12 号　　邮编：100081
电　　话	（010）82106638（编辑室）　　（010）82106624（发行部）
	（010）82109709（读者服务部）
网　　址	https://castp.caas.cn
经 销 者	各地新华书店
印 刷 者	北京建宏印刷有限公司
开　　本	185 mm×260 mm　1/16
印　　张	20.25　　彩插　8 页
字　　数	480 千字
版　　次	2024 年 12 月第 1 版　2024 年 12 月第 1 次印刷
定　　价	80.00 元

◄──── 版权所有·翻印必究 ────►

目 录

第一篇　通辽市药用植物资源

蕨类植物 Pteridophyta ……………………………………………………………… 3
木贼科 Equisetaceae ……………………………………………………………… 3
木贼属 *Equisetum* L. ……………………………………………………………… 3
问荆 *Equisetum arvense* L. ……………………………………………………… 3
木贼 *Equisetum hyemale* L. ……………………………………………………… 4
节节草 *Equisetum ramosissimum* Desf. ………………………………………… 5
卷柏科 Selaginellaceae …………………………………………………………… 6
卷柏属 *Selaginella* P. Beauv. …………………………………………………… 6
中华卷柏 *Selaginella sinensis*（Desv.）Spring ………………………………… 6
卷柏 *Selaginella tamariscina*（P. Beauv.）Spring ……………………………… 7

裸子植物 Gymnospermae ………………………………………………………… 8
柏科 Cupressaceae ………………………………………………………………… 8
刺柏属 *Juniperus* L. ……………………………………………………………… 8
圆柏 *Juniperus chinensis* Roxb. ………………………………………………… 8
侧柏属 *Platycladus* Spach ……………………………………………………… 9
侧柏 *Platycladus orientalis*（L.）Franco. ……………………………………… 9
麻黄科 Ephedraceae ……………………………………………………………… 10
麻黄属 *Ephedra* L. ……………………………………………………………… 10
草麻黄 *Ephedra sinica* Stapf …………………………………………………… 10

被子植物 Angiospermae ………………………………………………………… 12
双子叶植物 Dicotyledons ………………………………………………………… 12
槭树科 Aceraceae ………………………………………………………………… 12
槭属 *Acer* L. ……………………………………………………………………… 12
元宝槭 *Acer truncatum* Bunge ………………………………………………… 12
苋科 Amaranthaceae ……………………………………………………………… 13
牛膝属 *Achyranthes* L. …………………………………………………………… 13
牛膝 *Achyranthes bidentata* Blume …………………………………………… 13
苋属 *Amaranthus* L. ……………………………………………………………… 14
反枝苋 *Amaranthus retroflexus* L. ……………………………………………… 14

青葙属 *Celosia* L. ·· 15
    鸡冠花 *Celosia cristata* L. ·· 15
伞形科 Apiaceae ··· 16
  柴胡属 *Bupleurum* L. ·· 16
    柴胡 *Bupleurum chinense* DC. ·· 16
  阿魏属 *Ferula* L. ·· 17
    沙茴香 *Ferula bungeana* Kitagawa ··· 17
  珊瑚菜属 *Glehnia* F. Schmidt ·· 18
    北沙参 *Glehnia littoralis* Fr. Schmidt ex Miq. ·· 18
  岩风属 *Libanotis* Hill ··· 19
    香芹 *Libanotis seseloides* (Fisch. et Mey. ex Turcz.) Turcz. ···································· 19
  防风属 *Saposhnikovia* Schischk. ··· 20
    防风 *Saposhnikovia divaricata* (Turcz.) Schischk. ·· 20
夹竹桃科 Apocynaceae Juss. ·· 21
  罗布麻属 *Apocynum* L. ·· 21
    罗布麻 *Apocynum venetum* L. ··· 21
萝摩科 Asclepiadaceae ·· 22
  鹅绒藤属 *Cynanchum* Linn. ·· 22
    合掌消 *Cynanchum amplexicaule* (Sieb. et Zucc.) Hemsl. ······································ 22
    鹅绒藤 *Cynanchum chinense* R. Br. ·· 23
    地梢瓜 *Cynanchum thesioides* (Freyn) K. Schum. ·· 24
  萝摩属 *Metaplexis* R. Br. ··· 25
    萝摩 *Metaplexis japonica* (Thunb.) Makino ·· 25
  杠柳属 *Periploca* L. ··· 26
    杠柳 *Periplocasepium* Bunge ·· 26
菊科 Asteraceae ·· 27
  牛蒡属 *Arctium* L. ··· 27
    牛蒡 *Arctium lappa* L. ··· 27
  蒿属 *Artemisia* L. ·· 28
    山蒿 *Artemisia brachyloba* Franch. ··· 28
    茵陈蒿 *Artemisia capillaris* Thunb. ·· 29
    冷蒿 *Artemisia frigida* Willd. ··· 30
    野艾蒿 *Artemisia lavandulaefolia* DC. ··· 31
  紫菀属 *Aster* L. ·· 32
    阿尔泰狗娃花 *Aster Altaicus* Willd. ··· 32
    紫菀 *Aster tataricus* L. f. ·· 33
  苍术属 *Atractylodes* DC. ·· 34
    苍术 *Atractylodes lance* (Thunb.) DC. ·· 34

鬼针草属 *Bidens* L. ·· 35
　小花鬼针草 *Bidens parviflora* Willd. ·· 35
蓟属 *Cirsium* Mill. emend. Scop. ··· 36
　刺儿菜 *Cirsium setosum* (Willd.) MB. ··· 36
秋英属 *Cosmos* Cav. ··· 37
　秋英 *Cosmos bipinnata* Cav. ·· 37
菊属 *Dendranthema* ·· 38
　甘菊 *Dendranthema lavandulifolium* (Fisch. ex Trautv.) Ling et Shih ····· 38
蓝刺头属 *Echinops* L. ··· 39
　砂蓝刺头 *Echinops gmelini* Turcz. ·· 39
　蓝刺头 *Echinops sphaerocephalus* L. ·· 40
飞蓬属 *Erigeron* L. ·· 41
　飞蓬 *Erigeron acer* L. ·· 41
线叶菊属 *Filifolium* Kitamura ··· 42
　线叶菊 *Filifolium sibiricum* (L.) Kitam. ······································ 42
牛膝菊属 *Galinsoga* Ruiz et Cav. ·· 42
　牛膝菊 *Galinsoga parviflora* Cav. ·· 42
向日葵属 *Helianthus* L. ··· 43
　菊芋 *Helianthus tuberosus* L. ·· 43
旋覆花属 *Inula* L. ··· 44
　土木香 *Inula helenium* L. ·· 44
　旋覆花 *Inula japonica* Thunb. ··· 45
苦荬菜属 *Ixeris* Cass. ·· 46
　中华小苦荬 *Ixeris chinense* (Thunb.) Tzvel. ······························ 46
　抱茎小苦荬 *Ixeris sonchifolium* (Maxim.) Shih ·························· 47
　苦荬菜 *Ixeris polycephala* Cass. ·· 48
麻花头属 *Klasea* Cass. ·· 49
　麻花头 *Klasea centauroides* (L.) Cass. ex Kitag. ······················· 49
大丁草属 *Leibnitzia* Cass. ··· 50
　大丁草 *Leibnitzia anandria* (L.) Turcz. ·· 50
火绒草属 *Leontopodium* R. Br. ex Cass. ·· 51
　火绒草 *Leontopodium leontopodioides* (Willd.) Beauv. ··············· 51
蝟菊属 *Olgaea* ·· 52
　火媒草 *Olgaea leucopluylla* (Turcz.) Iljin ···································· 52
毛连菜属 *Picris* L. ··· 53
　毛连菜 *Picris hieracioides* L. ··· 53
狗舌草属 *Tephroseris* ··· 53
　狗舌草 *Tephroseris kirilowii* (Turcz. ex DC.) Holub ·················· 53

风毛菊属 *Saussurea* DC. ……………………………………………………………………… 54
    草地风毛菊 *Saussurea amara* (L.) DC. ………………………………………………… 54
鸦葱属 *Scorzonera* L. ……………………………………………………………………… 55
    鸦葱 *Scorzonera austriaca* Willd. ………………………………………………………… 55
千里光属 *Senecio* L. ……………………………………………………………………… 56
    羽叶千里光 *Senecio argunensis* Trucz. …………………………………………………… 56
漏芦属 *Stemmacantha* ……………………………………………………………………… 57
    漏芦 *Rhaponticum uniflorum* (L.) DC. ………………………………………………… 57
蒲公英属 *Taraxacum* F. H. Wigg. ………………………………………………………… 58
    亚洲蒲公英 *Taraxacum asiaticum* Dahlst. ……………………………………………… 58
    蒲公英 *Taraxacum mongolicum* Hand.–Mazz …………………………………………… 59
款冬属 *Tussilago* L. ……………………………………………………………………… 60
    款冬 *Tussilago farfara* L. ………………………………………………………………… 60
苍耳属 *Xanthium* L. ……………………………………………………………………… 61
    苍耳 *Xanthium sibiricum* Patrin ex Widder …………………………………………… 61
黄鹌菜属 *Youngia* Cass. …………………………………………………………………… 62
    细叶黄鹌菜 *Youngia tenuifolia* (Willd.) Babcock et Stebbins ……………………… 62
凤仙花科 Balsaminaceae ……………………………………………………………………… 63
    凤仙花属 *Impatiens* L. …………………………………………………………………… 63
        凤仙花 *Impatiens balsamina* L. ………………………………………………………… 63
紫葳科 Bignoniaceae ………………………………………………………………………… 64
    角蒿属 *Incarvillea* Juss. ………………………………………………………………… 64
        角蒿 *Incarvillea sinensis* Lam. ………………………………………………………… 64
紫草科 Boraginaceae ………………………………………………………………………… 65
    鹤虱属 *Lappula* V. Wolf ………………………………………………………………… 65
        鹤虱 *Lappula myosotis* V. Wolf ………………………………………………………… 65
    紫丹属 *Tournefortia* L. ………………………………………………………………… 66
        砂引草 *Messerschmidia sibirica* L. …………………………………………………… 66
十字花科 Brassicaceae ……………………………………………………………………… 67
    南芥属 *Arabis* L ………………………………………………………………………… 67
        垂果南芥 *Arabis pendula* L. …………………………………………………………… 67
    荠属 *Capsella* Medic. …………………………………………………………………… 68
        荠 *Capsella bursa-pastoris* (L.) Medic. ……………………………………………… 68
    独行菜属 *Lepidium* L. …………………………………………………………………… 69
        独行菜 *Lepidium apetalum* Willd. …………………………………………………… 69
桔梗科 Campanulaceae ……………………………………………………………………… 70
    沙参属 *Adenophora* Fisch. ……………………………………………………………… 70
        狭叶沙参 *Adenophora gmelinii* (Spreng.) Fisch. …………………………………… 70

轮叶沙参 *Adenophora tetraphylla* (Thunb.) Fisch. ……………………………………… 71
　　荠苨 *Adenophora trachelioides* Maxim. ………………………………………………… 72
　　锯齿沙参 *Adenophora tricuspidata* (Fisch. ex Roem. et Schult.) A. DC. ………… 73
　桔梗属 *Platycodon* A. DC. …………………………………………………………………… 73
　　桔梗 *Platycodon grandiflorus* (Jacq.) A. DC. ………………………………………… 73

忍冬科 Caprifoliaceae …………………………………………………………………………… 74
　忍冬属 *Lonicera* L. …………………………………………………………………………… 74
　　忍冬 *Lonicera japonica* Thunb. ………………………………………………………… 74

石竹科 Caryophyllaceae ………………………………………………………………………… 76
　石竹属 *Dianthus* L. …………………………………………………………………………… 76
　　瞿麦 *Dianthus superbus* L. ……………………………………………………………… 76
　蝇子草属 *Silene* L. …………………………………………………………………………… 77
　　蔓茎蝇子草 *Silene repens* Patr. ………………………………………………………… 77

卫矛科 Celastraceae ……………………………………………………………………………… 78
　卫矛属 *Euonymus* L. ………………………………………………………………………… 78
　　桃叶卫矛 *Euonymus bungeanus* Maxim. ……………………………………………… 78

藜科 Chenopodiaceae …………………………………………………………………………… 78
　雾冰藜属 *Bassia* All. ………………………………………………………………………… 78
　　雾冰藜 *Bassia dasyphylla* (Fisch. et C. A. Mey.) Kuntze ………………………… 78
　　地肤 *Kochia scoparia* (L.) Schrad. …………………………………………………… 79
　藜属 *Chenopodium* L. ………………………………………………………………………… 80
　　尖头叶藜 *Chenopodium acuminatum* Willd. ………………………………………… 80
　　灰绿藜 *Chenopodium glaucum* L. ……………………………………………………… 81
　虫实属 *Corispermum* L. ……………………………………………………………………… 82
　　兴安虫实 *Corispermum chinganicum* lljin …………………………………………… 82
　　绳虫实 *Corispermum declinatum* Steph. ex Stev. …………………………………… 82
　猪毛菜属 *Salsola* ……………………………………………………………………………… 83
　　猪毛菜 *Salsola collina* Pall. …………………………………………………………… 83
　碱蓬属 *Suaeda* ………………………………………………………………………………… 84
　　碱蓬 *Suaeda glauca* (Bunge) Bunge ………………………………………………… 84

旋花科 Convolvulaceae ………………………………………………………………………… 85
　旋花属 *Convolvulus* Linn. …………………………………………………………………… 85
　　田旋花 *Convolvulus arvensis* L. ………………………………………………………… 85
　菟丝子属 *Cuscuta* Linn. ……………………………………………………………………… 86
　　菟丝子 *Cuscuta chinensis* Lam. ………………………………………………………… 86

景天科 Crassulaceae …………………………………………………………………………… 87
　瓦松属 *Orostachys* (DC.) Fisch. …………………………………………………………… 87
　　瓦松 *Orostachys fimbriatus* (Turcz.) Berger ………………………………………… 87

钝叶瓦松 *Orostachys malacophylla*（Pall.）Fisch. ……………………………… 88
费菜属 *Phedimus* Raf. ……………………………………………………………… 89
    费菜 *Sedum aizoon* L. …………………………………………………………… 89
红景天属 *Rhodiola* L. ……………………………………………………………… 90
    小丛红景天 *Rhodiola dumulosa*（Franch.）S. H. Fu …………………………… 90
川续断科 Dipsacaceae ………………………………………………………………… 91
    蓝盆花属 *Scabiosa* L. ……………………………………………………………… 91
        窄叶蓝盆花 *Scabiosa comosa* Fisch. ex Roem. Et Schult. ……………………… 91
        华北蓝盆花 *Scabiosa tschiliensis* Grun. ………………………………………… 92
胡颓子科 Elaeagnaceae ………………………………………………………………… 93
    胡颓子属 *Elaeagnus* L. …………………………………………………………… 93
        沙枣 *Elaeagnus angustifolia* L. ………………………………………………… 93
    沙棘属 *Hippophae* L. ……………………………………………………………… 94
        沙棘 *Hippophae rhamnoides* L. ………………………………………………… 94
杜鹃花科 Ericaceae …………………………………………………………………… 95
    杜鹃花属 *Rhododendron* L. ……………………………………………………… 95
        照山白 *Rhododendron micranthum* Turcz. ……………………………………… 95
大戟科 Euphorbiaceae ………………………………………………………………… 96
    大戟属 *Euphorbia* L. ……………………………………………………………… 96
        狼毒大戟 *Euphorbia fischeriana* Steud. ………………………………………… 96
        地锦 *Euphorbia humifusa* Willd. ex Schlecht. ………………………………… 97
    地构叶属 *Speranskia* ……………………………………………………………… 98
        地构叶 *Speranskia tuberculata*（Bunge）Baill. ………………………………… 98
豆科 Fabaceae ………………………………………………………………………… 99
    紫穗槐属 *Amorpha* L. …………………………………………………………… 99
        紫穗槐 *Amorpha fruticosa* L. …………………………………………………… 99
    黄芪属 *Astragalus* L. ……………………………………………………………… 99
        斜茎黄耆 *Astragalus adsurgens* Pall. …………………………………………… 99
        华黄芪 *Astragalus chinensis* L. f. ……………………………………………… 100
        草木樨状黄芪 *Astragalus melilotoides* Pall. …………………………………… 101
        蒙古黄芪 *Astragalus membranaceus*（Fisch.）Bunge. var. *mongholicus*
            （Bunge）P. K. Hsiao …………………………………………………… 102
        糙叶黄芪 *Astragalus scaberrimus* Bunge ……………………………………… 103
    锦鸡儿属 *Caragana* Fabr. ………………………………………………………… 104
        小叶锦鸡儿 *Caragana microphylla* Lam. ……………………………………… 104
    大豆属 *Glycine* Willd. …………………………………………………………… 105
        野大豆 *Glycine soja* Sieb. et Zucc. …………………………………………… 105
    甘草属 *Glycyrrhiza* L. …………………………………………………………… 106

甘草 *Glycyrrhiza uralensis* Fisch.	106
米口袋属 *Gueldenstaedtia* Fisch.	107
少花米口袋 *Gueldenstaedtia verna* (Georgi) Boriss.	107
鸡眼草属 *Kummerowia* Schindl.	108
鸡眼草 *Kummerowia striata* (Thunb.) Schindl.	108
胡枝子属 *Lespedeza* Michx.	109
胡枝子 *Lespedeza bicolor* Turcz.	109
兴安胡枝子 *Lespedeza daurica* (Laxm.) Schindl.	110
苜蓿属 *Medicago* L.	110
花苜蓿 *Medicago ruthenica* (L.) Trautv.	110
紫苜蓿 *Medicago sativa* L.	111
棘豆属 *Oxytropis* DC.	112
硬毛棘豆 *Oxytropis fetissovii* Bunge	112
多叶棘豆 *Oxytropis myriophylla* (Pall.) DC.	113
砂珍棘豆 *Oxytropis racemosa* Turcz.	114
刺槐属 *Robinia* L.	115
刺槐 *Robinia pseudoacacia* L.	115
苦参属 *Sophora* L.	116
苦豆子 *Sophora alopecuroides* L.	116
苦参 *Sophora flavescens* Aiton	117
苦马豆属 *Sphaerophysa* DC.	118
苦马豆 *phaerophy sasalsula* (Pall.) DC.	118
野决明属 *Thermopsis* R. Br.	119
披针叶野决明 *Thermopsis lanceolata* R. Br.	119
野豌豆属 *Vicia* Linn.	120
山野豌豆 *Vicia amoena* Fisch. ex DC.	120
龙胆科 Gentianaceae	121
龙胆属 *Gentiana* L.	121
小秦艽 *gentiana dahurica* Fisch.	121
牻牛儿苗科 Geraniaceae	122
牻牛儿苗属 *Erodium* L'Hér.	122
牻牛儿苗 *Erodium stephanianum* Willd.	122
茶藨子科 Grossulariaceae	123
茶藨子属 *Ribes* L.	123
糖茶藨子 *Ribes himalense* Royle ex Decne.	123
杉叶藻科 Hippuridaceae	124
杉叶藻属 *Hippuris* L.	124
杉叶藻 *Hippuris vulgaris* L.	124

唇形科 Lamiaceae ··· 125
  水棘针属 *Amethystea* Linn. ··· 125
    水棘针 *Amethystea caerulea* L. ······································ 125
  青兰属 *Dracocephalum* L. ·· 126
    香青兰 *Dracocephalum moldavica* L. ······························· 126
    毛建草 *Dracocephalum rupestre* Hance ···························· 127
  香薷属 *Elsholtzia* ·· 128
    香薷 *Elsholtzia ciliata* (Thunb.) Hyland. ························· 128
  益母草属 *Leonurus* L. ··· 129
    益母草 *Leonurus artemisia* (Laur.) S. Y. Hu ······················ 129
    细叶益母草 *Leonurus sibiricus* L. ··································· 130
  薄荷属 *Mentha* L. ·· 131
    东北薄荷 *Mentha sachalinensis* (Briq.) Kudo ······················ 131
  鼠尾草属 *Salvia* Linn. ··· 132
    丹参 *Salvia miltiorrhiza* Bunge ····································· 132
  裂叶荆芥属 *Schizonepeta* (Benth.) Briq. ······························ 133
    多裂叶荆芥 *Schizonepeta multifida* (L.) Briq. ····················· 133
  黄芩属 *Scutellaria* L. ··· 134
    黄芩 *Scutellaria baicalensis* Georgi ································· 134
    并头黄芩 *Scutellaria scordifolia* Fisch. ex Schrenk. ·············· 136
  百里香属 *Thymus* Linn. ··· 137
    亚洲百里香 *Thymusserpyllum* L. var. *asiatieus* Kitag. ············ 137
亚麻科 Linaceae ··· 138
  亚麻属 *Linum* L. ·· 138
    野亚麻 *Linum stelleroides* Planch. ··································· 138
千屈菜科 Lythraceae ··· 139
  千屈菜属 *Lythrum* L. ·· 139
    千屈菜 *Lythrum salicaria* L. ·· 139
锦葵科 Malvaceae ··· 140
  苘麻属 *Abutilon* Miller ·· 140
    苘麻 *Abutilon theophrasti* Medicus ································· 140
桑科 Moraceae ··· 141
  大麻属 *Cannabis* Linn. ·· 141
    大麻 *Cannabis sativa* L. ·· 141
  葎草属 *Humulopsis* ·· 142
    葎草 *Humulus scandens* (Lour.) Merr. ····························· 142
  桑属 *Morus* Linn. ··· 143
    桑 *Morus alba* L. ·· 143

　　　　山桑 *Morus mongolica*（Bur.）Schneid. ················ 144
木樨科 Oleaceae Hoffmanns. & Link ······························ 144
　　丁香属 *Syringa* Linn. ··································· 144
　　　　紫丁香 *Syringa oblata* Lindl. ··························· 144
列当科 Orobanchaceae ·· 145
　　列当属 *Orobanche* L. ··································· 145
　　　　列当 *Orobanche coerulescens* Steph. ·················· 145
车前科 Plantaginaceae ·· 146
　　车前属 *Plantago* L. ····································· 146
　　　　车前 *Plantago asiatica* L. ······························ 146
白花丹科 Plumbaginaceae ·· 147
　　补血草属 *Limonium* Mill. ·································· 147
　　　　二色补血草 *Limonium bicolor*（Bunge）Kuntze ·········· 147
远志科 Polygalaceae ·· 148
　　远志属 *Polygala* L. ····································· 148
　　　　远志 *Polygala tenuifolia* Willd. ························· 148
蓼科 Polygonaceae ·· 149
　　沙蓬属 *Agriophyllum* Bieb. ······························· 149
　　　　沙蓬 *Agriophyllum squarrosum*（L.）Moq. ············· 149
　　木蓼属 *Atraphaxis* L. ··································· 150
　　　　东北木蓼 *Atraphaxis manshurica* Kitag. ··············· 150
　　荞麦属 *Fagopyrum* Mill ·································· 151
　　　　荞麦 *Fagopyrum esculentum* Moench ·················· 151
　　藤蓼属 *Fallopia* ·· 152
　　　　卷茎蓼 *Fallopia convolvulus*（L.）A. Love ············· 152
　　冰岛蓼属 *Koenigia* L. ···································· 153
　　　　叉分蓼 *Polygonum divaricatum* L. ··················· 153
　　蓼属 *Persicaria*（L.）Mill. ······························ 154
　　　　水蓼 *Polygonum hydropiper* L. ······················· 154
　　　　酸模叶蓼 *Polygonum lapathifolium* L. ················ 155
　　　　红蓼 *Polygonum orientale* L. ························· 155
　　萹蓄属 *Polygonum* ····································· 156
　　　　萹蓄 *Polygonum aviculare* L. ························ 156
　　酸模属 *Rumex* L. ······································· 157
　　　　皱叶酸模 *Rumex crispus* L. ························· 157
报春花科 Primulaceae ·· 158
　　珍珠菜属 *Lysimachia* ··································· 158
　　　　虎尾草 *Lysimachia barystachys* Bunge ················ 158

毛茛科 Ranunculaceae ·· 159
  乌头属 *Aconitum* L. ··· 159
    北乌头 *Aconitum kusnezoffii* Reichb. ··· 159
  铁线莲属 *Clematis* L. ··· 160
    棉团铁线莲 *Clematis hexapetala* Pall. ··· 160
  翠雀属 *Delphinium* L. ·· 161
    翠雀 *Delphinium grandiflorum* L. ··· 161
  碱毛茛属 *Halerpestes* Green ·· 162
    黄戴戴 *Halerpestes ruthenica*（Jacq.）Ovcz. ··· 162
  芍药属 *Paeonia* L. ··· 163
    芍药 *Paeonia lactiflora* Pall. ·· 163
  白头翁属 *Pulsatilla* Adans ·· 164
    白头翁 *Pulsatilla chinensis*（Bunge）Regel ·· 164
  毛茛属 *Ranunculus* L. ·· 165
    石龙芮 *Ranunculus sceleratus* L. ·· 165
  唐松草属 *Thalictrum* L. ·· 166
    展枝唐松草 *Thalictrum squarrosum* Steph. ·· 166
鼠李科 Rhamnaceae ·· 167
  枣属 *Ziziphus* Mill. ··· 167
    酸枣 *Ziziphus jujuba* Mill. var. *spinosa*（Bunge）Hu ex H. F. Chow ················· 167
蔷薇科 Rosaceae ·· 168
  龙牙草属 *Agrimonia* L. ·· 168
    龙芽草 *Agrimonia pilosa* Ldb. ··· 168
  杏属 *Armeniaca* Mill. ·· 169
    山杏 *Armeniaca sibirica*（L.）Lam. ··· 169
  樱属 *Cerasus* Mill. ··· 170
    欧李 *Cerasus humilis*（Bunge）Sok. ·· 170
  山楂属 *Crataegus* L. ·· 171
    山楂 *Crataegus pinnatifida* Bunge ·· 171
  路边青属 *Geum* L. ·· 172
    路边青 *Geum aleppicum* Jacq. ··· 172
  苹果属 *Malus* Mill. ··· 173
    山荆子 *Malus baccata*（L.）Borkh. ··· 173
  委陵菜属 *Potentilla* L. ··· 174
    二裂委陵菜 *Potentilla bifurca* L. ·· 174
    委陵菜 *Potentilla chinensis* Ser. ··· 175
    莓叶委陵菜 *Potentilla fragarioides* L. ··· 176
    金露梅 *Potentilla fruticosa* L. ·· 177

蔷薇属 *Rosa* L. ··· 178
  玫瑰 *Rosa rugosa* Thunb. ·································· 178
 地榆属 *Sanguisorba* Linn. ·· 179
  地榆 *Sanguisorba officinalis* L. ······················ 179
 花楸属 *Sorbus* L. ··· 180
  花楸树 *Sorbus pohuashanensis*（Hance）Hedl. ·········· 180
 绣线菊属 *Spiraea* L. ·· 181
  土庄绣线菊 *Spiraea pubescens* Turcz. ························ 181
  三裂绣线菊 *Spiraea trilobata* L. ····························· 181
茜草科 Rubiaceae ··· 182
 拉拉藤属 *Galium* Linn. ·· 182
  蓬子菜 *Galium verum* L. ··· 182
 茜草属 *Rubia* Linn ·· 183
  茜草 *Rubia cordifolia* L. ·· 183
芸香科 Rutaceae ··· 184
 拟芸香属 *Haplophyllum* A. Juss. ································ 184
  北芸香 *Haplophyllum dauricum*（L.）G. Don ········· 184
无患子科 Sapindaceae ·· 185
 文冠果属 *Xanthoceras* Bunge ····································· 185
  文冠果 *Xanthoceras sorbifolium* Bunge ·················· 185
玄参科 Scrophulariaceae ··· 186
 大黄花属 *Cymbaria* L. ··· 186
  达乌里芯芭 *Cymbaria dahurica* L. ························ 186
 柳穿鱼属 *Linaria* Mill ·· 187
  柳穿鱼 *Linaria vulgaris* Mill. ·································· 187
 松蒿属 *Phtheirospermum* Bunge ex Fisch. et Mey. ········ 188
  松蒿 *Phtheirospermum japonicum*（Thunb.）Kanitz ········ 188
 地黄属 *Rehmannia* Libosch. ex Fisch. et Mey. ············· 189
  地黄 *Rehmannia glutinosa*（Gaetn.）Libosch. ex Fisch. et Mey. ········· 189
 阴行草属 *Siphonostegia* ·· 190
  阴行草 *Siphonostegia chinensis* Benth. ··················· 190
 婆婆纳属 *Veronica* L. ··· 191
  细叶婆婆纳 *Veronica linariifolia* Pall. ex Link ······· 191
茄科 Solanaceae ··· 192
 曼陀罗属 *Datura* Linn. ·· 192
  洋金花 *Datura metel* L. ·· 192
 枸杞属 *Lycium* L. ·· 193
  枸杞 *Lycium chinense* Mill. ····································· 193

茄属 *Solanum* L. ·· 194
    龙葵 *Solanum nigrum* L. ·· 194
    青杞 *Solanum septemlobum* Bunge ·· 195
柽柳科 Tamaricaceae ·· 196
  柽柳属 *Tamarix* L. ·· 196
    柽柳 *Tamarix chinensis* Lour. ·· 196
瑞香科 Thymelaeaceae ·· 197
  狼毒属 *Stellera* Linn. ·· 197
    狼毒 *Stellera chamaejasme* L. ·· 197
榆科 Ulmaceae ·· 198
  朴属 *Celtis* L. ·· 198
    黑弹树 *Celtis bungeana* Bl. ·· 198
荨麻科 Urticaceae ·· 199
  荨麻属 *Urtica* L. ·· 199
    麻叶荨麻 *Urtica cannabina* L. ·· 199
败酱科 Valerianaceae ·· 200
  败酱属 *Patrinia* Juss. ·· 200
    墓头回 *Patrinia heterophylla* Bunge ·· 200
    岩败酱 *Patrinia rupestris*（Pall.）Juss. ·· 201
马鞭草科 Verbenaceae ·· 202
  牡荆属 *Vitex* L. ·· 202
    荆条 *Vitex negundo* L. var. *heterophylla*（Franch.）Rehd. ·· 202
堇菜科 Violaceae ·· 203
  堇菜属 *Viola* L. ·· 203
    早开堇菜 *Viola prionantha* Bunge ·· 203
    紫花地丁 *Viola yedoensis* Makino ·· 204
葡萄科 Vitaceae ·· 205
  蛇葡萄属 *Ampelopsis* A. Rich. ex Michx. ·· 205
    葎叶蛇葡萄 *Ampelopsis humulifolia* Bunge ·· 205
蒺藜科 Zygophyllaceae ·· 206
  蒺藜属 *Tribulus* L. ·· 206
    蒺藜 *Tribulus terrester* L. ·· 206
单子叶植物 Monocotyledons ·· 207
泽泻科 Alismataceae ·· 207
  泽泻属 *Alisma* Linn. ·· 207
    泽泻 *Alisma plantago-aquatica* L. ·· 207
石蒜科 Amaryllidaceae ·· 208
  葱属 *Allium* L. ·· 208

碱韭 *Allium polyrhizum* Turcz. ex Regel ······················ 208
　　　野韭 *Allium ramosum* L. ··· 209
　　　山韭 *Allium senescens* L. ·· 210
　　　辉韭 *Allium strictum* Schrader ·· 211
莎草科 Cyperaceae ··· 212
　莎草属 *Cyperus* L. ··· 212
　　　水莎草 *Cyperus serotinus* Rottb. ·· 212
薯蓣科 Dioscoreaceae ··· 213
　薯蓣属 *Dioscorea* L. ·· 213
　　　穿龙薯蓣 *Dioscorea nipponica* Makino ······································ 213
鸢尾科 Iridaceae ·· 214
　鸢尾属 *Iris* L. ·· 214
　　　野鸢尾 *Iris dichotoma* Pall. ··· 214
　　　马蔺 *Iris lactea* Pall. var. *chinensis*（Fisch.）Koidz. ················· 215
百合科 Liliaceae Juss. ·· 216
　知母属 *Anemarrhena* Bunge ··· 216
　　　知母 *Anemarrhena asphodeloides* Bunge ····································· 216
　天门冬属 *Asparagus* L. ·· 217
　　　兴安天门冬 *Asparagus dauricus* Fisch. ex Link. ························· 217
　萱草属 *Hemerocallis* L. ·· 218
　　　黄花菜 *Hemerocallis citrina* Baroni ·· 218
　百合属 *Lilium* L. ·· 219
　　　山丹 *Lilium pumilum* DC. ·· 219
　黄精属 *Polygonatum* Mill. ··· 220
　　　玉竹 *Polygonatum odoratum*（Mill.）Dure ································· 220
　　　黄精 *Polygonatum sibiricum* Delar. ex Redoute ·························· 221
　绵枣儿属 *Scilla* L. ·· 221
　　　绵枣儿 *Scilla scilloides*（Lindl.）Druce ····································· 221
兰科 Orchidaceae ·· 222
　绶草属 *Spiranthes* Rich. ·· 222
　　　绶草 *Spiranthes sinensis*（Pers.）Ames ····································· 222
禾本科 Poaceae ·· 223
　看麦娘属 *Alopecurus* Linn. ··· 223
　　　看麦娘 *Alopecurus aequalis* Sobol. ·· 223
　马唐属 *Digitaria* ··· 224
　　　止血马唐 *Digitaria ischaemum*（Schreb.）Schreb. ex Muhl. ········ 224
　芦苇属 *Phragmites* ··· 225
　　　芦苇 *Phragmites australis*（Cav.）Trin. ex Steud ······················ 225

狗尾草属 *Setaria* P. Beauv. ········· 226
　金色狗尾草 *Setaria glauca*（L.）Beauv. ········· 226
　狗尾草 *Setaria viridis*（L.）Beauv. ········· 227

第二篇　主栽品种栽培技术

第一章　苍术栽培技术 ········· 231
第二章　赤芍栽培技术 ········· 233
第三章　蒙古黄芪栽培技术 ········· 238
第四章　甘草栽培技术 ········· 247
第五章　防风栽培技术 ········· 252
第六章　丹参栽培技术 ········· 259
第七章　北沙参栽培技术 ········· 262
第八章　黄芩栽培技术 ········· 265
第九章　桔梗栽培技术 ········· 271
第十章　苦参栽培技术 ········· 279
第十一章　款冬栽培技术 ········· 282
第十二章　牛膝栽培技术 ········· 286

参考文献 ········· 294

第一篇
通辽市药用植物资源

第一部

家务劳动社会化

蕨类植物 Pteridophyta

木贼科 Equisetaceae

木贼属 *Equisetum* L.

问荆 *Equisetum arvense* L.

别名：土麻黄、接续草

蒙文名：枯朱克、呼荷—额布斯（中华本草·蒙药卷，2004）

形态特征

中小型蕨类。根茎斜升、直立或横走，黑棕色；节和根密生黄棕色长毛或无毛。枝二型；地上枝当年枯萎；能育枝春季萌发，高 5~35 cm，中部直径 3~5 mm，节间长 2~6 cm，黄棕色，无轮茎分枝，脊不明显，有密纵沟，鞘筒栗棕色或淡黄色，长约 8 mm，鞘齿 9~12 枚，栗棕色，长 4~7 mm，狭三角形，鞘背上部有浅纵沟，孢子散后能育枝枯萎；不育枝后萌发，高达 40 cm；主枝中部直径 1.5~3 mm，节间长 2~3 cm，绿色，轮生分枝多，主枝中部以下有分枝，脊背部弧形，无棱，有横纹，无小瘤，鞘筒窄长，绿色，鞘齿三角形，5~6 枚，中间黑棕色，边缘膜质，淡棕色，宿存；侧枝柔软纤细，扁平状，有 3~4 条狭而高的脊，脊背部有横纹，鞘齿 3~5 枚，披针形，绿色，边缘膜质，宿存。孢子囊穗圆柱形，长 1.8~4 cm，直径 0.9~1 cm，先端钝，成熟时柄长 3~6 cm（中国植物志，2004）。

适宜生境与分布

中生植物。生于草地、河边、沙地。内蒙古兴安盟、赤峰市、阿拉善盟、通辽市等地有分布。

资源状况

常见。

药用部位

全草或地上部分。

采收加工

夏、秋二季采收，置通风处阴干或鲜用。

药材性状

本品长约 30 cm，多干缩或枝节脱落。茎呈略扁圆形或圆形，浅绿色，有细纵沟，节间长，每节有退化的鳞片叶，鞘状，先端齿裂，硬膜质。小枝轮生，梢部渐细，基部有时带有根的一部分，呈黑褐色。气微，味稍苦、涩（中华本草，2004）。

功能主治

清热，止血，利尿，止咳。用于小便不利，热淋，吐血，衄血，月经过多，咳嗽气喘。

用法用量

内服煎汤，3～15 g。外用适量，鲜品捣敷患处。

木贼 *Equisetum hyemale* L.

别名：千峰草、锉草、笔头草

蒙文名：阿日阿、奥尼斯—额布斯（中华本草·蒙药卷，2004）

形态特征

大型蕨类。根茎横走或直立，黑棕色；节和根有黄棕色长毛。地上枝多年生。枝一型，高达 1 m 或更多，中部直径 5～9 mm，节间长 5～8 cm，绿色，不分枝或基部有少数直立侧枝。地上枝有脊 16～22，脊背部弧形或近方形，有小瘤 2 行；鞘筒长 0.7～1 cm，黑棕色或顶部及基部各有 1 圈或顶部有 1 圈黑棕色；鞘齿 16～22 枚，披针形，长 3～4 mm，先端淡棕色，膜质，芒状，早落，下部黑棕色，薄革质，基部背面有 4 条纵棱，宿存或同鞘筒早落。孢子囊穗卵状，长 1～1.5 cm，直径 5～7 mm，先端有小尖突，无柄（中国植物志，2004）。

适宜生境与分布

生于山坡林下阴湿处、溪边及杂草地。分布于我国东北、华北、西北、西南等地。内蒙古兴安盟、锡林郭勒盟、鄂尔多斯市、通辽市等地有分布。

资源状况

少见。

药用部位

干燥地上部分。

采收加工

夏、秋二季采割，除去杂质，晒干或阴干。

药材性状

本品呈长管状，不分枝，长 40～60 cm，直径 0.2～0.7 cm。表面灰绿色或黄绿色，有 16～22 条纵棱，棱上有多数细小光亮的疣状突起；节明显，节间长 2.5～8 cm，节上着生筒状鳞叶，叶鞘基部和鞘齿黑棕色，中部淡棕黄色。体轻，质脆，易折断，断面中空，周边有多数圆形的小空腔。气微，味甘、涩，嚼之有沙粒感。

功能主治

疏散风热，明目退翳。用于风热目赤，迎风流泪，目生云翳。

用法用量

内服煎汤，3~9 g，或入丸、散。外用研末撒于患处。

节节草 *Equisetum ramosissimum* Desf.

别名：通气草、土木贼、土麻黄、笔头草

蒙文名：乌益图—那日森—额布斯

形态特征

中小型蕨类。根茎直立、横走或斜升，黑棕色；节和根疏生黄棕色长毛或无毛。地上枝多年生，枝高 20~60 cm，中部直径 1~3 mm，节间长 2~6 cm，绿色；主枝多下部分枝，常呈簇生状，脊背部弧形，有 1 行小瘤或浅色小横纹；鞘筒窄，长达 1 cm，下部灰绿色，上部灰棕色，鞘齿三角形，灰白色或少数中央为黑棕色，边缘（有时上部）膜质，背部弧形，宿存，齿上气孔带明显；侧枝较硬，圆柱状，有脊 5~8 条，脊平滑或有 1 行小瘤或有浅色小横纹，鞘齿 5~8 枚，披针形，革质，边缘膜质，上部棕色，宿存。孢子囊穗短棒状或椭圆形，长 0.5~2.5 cm，中部直径 4~7 mm，先端有小尖突，无柄（中国植物志，2004）。

适宜生境与分布

中生植物。生于路边、果园、湿地或水边；喜潮湿。内蒙古赤峰市、鄂尔多斯市、阿拉善盟、通辽市有分布。

资源状况

常见。

药用部位

全草。

采收加工

春、秋二季采收，洗净泥土，晒干。

药材性状

本品茎呈灰绿色，基部多分枝，长短不等，直径 1~2 mm，中部以下节处有 2~5 小枝，表面粗糙，有肋棱 6~20，棱上有 1 列小疣状突起。叶鞘筒似漏斗状，长为直径的 2 倍，叶鞘背上无棱脊，先端有尖三角形裂齿，黑色，边缘膜质，常脱落。质脆，易折断，断面中央有小孔洞。气微，味淡、微涩。

功能主治

清肝明目，祛痰止咳，利尿通淋。用于目赤肿痛，角膜云翳，肝炎，支气管炎，咳喘，淋浊，小便涩痛，尿血。

用法用量

中医：内服煎汤，10~30 g（鲜品 30~60 g）。

蒙医：研末冲服，单用 3~5 g。

卷柏科 Selaginellaceae

卷柏属 *Selaginella* P. Beauv.

中华卷柏 *Selaginella sinensis*（Desv.） Spring
别名：地柏枝、护山皮、黄牛皮
蒙文名：囊给得—麻特日音—好木苏

形态特征

土生或旱生，匍匐，长 15~45 cm 或更长。根托在主茎断续着生，自主茎分叉处下方生出，长 2~5 cm，纤细，直径 0.1~0.3 mm，根多分叉，光滑。主茎羽状分枝，禾秆色，主茎下部直径 0.4~0.6 mm，茎圆柱状，无毛，内具维管束 1；侧枝 10~20，1~2 次或 2~3 次分叉，小枝稀疏，主茎上相邻分枝相距 1.5~3 cm，分枝无毛，背腹扁，末回分枝连叶宽 2~3 mm。叶交互排列，略二型，纸质，光滑，非全缘，具白边，分枝的腋叶对称，窄倒卵形，长 0.7~1.1 mm，边缘睫毛状；中叶多少对称，卵状椭圆形，长 0.6~1.2 mm，排列紧密，先端尖，基部楔形，具长睫毛；侧叶多少对称，略斜上，在枝先端覆瓦状排列，长 1~1.5 mm，基部不覆盖小枝，上侧边缘具长睫毛，下侧基部略耳状，基部具长睫毛。孢子叶紧密，四棱柱形，单个或成对生于小枝末端，长 0.5~1.2 cm；孢子叶一型，卵形，具睫毛，有白边，先端尖，龙骨状；有一大孢子叶位于孢子叶穗基部下侧，余均为小孢子叶。大孢子白色，小孢子橘红色（中国植物志，2004）。

适宜生境与分布

生于山坡阴处岩石上、向阳山坡石缝中、山坡灌丛下，生长在温度适中的区域内。分布于我国东北、华北、西北、华中、华东。内蒙古各地均有分布。

资源状况

少见。

药用部位

全草。

采收加工

夏、秋二季采收，晒干或鲜用。

药用性状

本品常扭曲缠结成团状，长 10~20 cm。主茎圆柱形，直径约 0.4 mm；表面灰棕色或黄绿色，较光滑，有多回分枝，分枝处有不定根（根毛）。茎下部叶疏生，贴伏于茎，叶片呈卵状椭圆形，全缘；茎上部叶二型，4 列，展平后中叶（腹叶）长卵形，叶缘均有膜质白边及长毛。孢子囊穗四棱柱形，长约 1 cm，生于枝端。质较硬脆。气微，味淡、微涩、微甘。

功能主治

清热利湿，活血通经，止血。用于肝炎，胆囊炎，痢疾，下肢湿疹，烫火伤，痛经，经闭，跌打损伤，脱肛，外伤出血。

用法用量

内服煎汤，9~15 g，大剂量可用 30~60 g。外用适量，研末敷于患处。

卷柏 *Selaginella tamariscina*（P. Beauv.）Spring

别名：九死还魂草、还魂草、万年青

蒙文名：玛塔仁—浩木斯—额布斯

形态特征

多年生直立草本，高 5~15 cm。主茎直立，通常单一（少有分枝），先端丛生小枝，小枝扇形分叉，辐射开展，干时内卷如拳。营养叶二型，背、腹各 2 列，交互着生，腹叶（即中叶）斜向上，不并行，卵状矩圆形，急尖而有长芒，边缘有微齿；背叶（即侧叶）斜展，宽超出腹叶，长卵圆形，急尖而有长芒，外侧边缘狭膜质，并有微齿，内侧全缘而宽膜质。孢子囊穗生于枝顶；孢子叶卵状三角形，龙骨状，锐尖头，边缘膜质，有微齿，4 列交互排列；孢子囊圆肾形；孢子异型（中国药材学，1996）。

适宜生境与分布

生于向阳的山坡岩石上及干旱的岩石缝中。分布于我国黑龙江、吉林、辽宁、内蒙古、河北、山东、山西等地。内蒙古各地均有分布。

资源状况

少见。

药用部位

全草。

采收加工

全年均可采收，除去须根和泥沙，晒干。

药材性状

本品卷缩成拳状，长 3~10 cm。枝丛生，扁而有分枝，绿色或棕黄色，向内卷曲，枝上密生鳞片状小叶。叶先端具长芒，中叶（腹叶）2 行，卵状矩圆形，斜向上排列，叶缘膜质，有不整齐的细锯齿；背叶（侧叶）背面的膜质边缘常呈棕黑色。基部残留棕色至棕褐色须根，散生或聚生，短干状。质脆，易折断。气微，味淡（中华人民共和国药典，2020）。

功能主治

活血通经。用于经闭痛经，癥瘕痞块，跌打损伤。卷柏炭化瘀止血。用于吐血，崩漏，便血，脱肛。

用法用量

内服煎汤，5~10 g。

裸子植物 Gymnospermae

柏科 Cupressaceae

刺柏属 *Juniperus* L.

圆柏 *Juniperus chinensis* Roxb.

别名：刺柏、柏树、桧柏

蒙文名：乌赫日—阿日查（内蒙古植物志，2020）

形态特征

乔木，高达 20 m，胸径达 3.5 m。树皮灰褐色，纵裂，呈条片剥落；树冠塔形。叶二型，刺叶 3 叶交叉轮生，长 6~12 mm，先端渐尖，基部下延，上面微凹，有 2 白色粉带，下面拱圆；鳞叶交叉对生或 3 叶轮生，菱状卵形，排列紧密，长 1.5~2 mm，先端钝或微尖，下面近中部具椭圆形的腺体。雌雄异株，稀同株；雄球花黄色，椭圆形；雄蕊 5~7 对。球果近圆球形，成熟前淡紫褐色，成熟时暗褐色，直径 6~8 mm，被白粉，微具光泽，有种子 2~4，稀 1。种子卵圆形，黄褐色，微具光泽，长约 6 mm，具棱脊及少数树脂槽（内蒙古植物志，2000）。

适宜生境与分布

中生乔木。内蒙古大青山、乌拉山、通辽市等地有分布。

资源状况

常见。

药用部位

枝叶。

采收加工

全年均可采收，鲜用或晒干。

药材性状

本品生鳞叶的小枝呈近圆柱形或近四棱形。叶二型，有刺状叶及鳞叶，生于不同枝上；鳞叶 3 叶轮生，直伸而紧密，近披针形，先端渐尖，长 1.5~2 mm；刺状叶 3 叶互轮生，斜展，疏松，披针形，长 0.6~1 cm。气微香，味微涩。

功能主治

祛风散寒，活血解毒。用于风寒感冒，风湿关节痛，荨麻疹，肿毒初起。

用法用量

9~15 g。外用适量煎汤洗，或燃烧取烟熏烤患处。

侧柏属 *Platycladus* Spach

侧柏 *Platycladus orientalis*（L.）Franco.

别名：柏叶、扁柏叶

蒙文名：阿日查

形态特征

乔木，高约20 m，胸径1 m。树皮薄，浅灰褐色，纵裂成条片；枝条向上伸展或斜展，幼树树冠卵状尖塔形，老树树冠广圆形；生鳞叶的小枝细，向上直展或斜展，扁平，排成一平面。叶鳞形，长1~3 mm，先端微钝，小枝中央的叶的露出部分呈倒卵状菱形或斜方形，背面中间有条状腺槽，两侧的叶船形，先端微内曲，背部有钝脊，尖头的下方有腺点。雄球花黄色，卵圆形，长约2 mm；雌球花近球形，直径约2 mm，蓝绿色，被白粉。球果近卵圆形，长1.5~2 cm，成熟前近肉质，蓝绿色，被白粉，成熟后木质，开裂，红褐色；中间2对种鳞倒卵形或椭圆形，鳞背先端的下方有一向外弯曲的尖头，上部1对种鳞窄长，近柱状，先端有向上的尖头，下部1对种鳞极小，长达13 mm，稀退化而不显著。种子卵圆形或近椭圆形，先端微尖，灰褐色或紫褐色，长6~8 mm，稍有棱脊，无翅或有极窄的翅。花期3—4月，球果10月成熟（内蒙古植物志，2000）。

适宜生境与分布

生于海拔1 700 m以下的向阳干山坡、岩缝中；喜光、耐寒、耐高温，浅根性。内蒙古乌兰察布市、呼和浩特市、包头市、鄂尔多斯市、通辽市有分布。

资源状况

常见。

药用部位

干燥枝梢、叶。

采收加工

夏、秋二季采收，阴干。

药材性状

本品多分枝，小枝扁平。叶细小鳞片状，交互对生，贴伏于枝上，深绿色或黄绿色。质脆，易折断。气清香，味苦、涩、微辛。

功能主治

中医：用于吐血，衄血，咯血，尿血，便血，崩漏下血，血热脱发，须发早白，咳喘。

蒙医：用于肾脏损伤，膀胱热，尿血，淋病，尿闭，浮肿，"发症"，游痛症，痛风，"希日乌素"症，创伤。
用法用量
内服煎汤，6~12 g。外用适量。止血多炒炭用，化痰止咳宜生用。

麻黄科 Ephedraceae

麻黄属 *Ephedra* L.

草麻黄 *Ephedra sinica* Stapf
别名：麻黄、华麻黄
蒙文名：策都木、哲格日根
形态特征
草本状灌木，高20~40 cm。木质茎短或呈匍匐状，小枝直伸或微曲，表面细纵槽纹常不明显，节间长2.5~5.5 cm，多为3~4 cm，直径约2 mm。叶2裂，鞘占全长的1/3~2/3，裂片锐三角形，先端急尖。雄球花多呈复穗状，常具总梗，苞片通常4对，雄蕊7~8枚，花丝合生，稀先端稍分离；雌球花单生，在幼枝上顶生，在老枝上腋生，常在成熟过程中基部有梗抽出，使雌球花呈侧枝顶生状，卵圆形或矩圆状卵圆形，苞片4对，下部3对合生部分占1/4~1/3，最上1对合生部分达1/2以上；雌花2，胚珠的珠被管长1 mm或稍长，直立或先端微弯，管口裂隙窄长，占全长的1/4~1/2，裂口边缘不整齐，常被少数毛茸；雌球花成熟时肉质、红色，矩圆状卵圆形或近于圆球形，长约8 mm，直径6~7 mm。种子通常2，包于苞片内，不露出或与苞片等长，黑红色或灰褐色，三角状卵圆形或宽卵圆形，长5~6 mm，直径2.5~3.5 mm，表面具细皱纹，种脐明显，半圆形。花期5—6月，种子8—9月成熟（中国植物志，1978）。
适宜生境与分布
旱生植物。生于丘陵坡地、平原、沙地，为石质和砂质草原的伴生种，局部地段可形成群聚；喜凉爽、喜干燥、耐严寒，对土壤要求不严格，砂质壤土、砂土或壤土中均可生长。分布于我国内蒙古、黑龙江、吉林、辽宁、河北、山西、陕西等地。
资源状况
少见（李润萍等，2012）。
药用部位
干燥草质茎、根。
采收加工
9—10月割取绿色的草质茎，扎成小把，在通风处阴干或晾至七八成干时再晒干。暴晒过久颜色发黄，受霜冻颜色变红，均影响药效。

药材性状

本品茎呈细长圆柱形，少分枝，直径 0.1~0.2 cm，有的带少量木质茎。表面淡绿色至黄绿色，有细的纵棱线，触之微有粗糙感。节明显，节间长 2.5~5.5 cm，节上有膜质鳞叶，长 0.3~0.4 cm；裂片 2（稀 3），锐三角形，先端灰白色，反曲，基部联合成筒状，红棕色。体轻，质脆，易折断。断面略呈纤维性，周边绿黄色，髓部红棕色，近圆形。气微香，味涩、微苦（中华本草·蒙药卷，2004）。根呈圆柱形，略弯曲，长 8~25 cm，直径 0.5~1.5 cm。表面红棕色或灰棕色，有纵皱纹和支根痕。外皮粗糙，易呈片状剥落。根茎具节，节间长 0.7~2 cm，表面有横长凸起的皮孔。体轻，质硬而脆，断面皮部黄白色，木质部淡黄色或黄色，射线放射状，中心有髓。气微，味微苦。

功能主治

中医：茎发汗散寒，宣肺平喘，利水消肿；用于风寒感冒，胸闷喘咳，风水浮肿。根固表止汗；用于自汗，盗汗。

蒙医：发汗，清肝，化痞，消肿，治伤，止血。用于黄疸型肝炎，创伤出血，子宫出血，吐血，便血，咯血，搏热，劳热，内伤。

用法用量

内服煎汤，2~10 g。

被子植物 Angiospermae

双子叶植物 Dicotyledons

槭树科 Aceraceae

槭属 *Acer* L.

元宝槭 *Acer truncatum* Bunge

别名：华北五脚槭

蒙文名：哈图—查干

形态特征

落叶乔木，高8~10 m。树皮灰褐色或深褐色，深纵裂；小枝无毛，当年生枝绿色，多年生枝灰褐色，具圆形皮孔；冬芽小，卵圆形；鳞片锐尖，外侧微被短柔毛。叶纸质，长5~10 cm，宽8~12 cm，常5裂，稀7裂，基部截形，稀近心形，裂片三角状卵形或披针形，先端锐尖或尾状锐尖，全缘，长3~5 cm，宽1.5~2 cm，有时中央裂片的上段再3裂，裂片间的凹缺锐尖或钝尖，上面深绿色，无毛，下面淡绿色，嫩时脉腋被丛毛，其余部分无毛，渐老全部无毛；主脉5，在上面显著，在下面微凸起，侧脉在上面微显著，在下面显著；叶柄长3~5 cm，稀达9 cm，无毛，稀嫩时先端被短柔毛。花黄绿色，杂性，雄花与两性花同株，常成无毛的伞房花序，长5 cm，直径8 cm；总花梗长1~2 cm；萼片5，黄绿色，长圆形，先端钝形，长4~5 mm；花瓣5，淡黄色或淡白色，长圆状倒卵形，长5~7 mm；雄蕊8，生于雄花者长2~3 mm，生于两性花者较短，着生于花盘的内缘，花药黄色，花丝无毛；花盘微裂；子房嫩时有黏性，无毛，花柱短，仅长1 mm，无毛，2裂，柱头反卷，微弯曲；花梗细瘦，长约1 cm，无毛。翅果嫩时淡绿色，成熟时淡黄色或淡褐色，常成下垂的伞房果序；小坚果压扁状，长1.3~1.8 cm，宽1~1.2 cm；翅长圆形，两侧平行，宽8 mm，常与小坚果等长，稀稍长，张开成锐角或钝角。花期4月，果期8月（中国植物志，2004）。

适宜生境与分布

喜温凉气候和湿润肥沃土壤，在山区多见于半阴坡、阴坡及沟谷底部，但在干燥山坡砂质土壤上也能生长。分布于我国东北、华北、华东地区。内蒙古赤峰市、呼和浩特市、包头市有栽培。

资源分布

常见。

药用部位

根皮。

采收加工

夏季采挖，洗净，切片，晒干。

功能主治

祛风除湿。用于腰背痛（王国强，2014）。

用法用量

内服煎汤，15~30 g；或浸酒，9~15 g。

苋科 Amaranthaceae

牛膝属 *Achyranthes* L.

牛膝 *Achyranthes bidentata* Blume

别名：怀牛膝、牛夕

蒙文名：乌赫仁—西勒比

形态特征

多年生草本，高达 1 m。根细长。茎四棱形，节略膨大，有对生的分枝。叶对生，有柄，叶片椭圆形或椭圆状披针形，长 4.5~12 cm，先端渐尖，基部楔形，全缘，两面被柔毛。穗状花序腋生或顶生，花期后，花向下折贴近总花梗；苞片 1，宽卵形，先端渐尖；小苞片 2，坚刺状，基部两侧各具卵状小裂片；花被片 5，绿色，边缘膜质；雄蕊 5，退化雄蕊先端齿形或浅波状；子房长椭圆形。胞果长圆形，果皮薄，包于宿萼内。种子卵形，红褐色。花期 7—9 月，果期 9—10 月。

适宜生境与分布

中生植物，为深根系植物。喜温暖干燥气候，不耐严寒和高温，在气温 -17 ℃时植株易冻死。黏土及碱性土不宜生长。主要分布于我国华北、华中、华东、西南等地。

资源状况

少见。

药用部位

干燥根。

采收加工

冬季茎叶枯萎时采挖，除去须根及泥沙，捆成小把，晒至干皱后，将先端切齐，晒干（赵中振等，2010）。

药材性状

本品呈细长圆柱形，挺直或稍弯曲，长15~70 cm，直径0.4~1 cm。表面灰黄色或淡棕色，有微扭曲的细纵皱纹、排列稀疏的侧根痕和横长皮孔样突起。质硬脆，易折断，受潮后变软，断面平坦，淡棕色，略呈角质样而油润，中心维管束木质部较大，黄白色，其外周散有多数黄白色点状维管束，断续排列成2~4轮。气微，味微甜而稍苦、涩（中华人民共和国药典，2020）。

功能主治

逐瘀通经，补肝肾，强筋骨，利尿通淋，引血下行。用于经闭，痛经，腰膝酸痛，筋骨无力，淋证，水肿，头痛，眩晕，牙痛，口疮，吐血，衄血。

用法用量

内服煎汤，3~9 g。或入丸、散。

苋属 Amaranthus L.

反枝苋 Amaranthus retroflexus L.

别名：野苋菜、野千穗谷、西风谷、苋菜

蒙文名：阿日柏—淖高

形态特征

一年生草本，高20~60 cm。茎直立，粗壮，分枝或不分枝，被短柔毛，淡绿色，有时具淡紫色条纹，略有钝棱。叶片椭圆状卵形或菱状卵形，长5~10 cm，宽3~6 cm，先端锐尖或微缺，具小凸尖，基部楔形，全缘或呈波状，两面及边缘被柔毛，下面毛较密，叶脉隆起；叶柄长3~5 cm，有柔毛。圆锥花序顶生及腋生，直立，由多数穗状花序组成，顶生花穗较侧生花穗长；苞片及小苞片锥状，长4~6 mm，先端针芒状，背部具隆脊，边缘透明、膜质；花被片5，矩圆形或倒披针形，长约2 mm，先端锐尖或微凹，具芒尖，透明，膜质，有绿色隆起的中肋；雄蕊5，超出花被；柱头3，长刺锥状。胞果扁卵形，环状横裂，包于宿存的花被内。种子近球形，直径约1 mm，黑色或黑褐色，边缘钝。花期7—8月，果期8—9月（内蒙古植物志，2020）。

适宜生境与分布

喜湿润环境，亦耐旱，适应性极强，为棉花、玉米等旱作物地及菜园、果园、荒地、路旁常见杂草；不耐荫蔽，在密植田或高秆作物中生长不好。分布于我国东北、华北及西北。内蒙古各地均有分布。

资源状况

常见。

药用部位

全草或种子。

采收加工

夏、秋二季采收，洗净泥土，晒干。

药材性状

本品种子呈近球形，直径约 1 mm。棕色或黑色，边缘钝，略有光泽。气微，味淡。

功能主治

全草清热解毒，利尿止痛，止痢，用于痈肿疮毒，便秘，下痢。种子清热，明目，用于肝热目赤，翳障。

用法用量

内服煎汤，5~15 g。

青葙属 *Celosia* L.

鸡冠花 *Celosia cristata* L.

别名：鸡公花、鸡冠头、鸡骨子花

蒙文名：铁汉—斯其格—其其格

形态特征

一年生草本，高 30~90 cm。茎直立，粗壮，绿色或带红色。单叶互生，长椭圆形至卵状披针形，长 5~13 cm，宽 2~6 cm，先端渐尖，基部渐狭成柄，全缘。花序扁平鸡冠状，中部以下密生多数小花；苞片、小苞片及花被片紫色、红色、淡红色或黄色，干膜质；雄蕊 5，花丝下部合生成环状；雌蕊 1，柱头 2 浅裂。胞果卵形，盖裂。种子小，扁圆形或略呈肾形，黑色，有光泽。花期 5—9 月，果期 8—11 月（中华本草·蒙药卷，2004）。

适宜生境与分布

我国各地均有栽培。内蒙古各地均有分布。

资源状况

少见。

采收加工

秋季花盛开，花序充分长大时采摘，晒干。

药材性状

本品多扁平而肥厚，呈鸡冠状，长 8~25 cm，宽 5~20 cm，上缘宽，具皱褶，密生线状鳞片，下端渐窄，常残留扁平的茎；表面红色、紫红色或黄白色；中部以下密生多数小花，每花宿存的苞片和花被片均呈膜质。果实盖裂。种子扁圆肾形，黑色，有光泽。体轻，质柔韧。气微，味淡。

功能主治

收敛止血，止带，止痢。用于吐血，崩漏，便血，痔血，赤白带下，久痢不止。

用法用量

内服煎汤，6~12 g。

伞形科 Apiaceae

柴胡属 *Bupleurum* L.

柴胡 *Bupleurum chinense* DC.

别名：地熏、山菜、菇草、柴草

蒙文名：沙日—赛日阿

形态特征

多年生草本，高50~85 cm。主根较粗大，棕褐色，质坚硬。茎单一或数茎，表面有细纵槽纹，实心，上部多回分枝，微作"之"字形曲折。基生叶倒披针形或狭椭圆形，长4~7 cm，宽0.6~0.8 cm，先端渐尖，基部收缩成柄，早枯落；茎中部叶倒披针形或广线状披针形，长4~12 cm，宽0.6~1.8 cm，有时达3 cm，先端渐尖或急尖，有短芒尖头，基部收缩成叶鞘抱茎，脉7~9；茎顶部叶同形，但更小。复伞形花序很多，花序梗细，常水平伸出，呈疏松的圆锥状；总苞片2~3，甚小，狭披针形，长1~5 mm，宽0.5~1 mm，3脉，很少1脉或5脉；伞辐3~8，纤细，不等长，长1~3 cm；小总苞片5，披针形，长3~3.5 mm，宽0.6~1 mm，先端尖锐，3脉，向叶背突出；小伞直径4~6 mm，花5~10；花柄长1 mm；花直径1.2~1.8 mm；花瓣鲜黄色，上部向内折，中肋隆起，小舌片矩圆形，先端2浅裂；花柱基深黄色，宽于子房。果实广椭圆形，棕色，两侧略扁，长约3 mm，宽约2 mm，棱狭翼状，淡棕色，每棱槽油管3，很少4，合生面油管4。花期9月，果期10月（中国植物志，1979）。

适宜生境与分布

生于向阳山坡路边、岸旁或草丛中。常野生于较干燥的山坡、林缘、林中隙地、草丛及路旁。本种分布较为广泛，分布于我国东北、华北、西北、华东和华中各地。内蒙古各地均有分布。

资源状况

十分常见。

药用部位

干燥根。

采收加工

全年均可采挖，晒干或刮去粗皮晒干。

药材性状

本品呈圆柱形或长圆锥形，长6~15 cm，直径0.3~0.8 cm。根头膨大，先端残留3~15个茎基或短纤维状叶基，下部分枝。表面黑褐色或浅棕色，具纵皱纹、支根痕及皮孔。质硬而韧，不易折断，断面显纤维性，皮部浅棕色，木质部黄白色。气微香，味微苦（中华人民共和国药典，2020）。

功能主治

疏散退热，疏肝解郁，升举阳气。用于感冒发热，寒热往来，胸胁胀痛，月经不调，子宫脱垂，脱肛。

用法用量

内服煎汤，3~10 g。

阿魏属 *Ferula* L.

沙茴香 *Ferula bungeana* Kitagawa

别名：硬阿魏、牛叫磨

蒙文名：额勒森—照日高德斯

形态特征

多年生草本，高达60 cm，植株密被柔毛。茎2~3回分枝。基生叶莲座状，具短柄；叶宽卵形，2~3回羽状全裂，裂片长卵形，羽状深裂，小裂片楔形或倒卵形，长1~3 mm，宽1~2 mm，常3裂成角状齿，密被柔毛，灰蓝色，质厚，宿存。复伞形花序顶生，直径4~12 cm，果序长达25 cm；无总苞片或偶有1~3，锥形；伞辐4~15；伞形花序有花5~12，小总苞片3~5，线状披针形；萼齿卵形；花瓣黄色，椭圆形；花柱基扁圆锥形，边缘宽。分生果宽椭圆形，背腹扁，长1~1.5 cm，直径4~6 mm；果棱线形，钝状凸起；果柄不等长，长达3 cm；每棱槽油管1，合生面油管2。花期6—7月，果期7—8月（中国植物志，1992）。

适宜生境与分布

嗜沙旱生植物。常生于典型草原和荒漠草原地带的沙地。分布于我国东北、华北、西北地区。内蒙古通辽市、赤峰市、锡林郭勒盟、乌兰察布市、巴彦淖尔市、鄂尔多斯市、阿拉善盟、呼和浩特市、包头市有分布。

资源状况

常见。

药用部位

全草。

采收加工

夏、秋二季采挖，晒干。

药材性状

本品表面绿色或黄绿色。茎具纵细棱，圆柱形。叶多脱落，完整者基生叶多数，莲花状丛生，大型，具长叶柄与叶鞘；鞘条形，黄色；叶片质厚，坚硬，三角状卵形，上半部具3枚三角状牙齿，茎中部叶2~3，顶生叶极简化，有时只剩叶鞘。花黄色。果实似葵花子壳，矩圆形，背腹压扁，长约1 cm，宽约0.5 cm，果棱黄色，棱槽棕褐色，每棱槽中具油管1，合生面油管2。气微，味淡。

功能主治

解表，清热，祛痰，止咳。用于感冒引起的发热头痛，咳嗽胸闷，咽喉肿痛，骨关节结核，瘰疬，脓疡，肋间神经痛。

用法用量

内服煎汤，3~10 g，大剂量可用 15~30 g。

珊瑚菜属 *Glehnia* F. Schmidt

北沙参 *Glehnia littoralis* Fr. Schmidt ex Miq.

别名：辽沙参、海沙参、莱阳参

蒙文名：查干—扫日劳

形态特征

多年生草本，全株被白色柔毛。根细长，圆柱形或纺锤形，长 20~70 cm，直径 0.5~1.5 cm，表面黄白色。茎露于地面部分较短，分枝，地下部分伸长。叶多数基生，厚质，有长柄，叶柄长 5~15 cm，叶片呈圆卵形至长圆状卵形，三出式分裂至三出式 2 回羽状分裂，末回裂片倒卵形至卵圆形，长 1~6 cm，宽 0.8~3.5 cm，先端圆形至尖锐，基部楔形至截形，边缘有缺刻状锯齿，齿边缘为白色软骨质，叶柄和叶脉上有细微硬毛；茎生叶与基生叶相似。复伞形花序顶生，密生浓密的长柔毛，直径 3~6 cm，花序梗有时分枝，长 2~6 cm；伞辐 8~16，不等长，长 1~3 cm；无总苞片；小总苞数枚，线状披针形，边缘及背部密被柔毛；小伞形花序有花 15~20，花白色；萼齿 5，卵状披针形，长 0.5~1 mm，被柔毛；花瓣白色或带堇色；花柱基短圆锥形。果实近圆球形或倒广卵形，长 6~13 mm，宽 6~10 mm，密被长柔毛及茸毛，果棱有木栓质翅；分生果的横剖面半圆形。花果期 6—8 月（中国植物志，1992）。

适宜生境与分布

适应性较强，可在各种环境条件下生长发育；喜向阳与温暖湿润环境，抗严寒、耐干旱、耐盐碱。在我国内蒙古、河北，以及东北、华北等地都有种植，其他各地也有零星分布。

资源状况

常见。

药用部位

干燥根。

采收加工

夏、秋二季采挖，除去须根，洗净，稍晾，置沸水中烫后，除去外皮，干燥；或洗净直接干燥。

药材性状

本品呈细长圆柱形，偶有分枝，长 15~45 cm，直径 0.4~1.2 cm。表面淡黄白色，略粗糙，偶有残存外皮，不去外皮者表面黄棕色。全体有细纵皱纹和纵沟，并有棕黄色点状细根痕；先端常留有黄棕色根茎残基；上端稍细，中部略粗，下部渐细。质脆，易折断，断面皮部浅黄白色，木质部黄色。气特异，味微甘。

功能主治

养阴清肺，益胃生津。用于肺热燥咳，劳嗽痰血，胃阴不足，热病津伤，咽干口渴。

用法用量

内服煎汤，5~12 g。

岩风属 Libanotis Hill

香芹 Libanotis seseloides（Fisch. et Mey. ex Turcz.）Turcz.

别名：邪蒿

蒙文名：昂给拉玛—朝古日

形态特征

多年生草本，高30~120 cm。根颈粗短，有环纹，上端残留枯鞘纤维；根圆柱状，末端渐细，通常有少数侧根，主根直径0.5~1.5 cm，灰色或灰褐色，木质化，质地坚实。茎直立或稍曲折，单一或自基部抽出2~3茎，粗壮，直径0.3~1.2 cm，基部近圆柱形，下部以上有显著条棱，呈棱角状突起，沟棱一般宽而深，宽狭、深浅不一，分枝，以上部分枝较多，下部光滑无毛，或于茎节处有短柔毛，髓部充实。基生叶有长柄，叶柄长4~18 cm，基部有叶鞘，有时有短糙毛，叶片椭圆形或宽椭圆形，长5~18 cm，宽4~10 cm，三回羽状全裂，一回羽片无柄，最下面的1对二回羽片紧靠叶轴着生，末回裂片线形或线状披针形，先端有小尖头，边缘反卷，中肋突出，长3~15 mm，宽1~4 mm，无毛或沿叶脉及边缘有短硬毛；茎生叶叶柄较短，至顶部叶无柄，仅有叶鞘，叶片与基生叶相似，二回羽状全裂，逐渐变短小。伞形花序多分枝，伞梗上端有短硬毛，复伞形花序直径2~7 cm；通常无总苞片，偶有1~5，线形或锥形，长2~4 mm，宽0.5~1 mm；小伞形花序有花15~30，花柄短；小总苞片8~14，线形或线状披针形，先端渐尖，与花柄等长或稍短，边缘有毛；萼齿明显，三角形或披针状锥形；花瓣白色，宽椭圆形，先端凹陷处小舌片内曲，背面中央有短毛；花柱基扁圆锥形，花柱长，开展，卷曲，子房密生短毛。分生果卵形，背腹略扁压，长2.5~3.5 mm，宽约1.5 mm，5棱显著，侧棱比背棱稍宽，有短毛；每棱槽内有油管3~4，合生面油管6。花期7—9月，果期8—10月（中国植物志，1985）。

适宜生境与分布

生于开阔的山坡、草地、林缘、灌丛间及草甸。分布于我国东北，以及内蒙古、河南、山东、江苏等地。

资源状况

常见。

药用部位

全草。

采收加工

春、夏季采收，洗净，多鲜用。

功能主治

利肠胃，通血脉。用于痢疾。

用法用量

内服煎汤，干品 9~15 g，鲜品 30~60 g；或绞汁；或入丸剂。外用适量，捣敷；或煎汤洗患处。

防风属 *Saposhnikovia* Schischk.

防风 *Saposhnikovia divaricata*（Turcz.） Schischk.

别名：关防风、北防风、旁风

蒙文名：浩宁—梳日、梳日格讷

形态特征

多年生草本，高 30~80 cm。根粗壮，细长圆柱形，分歧，淡黄棕色，根头处被有纤维状叶残基及明显的环纹。茎单生，自基部分枝较多，斜上升，与主茎近等长，有细棱。基生叶丛生，有扁长的叶柄，基部有宽叶鞘，叶片卵形或长圆形，长 14~35 cm，宽 6~18 cm，2 回或近 3 回羽状分裂；茎生叶与基生叶相似，但较小；顶生叶简化，有宽叶鞘。复伞形花序多数，生于茎和分枝，花序梗长 2~5 cm；伞辐 5~7，长 3~5 cm，无毛；小伞形花序有花 4~10；无总苞片；小总苞片 4~6，线形或披针形，先端长，长约 3 mm；萼齿短三角形；花瓣倒卵形，白色，长约 1.5 mm，无毛，先端微凹，具内折小舌片。双悬果狭圆形或椭圆形，长 4~5 mm，宽 2~3 mm，幼时有疣状突起，成熟时渐平滑；每棱槽内通常有油管 1，合生面油管 2；胚乳腹面平坦。花期 8—9 月，果期 9—10 月（中国植物志，1992）。

适宜生境与分布

旱生植物。生于草甸、草原山坡、丘陵、林缘、林下灌丛及田边、路旁；喜温暖湿润气候，又耐寒喜干，适应性较强，能在田间越冬。主要分布于我国东北，以及内蒙古、河北等地。

资源状况

十分常见。

药用部位

干燥根。

采收加工

春、秋二季采挖未抽花茎的植株的根，除去须根和泥沙，晒干。

药材性状

本品呈长圆锥形或长圆柱形,下部渐细,有的略弯曲,长 15~30 cm,直径 0.5~2 cm。表面灰棕色或棕褐色,粗糙,有纵皱纹、多数横长皮孔样突起及点状细根痕。根头部有明显密集的环纹,有的环纹上残存棕褐色毛状叶基。体轻,质松,易折断,断面不平坦,皮部棕黄色至棕色,有裂隙,木质部黄色。气特异,味微甘(中华人民共和国药典,2020)。

功能主治

祛风解表,除湿止痛,止痉。用于感冒头痛,风湿痹痛,风疹瘙痒,破伤风。

用法用量

内服煎汤,5~10 g。

夹竹桃科 Apocynaceae Juss.

罗布麻属 *Apocynum* L.

罗布麻 *Apocynum venetum* L.

别名:茶叶花、野麻、吉吉麻

蒙文名:罗布—奥鲁斯

形态特征

直立半灌木,高 1.5~3 m,一般高约 2 m,最高可达 4 m,具乳汁。枝条对生或互生,圆筒形,光滑无毛,紫红色或淡红色。叶对生,仅在分枝处为近对生,叶片椭圆状披针形至卵圆状长圆形,长 1~5 cm,宽 0.5~1.5 cm,先端急尖至钝,具短尖头,基部急尖至钝,叶缘具细牙齿,两面无毛;叶脉纤细,在叶背微凸或扁平,在叶面不明显,侧脉每边 10~15,在叶缘前网结;叶柄长 3~6 mm;叶柄间具腺体,老时脱落。圆锥状聚伞花序一至多歧,通常顶生,有时腋生,花梗长约 4 mm,被短柔毛;苞片膜质,披针形,长约 4 mm,宽约 1 mm;小苞片长 1~5 mm,宽 0.5 mm;花萼 5 深裂,裂片披针形或卵圆状披针形,两面被短柔毛,边缘膜质,长约 1.5 mm,宽约 0.6 mm;花冠圆筒状钟形,紫红色或粉红色,两面密被颗粒状突起,花冠筒长 6~8 mm,直径 2~3 mm,花冠裂片基部向右覆盖,裂片卵圆状长圆形,稀宽三角形,先端钝或浑圆,与花冠筒几乎等长,长 3~4 mm,宽 1.5~2.5 mm,每裂片内外均具 3 个明显紫红色的脉纹;雄蕊着生于花冠筒基部,与副花冠裂片互生,长 2~3 mm;花药箭头状,先端渐尖,隐藏于花喉内,背部隆起,腹部黏生在柱头基部,基部具耳,耳通常平行,有时紧接或辏合,花丝短,密被白色茸毛;雌蕊长 2~2.5 mm,花柱短,上部膨大,下部缩小,柱头基部盘状,先端钝,2 裂;子房由 2 个离生心皮组成,被白色茸毛,每心皮有胚珠多数,着生于子房的腹缝线侧膜胎座上;花盘环状,肉质,先端不规则 5 裂,基部合生,环绕子房,着生于花托上。蓇葖果 2,平行或叉生,下垂,箸状圆筒形,长 8~20 cm,直径

2~3 mm，先端渐尖，基部钝，外果皮棕色，无毛，有细纵纹。种子多数，卵圆状长圆形，黄褐色，长 2~3 mm，直径 0.5~0.7 mm，先端有 1 簇白色绢质的种毛；种毛长 1.5~2.5 cm；子叶长卵圆形，与胚根近等长，长约 1.3 mm；胚根在上。花期 4—9 月，果期 7—12 月（中国植物志，1977）。

适宜生境与分布
生于河漫滩、山坡砂质地、盐碱地及干燥的盐渍化草甸。分布于我国东北、华北、西北，以及河南、江苏等地。内蒙古鄂尔多斯市、巴彦淖尔市及阿拉善盟有分布。

资源状况
少见。

药用部位
干燥叶。

采收加工
夏季采收，除去杂质，干燥。

药材性状
本品多皱缩卷曲，有的破碎，完整叶片展平后呈椭圆状披针形或卵圆状披针形，长 2~5 cm，宽 0.5~2 cm。淡绿色或灰绿色，先端钝，有小芒尖，基部钝圆或楔形，边缘具细齿，常反卷，两面无毛，叶脉于下表面凸起；叶柄细，长约 4 mm。质脆。气微，味淡（中华人民共和国药典，2020）。

功能主治
平肝安神，清热利水。用于肝阳眩晕，心悸失眠，惊痫抽搐，肾炎水肿，浮肿尿少。

用法用量
内服煎汤，6~12 g。

萝藦科 Asclepiadaceae

鹅绒藤属 *Cynanchum* Linn.

合掌消 *Cynanchum amplexicaule*（Sieb. et Zucc.）Hemsl.

别名：甜胆草、合掌草

蒙文名：闹格音—根木根—呼和

形态特征
直立多年生草本，高 50~100 cm，全株流白色乳液，除花萼、花冠被有微毛外，余皆无毛。根须状。叶薄纸质，无柄，倒卵状椭圆形，先端急尖，基部下延近抱茎，上部叶小，下部叶大，小者长 1.5~2.5 cm，宽 0.7~1 cm，大者长 4~6 cm，宽 2~4 cm。多歧聚伞花序顶生及腋生，花直径 5 mm；花冠黄绿色或棕黄色；副花冠 5 裂，扁平；花粉块每室1，下垂。蓇葖果单生，刺刀形，长5 cm，直径5 mm。花期春、夏季之间，果期秋季（中国植物志，1977）。

适宜生境与分布

生于山坡或荒地。分布于我国黑龙江、吉林、辽宁、内蒙古等地。

资源状况

常见。

药用部位

全草或根。

采收加工

夏、秋二季采收，洗净，晒干或鲜用。

药材性状

本品根茎呈圆柱形，粗短，呈结节状，上面有圆形凹陷的茎痕或残存茎基，下面簇生多数细而长的根。根长约20 cm，直径不及1 mm，弯曲；表面黄棕色，具细纵纹。质较脆，易折断，断而平坦。气特异，味微苦。

功能主治

清热，祛风湿，消肿解毒。用于急性胃肠炎，急性肝炎，风湿痛，偏头痛，便血，痈肿，湿疹。

用法用量

内服煎汤，25~50 g；或与鸡蛋、瘦猪肉蒸食。外用适量，捣敷，或研末调敷。

鹅绒藤 *Cynanchum chinense* R. Br.

别名：祖子花

蒙文名：吉乐图—特莫根—呼呼

形态特征

缠绕草质藤本，长达4 m，全株被短柔毛。叶对生，宽三角状心形，长2.5~9 cm，先端骤尖，基部心形，基出脉达9，侧脉6对。聚伞花序伞状，二歧分枝，具花约20，花序长达1 cm；花梗长约1 cm；花萼裂片长圆状三角形，长1~2 mm，被柔毛及缘毛；花冠白色，辐状或反折，无毛，长0.5~1 mm，裂片长圆状披针形，长3~6 mm；副花冠杯状，先端丝状体10，2轮，外轮与花冠裂片等长，内轮稍短；花药近菱形，先端附属物圆形；花粉块长圆形。蓇葖果圆柱状纺锤形，长8~13 cm，直径5~8 mm。种子长圆形，长5~6 mm，宽约2 mm；种毛长2.5~3 cm。花期6—7月，果期8—9月。

适宜生境与分布

中生植物。生于沙地、河滩地、田埂。分布于我国辽宁、河北、河南、山西、陕西、宁夏、甘肃、江苏、浙江。内蒙古兴安盟、通辽市、鄂尔多斯市、巴彦淖尔市、阿拉善盟有分布。

资源状况

常见。

药用部位

全草或根、茎的乳汁。

采收加工

夏、秋二季茎随采乳汁随用;根挖出后洗净,晒干。

药材性状

本品根呈圆柱形,长约 20 cm,直径 5~8 mm。表面灰黄色,平滑或有细纵皱,栓皮易剥离,剥离处呈灰白色。质脆,易折断,断面不平坦,黄色,有小空心。气微,味淡。

功能主治

中医:根用于祛风解毒,健胃止痛;用于小儿食积。茎乳汁用于性疣赘。

蒙医:清"协日",止泻。用于脏腑"协日"病,热泻,肠刺痛。

用法用量

内服煎汤,15 g。外用适量,乳汁涂患处。

地梢瓜 *Cynanchum thesioides*(Freyn)K. Schum.

别名:沙奶草、老瓜瓢、沙奶奶

蒙文名:特莫根—呼呼、额布森—都格莫宁

形态特征

多年生草本,高 15~30 cm。根细长,褐色,具横行绳状的支根。茎自基部多分枝,直立,圆柱形,具纵细棱,密被短硬毛。叶对生,条形,长 2~5 cm,宽 0.2~0.5 cm,先端渐尖,全缘,基部楔形,上面绿色,下面淡绿色,中脉明显隆起,两面被短硬毛,边缘常向下反折;近无柄。伞状聚伞花序腋生,具花 3~7,总花梗长 2~5 mm;花萼 5 深裂,裂片披针形,长约 2 mm,外面被短硬毛,先端锐尖;花冠白色,辐状,5 深裂,裂片矩圆状披针形,长 3~3.5 mm;副花冠杯状,5 深裂,裂片三角形,长约 1.2 mm,与合蕊柱近等长;花粉块每药室 1,矩圆形,下垂。蓇葖果单生,纺锤形,长 4~6 cm,直径 1.5~2 cm,先端渐尖,表面具纵细纹。种子近矩圆形,扁平,长 6~8 mm,宽 4~5 mm,棕色,先端种缨白色,绢状,长 1~2 cm。花期 6—7 月,果期 7—8 月(内蒙古植物志,2020)。

适宜生境与分布

旱生植物。生于干草原、丘陵坡地、沙丘、撂荒地、田埂。分布于我国东北、华北、西北,以及江苏等地。

资源状况

常见。

药用部位

带果实全草或种子。

采收加工

夏、秋二季采收,洗净,晒干。

药材性状

本品全草长 15~30 cm，常弯曲，地上部分被短柔毛。根细长，褐色，有支根。茎多自基部分枝，圆柱形，具纵皱纹；体轻，质脆，易折断。单叶对生，有短柄；叶片多已破碎或脱落，展平后呈条形，全缘。花小，黄白色。蓇葖果纺锤形，表面具纵皱纹。气微，味涩。种子呈扁平椭圆形，一端钝圆，另一端尖而略平，两侧边缘翅状，微反卷或呈波状弯曲，长 6~8 mm，宽 4~5 mm，厚约 1 mm。表面棕色至暗棕色，一面有微凸起的线形种脊，种脐位于种子尖端稍平部分。体轻，质脆，易压碎。种皮薄，不易分离，剥去后可见类白色种仁，显油性，其内有 2 枚子叶，淡黄色或黄绿色，胚根朝向种子的尖端。气无，味微甘。

功能主治

益气，通乳，清热降火，生津止渴。用于乳汁不通，气血两虚，咽喉疼痛等。

用法用量

内服煎汤，15~30 g。

萝藦属 Metaplexis R. Br.

萝藦 *Metaplexis japonica*（Thunb.）Makino

别名：芄兰、斫合子、白环藤、婆婆针线包

蒙文名：敖勒召日—吉木斯

形态特征

多年生草质藤本，具乳汁。茎缠绕，圆柱形，具纵棱，被短柔毛。叶卵状心形，少披针状心形，长 5~11 cm，宽 3~10 cm，先端渐尖或骤尖，全缘，基部心形，两面被短柔毛，老时毛常脱落；叶柄长 2~6 cm，先端具丛生腺体。花序腋生，着花 10 或更多；总花梗长 7~12 cm，花梗长 3~6 mm，被短柔毛；花蕾圆锥形，先端锐尖；萼裂片条状披针形，长 6~8 mm，被短柔毛；花冠白色，近辐状，条状披针形，长约 10 mm，张开，里面被柔毛。蓇葖果叉生，纺锤形，长 6~8 cm，被短柔毛。种子扁卵圆形，先端具 1 簇白色绢质长种毛。花期 7—8 月，果期 9—12 月（冉先德，2010）。

适宜生境与分布

中生植物。生于河边砂质坡地。分布于我国东北、华北、西北、西南、华东地区。内蒙古辽河平原、兴安南部，以及通辽市等地有分布。

资源状况

常见。

药用部位

全草或块根。

采收加工

7—9 月采收全草，鲜用或晒干。夏、秋二季采挖块根，洗净，晒干。

药材性状

本品根呈长椭圆形、纺锤形或不规则的块状，有分枝，长 5~10 cm，直径 2~4 cm；表面棕褐色或灰棕色，粗糙，具不规则的纵皱纹，有横向皮孔及须根痕；质坚硬，难折断，断面类白色，粉性，有放射状纹理。茎缠绕，圆柱形，具纵条纹。叶对生，卵状心形。蓇葖果叉生，纺锤形，果皮对开，似舟状，基部钝圆，可见果柄或脱落后的疤痕；另一端渐狭而长，先端反卷成鸟嘴状，果皮厚约 1.5 mm；外表面黄绿色，具纤维状纹理及疣状突起，内表面黄白色，具纤维状纹理，光滑而润泽；纤维性强，不易折断。气无，味微酸。

功能主治

补益精气，通乳，解毒。用于虚劳损伤，阳痿，带下，乳汁不通，丹毒疮肿。

用法用量

内服煎汤，15~60 g。外用适量，鲜品捣敷。

杠柳属 *Periploca* L.

杠柳 *Periploca sepium* Bunge

别名：北五加皮、羊奶子、山五加皮、羊角条

蒙文名：亚曼—额布热

形态特征

落叶蔓性灌木，高可达 1.5 m。主根圆柱状，外皮灰棕色，内皮浅黄色，具乳汁，除花外，全株无毛。茎皮灰褐色；小枝常对生，具皮孔及细条纹。叶卵状长圆形，长 5~9 cm，宽 1.5~2.5 cm，先端渐尖，基部楔形，叶面深绿色，叶背淡绿色；中脉在叶面扁平，在叶背微凸起，侧脉纤细，两面扁平，每边 20~25；叶柄长约 3 mm。聚伞花序腋生，着花数朵；花萼裂片卵圆形，长 3 mm，宽 2 mm，先端钝，花萼内面基部具小腺体 10 个；花冠紫红色，辐状，张开直径 1.5 cm，花冠筒短，长约 3 mm，裂片长圆状披针形，长 8 mm，宽 4 mm，中间加厚成纺锤形，反折，内面被长柔毛，外面无毛；副花冠环状，10 裂，其中 5 裂延伸成丝状被短柔毛，先端向内弯；雄蕊着生于副花冠内面，并与其合生，花药彼此粘连并包围着柱头，背面被长柔毛；心皮离生，无毛，每心皮有胚珠多个，柱头盘状凸起；花粉器匙形，四合花粉藏在载粉器内，黏盘粘连在柱头上。蓇葖果 2，圆柱状，长 7~12 cm，直径约 5 mm，无毛，具有纵条纹。种子长圆形，长约 7 mm，宽约 1 mm，黑褐色，先端具白色绢质种毛；种毛长 3 cm。花期 5—6 月，果期 7—9 月（中国植物志，1977）。

适宜生境与分布

生于干旱山坡、沟边、固定沙地、灌丛、河边、河边沙地、荒地、林缘、田边、固定或半固定沙丘；喜阳，喜光，耐寒，耐旱，耐瘠薄，耐阴，对土壤适应性强，具有较强的抗风蚀、抗沙埋的能力。分布于我国西北、华北、东北、西南。内蒙古各地均有分布。

资源状况

少见。

药用部位

干燥根皮。

采收加工

除去杂质,洗净,润透,切厚片,干燥。

药材性状

本品呈卷筒状或槽状,少数呈不规则的块片状,长 3~10 cm,直径 1~2 cm,厚 0.2~0.4 cm。外表面灰棕色或黄棕色,栓皮松软,常呈鳞片状,易剥落;内表面淡黄色或淡黄棕色,较平滑,有细纵纹。体轻、质脆、易折断,断面不整齐,黄白色。有特殊香气,味苦。

功能主治

利水消肿,祛风湿,强筋骨。用于下肢浮肿,心悸气短,风寒湿痹,腰膝酸软。

用法用量

内服煎汤,3~6 g。

菊科 Asteraceae

牛蒡属 Arctium L.

牛蒡 Arctium lappa L.

别名:大力子、荔实、蒡翁菜

蒙文名:希波—额布斯(吉松)

形态特征

二年生草本,高 1~2 m。根粗壮,肉质,圆锥形。茎直立,上部多分枝,带紫褐色,有纵条棱。基生叶大型,丛生,有长柄;茎生叶互生,叶片长卵形或广卵形,长 20~50 cm,宽 15~40 cm,先端钝,具刺尖,基部常为心形,全缘或具不整齐波状微齿,上面绿色或暗绿色,具疏毛,下面密被灰白色短茸毛。头状花序簇生于茎顶或排列成伞房状,直径 2~4 cm;花序梗长 3~7 cm,表面有浅沟,密被细毛;总苞球形,苞片多数,覆瓦状排列,披针形或线状披针形,先端钩曲;花小,红紫色,均为管状花,两性;花冠先端 5 浅裂;聚药雄蕊 5,与花冠裂片互生,花药黄色;子房下位,1 室,先端圆盘状,着生短刚毛状冠毛,花柱细长,柱头 2 裂。瘦果长圆形或长圆状倒卵形,灰褐色,具纵棱;冠毛短刺状,淡黄棕色。花期 6—8 月,果期 8—10 月。

适宜生境与分布

大型中生杂草。生于村落路旁、山沟、杂草地。我国各地均有分布。内蒙古呼伦贝尔市、通辽市、赤峰市、呼和浩特市、包头市、鄂尔多斯市、巴彦淖尔市、阿拉善盟有分布。

资源状况

少见。

药用部位

干燥成熟果实。

采收加工

秋季果实成熟时采收果序，晒干，打下果实，除去杂质，再晒干。

药材性状

本品呈长倒卵形，略扁，微弯曲，长 5~7 mm，宽 2~3 mm。表面灰褐色，带紫黑色斑点，有数条纵棱，通常中间 1~2 条较明显。先端钝圆，稍宽，顶面有圆环，中间具点状花柱残迹；基部略窄，着生面色较淡。果皮较硬，子叶 2，淡黄白色，富油性。气微，味苦后微辛而稍麻舌。

功能主治

中医：疏散风热，宣肺透疹，解毒利咽。用于风热感冒，咳嗽痰多，麻疹，风疹，咽喉肿痛，痄腮，丹毒，痈肿疮毒。

蒙医：化石痞，逐泻脉疾。用于尿闭，膀胱石痞，脉疾等（内蒙古植物志，2020）。

用法用量

中医：内服煎汤：6~12 g。

蒙医：多入汤、散、丸。

蒿属 Artemisia L.

山蒿 Artemisia brachyloba Franch.

别名：骆驼蒿、岩蒿

蒙文名：哈丹—西巴嘎（内蒙古植物志，2020）

形态特征

亚灌木状草本或为小灌木状。茎丛生，高达 60 cm。茎、枝幼时被茸毛。叶上面无毛，下面被白色茸毛；基生叶卵形或宽卵形，2~3 回羽状全裂；茎下部与中部叶宽卵形或卵形，长 2~4 cm，2 回羽状全裂，每侧裂片 3~4，羽状全裂，每侧小裂片 2~5，小裂片窄线形或窄线状披针形，叶柄长 0.5~1.3 cm；茎上部叶羽状全裂；苞片叶 3 裂或不裂。头状花序卵圆形或卵状钟形，直径 2.5~3.5 mm，排成短总状穗状花序，稀单生于叶腋，在茎上组成稍窄的圆锥花序；总苞片背面被灰白色茸毛；雌花 10~15，两性花 20~25。瘦果卵圆形。花果期 7—10 月。

适宜生境与分布

石生旱生植物。生于石质山坡、岩石露头或碎石质的土壤，是山地植被的主要建群植物之一。分布于我国河北、山西、陕西、宁夏、甘肃。内蒙古呼伦贝尔市、兴安盟、赤峰市、锡林郭勒盟、乌兰察布市、鄂尔多斯市等地有分布。

资源状况

常见。

药用部位

全草或地上部分。

采收加工

夏、秋二季采收全草，除去杂质，洗净泥土，晒干，切段。夏季茎叶茂盛时采割地上部分，除去根及老茎，晒干，切段。

功能主治

中医：清热燥湿，杀虫。用于偏头痛，咽喉肿痛，风湿关节痛。

蒙医：杀虫，止痛，燥"希日乌素"，解痉，消肿。用于脑刺痛，痧症，痘疹，虫牙，"发症"，皮肤瘙痒。

用法用量

内服熬膏，1.5~3 g；或炒炭研末，3~6 g。

茵陈蒿 *Artemisia capillaris* **Thunb.**

别名：牛至、绵茵陈、绒蒿、细叶青蒿、茵陈

蒙文名：阿荣

形态特征

半灌木状草本，植株有浓烈的香气。主根明显木质，垂直或斜向下伸长；根茎直径5~8 mm，直立，稀少斜上展或横卧，常有细的营养枝。茎单生或少数，高40~120 cm或更长，红褐色或褐色，有不明显的纵棱，基部木质，上部分枝多，向上斜伸展；茎、枝初时密生灰白色或灰黄色绢质柔毛，后渐稀疏或脱落无毛。营养枝端有密集叶丛，基生叶密集着生，常成莲座状；基生叶、茎下部叶与营养枝叶两面均被棕黄色或灰黄色绢质柔毛，后期茎下部叶被毛脱落，叶卵圆形或卵状椭圆形，长2~5 cm，宽1.5~3.5 cm，2~3回羽状全裂，每侧有裂片2~4，每裂片再3~5全裂，小裂片狭线形或狭线状披针形，通常细直、不弧曲，长5~10 mm，宽0.5~2 mm，叶柄长3~7 mm，花期上述叶均萎谢；茎中部叶宽卵形、近圆形或卵圆形，长2~3 cm，宽1.5~2.5 cm，1~2回羽状全裂，小裂片狭线形或丝线形，通常细直、不弧曲，长8~12 mm，宽0.3~1 mm，近无毛，先端微尖，基部裂片常半抱茎，近无叶柄；茎上部叶与苞片叶羽状3或5全裂，基部裂片半抱茎。头状花序卵球形，稀近球形，多数，直径1.5~2 mm，有短梗及线形的小苞叶，在分枝的上端或小枝端偏向外侧生长，常排成复总状花序，并在茎上端组成大型、开展的圆锥花序；总苞片3~4层，外层总苞片草质，卵形或椭圆形，背面淡黄色，有绿色中肋，无毛，边缘膜质，中、内层总苞片椭圆形，近膜质或膜质；花序托小，凸起；雌花6~10，花冠狭管状或狭圆锥状，檐部具2~3裂齿，花柱细长，伸出花冠外，先端二叉，叉端尖锐；两性花3~7，不孕育，花冠管状，花药线形，先端附属物尖，长三角形，基部圆钝，花柱短，上端棒状，2裂，不叉开，退化子房极小。瘦果长圆形或长卵形。花果期7—10月（中国植物志，1991）。

适宜生境与分布

旱生或中旱生植物。生于森林区、草原区及荒漠区的砂质土壤上。我国各地均有分布。

资源状况

常见。

药用部位

干燥地上部分。

采收加工

春季幼苗高 6~10 cm 时采收或秋季花蕾长成至花初开时采割,除去杂质和老茎,晒干。春季采收者习称"绵茵陈",秋季采割者称"花茵陈"。

药材性状

绵茵陈　本品多卷曲成团状,灰白色或灰绿色,全体密被白色茸毛,绵软如绒。茎细小,长 1.5~2.5 cm,直径 0.1~0.2 cm,除去表面白色茸毛后可见明显纵纹;质脆,易折断。叶具柄,展平后叶片呈 2~3 回羽状分裂,叶片长 1~3 cm,宽约 1 cm;小裂片卵形或稍呈倒披针形、条形,先端锐尖。气清香,味微苦。

花茵陈　本品茎呈圆柱形,多分枝,长 30~100 cm,直径 2~8 mm;表面淡紫色或紫色,有纵条纹,被短柔毛;体轻,质脆,断面类白色。叶密集,或多脱落;茎下部叶 2~3 回羽状深裂,裂片条形或细条形,两面密被白色柔毛;茎中部叶 1~2 回羽状全裂,基部抱茎,裂片细丝状。头状花序卵形,多数集成圆锥状,长 1.2~1.5 mm,直径 1~1.2 mm,有短梗;总苞片 3~4 层,卵形,苞片 3 裂;外层雌花 6~10,可多达 15,内层两性花 3~7。瘦果长圆形,黄棕色。气芳香,味微苦(中华人民共和国药典,2020)。

功能主治

清热利湿,利胆退黄。用于黄疸尿少,湿温暑湿,湿疮瘙痒。

用法用量

内服煎汤,6~15 g。外用适量,煎汤熏洗。

冷蒿 *Artemisia frigida* Willd.

别名:兔毛蒿、白蒿、刚蒿、小白蒿

蒙文名:查干—阿给

形态特征

多年生草本,有时略呈半灌木状。主根细长或粗,木质化,侧根多;根茎粗短或略细,有多条营养枝,并密生营养叶。茎直立,数枚或多数与营养枝共组成疏松或稍密集的小丛,稀单生,高 30~70 cm,稀 10~20 cm,基部多少木质化,上部分枝,枝短,稀略长,斜向上,或不分枝;茎、枝、叶及总苞片背面密被淡灰黄色或灰白色、稍带绢质的短茸毛,后茎上毛稍脱落。茎下部叶与营养枝叶长圆形或倒卵状长圆形,长、宽均为 0.8~1.5 cm,2~3 回羽状全裂,每侧有裂片 2~4,小裂片线状披针形或披针形,叶柄长 0.5~2 cm;茎中部叶长圆形或倒卵状长圆形,长、宽均为 0.5~0.7 cm,1~2 回羽状全裂,每侧裂片 3~4,中部与上半部侧裂片常再 3~5 全裂,下半部侧裂片不再分裂或有 1~2 小裂片，小裂片长椭圆状披针形、披针形或线状披针形，长 2~3 mm，宽 0.5~1.5 mm，先端锐尖，基部裂片半抱茎，并呈假托叶状，无柄；茎上部叶与苞片叶羽状全裂或 3~5 全裂，裂片长椭圆状披针形或线状披针形。头状花序半球形、球形或卵球形，直径 2~4 mm，在茎上排成总状花序或为狭窄的总状花序式的圆锥花序；总苞片 3~4 层，外、中层总苞片卵形或长卵形，背面密被短茸毛，有绿色中肋，边缘膜质，内层总苞片长卵形或椭圆形，背面近无毛，半膜质或膜质；花序托有白色托毛；雌花 8~13，花冠狭管状，檐部具 2~3 裂齿，花柱伸出花冠外，上部二叉，叉枝长，叉端尖；两性花 20~30，花冠管状，花药线形，先端附属物尖，长三角形，基部圆钝，花柱与花冠近等长，先端二叉，叉端截形。瘦果长圆形或椭圆状倒卵形，上端圆，有时有不对称的膜质冠状边缘。花果期 7—10 月（中国植物志，1991）。

适宜生境与分布

生于在高平原、山地、丘陵、沙地或撂荒地的砂质和砾质土壤上，是山地干旱与半干旱地区植物群落的建群种或主要伴生种。主要分布于我国东北、西北等地。

资源状况

十分常见。

药用部位

带花全草。

采收加工

7—8 月初采收，晒干。

功能主治

止血，消肿，消痈疽，燥湿，杀虫。用于各种出血，关节肿胀，肾热，月经不调，疮痈，胆囊炎，蛔虫，蛲虫。

用法用量

多配方或用于药浴。

野艾蒿 *Artemisia lavandulaefolia* DC.

别名：艾蒿、家艾、艾

蒙文名：荽哈

形态特征

多年生草本，高 30~100 cm，植株有浓烈香气。主根粗长，侧根多；根茎横卧，有营养枝。茎单生或少数，具纵条棱，褐色或灰黄褐色，基部稍木质化，有少数分枝；茎、枝密被灰白色蛛丝状毛。叶厚纸质，基生叶花期枯萎；茎下部叶近圆形或宽卵形，羽状深裂，侧裂片 2~3 对，椭圆形或倒卵状长椭圆形，每裂片有 2~3 小裂齿，叶柄长 5~8 mm；茎中部叶卵形、三角状卵形或近菱形，长 5~9 cm，宽 4~7 cm，1~2 回羽状深裂至半裂，侧裂片 2~3 对，卵形、卵状披针形或披针形，长 2.5~5 cm，宽 1.5~2 cm，不再分裂或每侧有 1~2 缺齿，叶基部宽楔形、渐狭成短柄，叶柄长 2~5 mm，基部有极小的假托叶或无，叶上面被灰白色短柔毛，密布白色腺点，下面密被灰白色或灰黄色蛛丝状茸毛；茎上部叶与苞叶羽状半裂、浅裂、3 深裂或 3 浅裂，或不分裂而呈披针形或条状披针形。头状花序椭圆形，直径 2.5~3 mm，无梗或近无梗，花后下倾，多数在茎上排列成狭窄、尖塔形的圆锥状；总苞片 3~4 层，外、中层卵形或狭卵形，背部密被蛛丝状绵毛，边缘膜质，内层质薄，背部近无毛；边缘雌花 6~10，花冠狭管状；中央两性花 8~12，花冠管状或高脚杯状，檐部紫色；花序托小。瘦果矩圆形或长卵形。花果期 7—10 月（内蒙古植物志，2020）。

适宜生境与分布

中生植物。在森林草原地带可以形成群落，作为杂草常侵入耕地、路旁及村庄附近，有时也生于林缘、林下、灌丛间。我国各地均有分布。

资源状况

十分常见。

药用部位

干燥叶。

采收加工

夏季花未开时采摘，除去杂质，晒干。

药材性状

本品多皱缩、破碎，有短柄。完整叶片展平后呈卵状椭圆形，羽状深裂，裂片椭圆状披针形，边缘有不规则的粗锯齿；上表面灰绿色或深黄绿色，有稀疏的柔毛和腺点，下表面密生灰白色绒毛。质柔软。气清香，味苦。

功能主治

温经止血，散寒止痛；外用祛湿止痒。用于吐血，衄血，崩漏，月经过多，胎漏下血，少腹冷痛，经寒不调，宫冷不孕。外用于皮肤瘙痒。醋艾炭温经止血，用于虚寒性出血。

用法用量

3~9 g；外用适量，供灸治或熏洗用。

紫菀属 *Aster* L.

阿尔泰狗娃花 *Aster Altaicus* Willd.

别名：阿尔泰紫菀

蒙文名：阿拉泰音—宝日—拉白

形态特征

多年生草本，有横走或垂直的根。茎直立，高 20~60 cm，稀达 100 cm，被上曲或有时开展的毛，上部常有腺，上部或全部有分枝。基生叶在花期枯萎；下部叶条形、矩圆状披针形、倒披针形或近匙形，长 2.5~6 cm，稀达 10 cm，宽 0.7~1.5 cm，全缘或有疏浅齿；上部叶渐狭小，条形；全部叶两面或下面被粗毛或细毛，常有腺点，中脉在下面稍凸起。头状花序直径 2~3.5 cm，稀达 4 cm，单生枝端或排成伞房状；总苞半球形，直径 0.8~1.8 cm，总苞片 2~3 层，近等长或外层稍短，矩圆状披针形或条形，长

4~8 mm，宽 0.6~1.8 mm，先端渐尖，背面或外层全部草质，被毛，常有腺，边缘膜质；舌状花约 20，管部长 1.5~2.8 mm，有微毛，舌片浅蓝紫色，矩圆状条形，长 10~15 mm，宽 1.5~2.5 mm；管状花长 5~6 mm，管部长 1.5~2.2 mm，裂片不等大，长 0.6~1 mm 或 1~1.4 mm，有疏毛。瘦果扁，倒卵状矩圆形，长 2~2.8 mm，宽 0.7~1.4 mm，灰绿色或浅褐色，被绢毛，上部有腺；冠毛污白色或红褐色，长 4~6 mm，有不等长的微糙毛。花果期 7—10 月（中国植物志，1985）。

适宜生境与分布

中旱生植物。分布于我国东北、华北、西北，以及湖北、四川等地。

资源状况

常见。

药用部位

全草或根。

采收加工

夏、秋二季开花时采挖全草，晒干或阴干。

功能主治

中医：全草清热降火，排脓；用于时疫热病，高热头痛，肝胆火旺，胸胁胀痛，烦躁易怒，痈疮疔肿，毒蛇咬伤。根润肺止咳，化痰降气，利尿；用于肺虚咳嗽，咯血，慢性支气管炎，淋病，小便不利。

蒙医：杀"粘"，清热解毒。根用于瘟病，热毒，血热，"宝日"热，麻疹不透。

用法用量

内服煎汤，5~10 g。外用适量，捣敷患处。

紫菀 *Aster tataricus* L. f.

别名：青菀

蒙文名：奥登—其其格

形态特征

植株高达 1 m。根茎短，簇生多数细根，外皮褐色。茎直立，粗壮，单一，常带紫红色，具纵沟棱，疏生硬毛，基部被深褐色纤维状残叶柄。基生叶大型，花期枯萎凋落，椭圆状或矩圆状匙形，长 20~30 cm，宽 3~8 cm，先端钝尖，基部渐狭，延长成具翅的叶柄，边缘有具小凸尖的牙齿，两面疏生短硬毛；下部叶及中部叶椭圆状匙形、长椭圆形或披针形至倒披针形，长 10~20 cm，宽 5~7 cm，先端锐尖，常带有小尖头，中部以下渐窄成一狭长的基部或短柄，近全缘或有锯齿，两面有短硬毛，中脉粗壮，侧脉 6~10 对；上部叶狭小，披针形或条状披针形至条形，两端尖，无柄，全缘，两面被短硬毛。头状花序直径 2.5~3.5 cm，多数在茎顶排列成复伞房状，总花梗细长，密被硬毛；总苞半球形，直径 10~25 mm，总苞片 3 层，外层者较短，长 3~5 mm，内层者较长，长 6~9 mm，全部矩圆状披针形，先端圆形或尖，背部草质，边缘膜质，绿色或紫红色，有短柔毛及短硬毛；舌状花蓝紫色，长 15~18 mm；管状花长约 6 mm。瘦果长 2.5~3 mm，紫褐色，两面各有 1 脉或少有 3 脉，有毛；冠毛污白色或带红色，与管状花等长。花果期7—9月（内蒙古植物志，2020）。

适宜生境与分布

中生植物。生于森林、草原地带的山地林下、灌丛或山地河沟边。分布于我国东北、华北、西北。内蒙古呼伦贝尔市、兴安盟、通辽市、赤峰市、锡林郭勒盟、乌兰察布市、呼和浩特市、包头市、鄂尔多斯市等地有分布。

资源状况

常见。

药用部位

干燥根、根茎、头状花序。

采收加工

紫菀生长1年后，于秋季霜降前后或第2年春季清明前割去地上茎叶，挖出根和根茎，抖掉泥土，稍晾一二日，至须根半干时，将根编成辫状，干燥。夏、秋二季花盛开时采摘头状花序，除去杂质，晾干。

药材性状

本品根茎呈不规则块状，大小不一，先端有茎、叶的残基；质稍硬。根茎簇生多数细根，长3~15 cm，直径0.1~0.3 cm，多编成辫状；表面紫红色或灰红色，有纵皱纹；质较柔韧。气微香，味甜、微苦。

功能主治

中医：润肺下气，消痰止咳。用于痰多喘咳，新久咳嗽，劳嗽咯血。

蒙医：杀"粘"，清热，解毒，燥脓血，消肿。用于瘟疫，"萨侯"病，炭疽，疹症，毒热。

用法用量

中医：内服煎汤，4.5~10 g；或入丸、散。

蒙医：多入汤、散、丸。

苍术属 *Atractylodes* DC.

苍术 *Atractylodes lance*（Thunb.） DC.

别名：苍术、枪头菜、山刺儿菜

蒙文名：朝宁—哈拉特日

形态特征

多年生草木，高30~50 cm。根茎肥大，结节状。茎直立，具纵沟棱，疏被柔毛，带褐色，不分枝或上部稍分枝。叶革质，无毛；下部叶与中部叶倒卵形、长卵形、椭圆形、宽椭圆形，长2~8 cm，宽1.5~4 cm，不分裂或大头羽状3~5（7~9）浅裂或深裂，先端钝圆或稍尖，基部楔形至圆形，侧裂片卵形、倒卵形或椭圆形，先端稍尖，边缘有具硬刺的牙齿，两面叶脉明显，下部叶具短柄，有狭翅，中部叶无柄，基部略抱茎；上部叶变小，披针形或长椭圆形，不分裂或羽状分裂，叶缘具硬刺状齿。头状花序单生于枝先端,直径约 1 cm,长约 1.5 cm,叶状苞倒披针形,与头状花序近等长,羽状裂片栉齿状,有硬刺;总苞杯状,总苞片 6~8 层,先端尖,被微毛,外层者长卵形,中层者矩圆形,内层者矩圆状披针形;管状花白色,长约 1 cm,狭管部与具裂片的檐部近等长。瘦果圆柱形,长约 5 mm,密被向上而呈银白色长柔毛;冠毛淡褐色,长 6~7 mm。花果期 7—10 月(内蒙古植物志,2020)。

适宜生境与分布

旱中生短根茎植物。生于夏绿阔叶林区及森林草原地带山地阳坡、半阴坡草灌丛群落中,呈斑状分布;喜光。分布于我国东北、华北、华东、华中及西北。内蒙古呼伦贝尔市、赤峰市、通辽市、锡林郭勒盟等地有分布。

资源状况

常见。

药用部位

干燥根茎。

采收加工

家种的苍术需生长 2 年后方可收获。春、秋二季均可采挖,除去茎叶和泥土,晒至五成干时装进筐中,撞去部分须根,表皮呈黑褐色;晒至六七成干时,再撞 1 次,以除去全部老皮;晒至全干时最后撞 1 次,使表皮呈黄褐色。

药材性状

本品呈疙瘩块状或结节状圆柱形,长 4~9 cm,直径 1~4 cm。表面黑棕色,除去外皮者黄棕色。质较疏松,断面散有黄棕色油室。香气较淡,味辛、苦。

功能主治

燥湿健脾,祛风散寒,明目。用于湿阻中焦,脘腹胀满,泄泻,水肿,脚气痿躄,风湿痹痛,风寒感冒,夜盲,眼目昏涩。

用法用量

内服煎汤,3~9 g;或熬膏;或入丸、散。

鬼针草属 *Bidens* L.

小花鬼针草 *Bidens parviflora* Willd.

别名:一包针

蒙文名:吉吉格—哈日巴其—额布斯

形态特征

一年生草本。茎无毛或疏被柔毛。叶对生,长 6~10 cm,2~3 回羽状分裂,裂片线形或线状披针形,宽约 2 mm,上面被柔毛,下面无毛或沿叶脉疏被柔毛;上部叶互生,叶柄长 2~3 cm。头状花序单生茎枝端,具长梗,高 0.7~1 cm;总苞筒状,基部被柔毛,外层总苞片 4~5,草质,线状披针形,长约 5 mm,内层总苞片常 1,托片状;无舌状花,盘花两性,6~12,花冠筒状,冠檐 4 齿裂。瘦果线形,稍具 4 棱,长 1.3~

1.6 cm，两端渐窄，有小刚毛，先端芒刺 2，有倒刺毛。花果期 7—9 月（内蒙古植物志，2020）。

适宜生境与分布

中生杂草。生于田野、路旁、沟渠边；喜温暖湿润气候，宜疏松肥沃、富含腐殖质土壤及黏土壤。分布于我国东北、华北、西南，以及山东、河南、陕西、甘肃。内蒙古各地均有分布。

资源状况

常见。

药用部位

全草。

采收加工

秋季采收，晒干。

功能主治

祛风湿，清热解毒，止泻。用于风湿性关节炎，扭伤，肠炎腹泻，咽喉肿痛，蛇虫咬伤。

用法用量

内服煎汤，10~15 g，鲜品加倍。外用适量，捣敷。

蓟属 *Cirsium* Mill. emend. Scop.

刺儿菜 *Cirsium setosum*（Willd.） MB.

别名：小蓟、青青草、蓟蓟草

蒙文名：巴嘎—阿扎日根

形态特征

多年生草本，地下部分常大于地上部分，有长根茎。茎直立，幼茎被白色蛛丝状毛，有棱，高 100~120 cm，基部直径 3~5 mm，有时可达 1 cm，上部有分枝，花序分枝无毛或有薄茸毛。叶互生，基生叶花时凋落；下部和中部叶椭圆形或椭圆状披针形，表面绿色，背面淡绿色，两面有疏密不等的白色蛛丝状毛，先端短尖或钝，基部窄狭或钝圆，近全缘或有疏锯齿，无叶柄。小花紫红色或白色。瘦果淡黄色，椭圆形或偏斜椭圆形，压扁，长 3 mm，宽 1.5 mm，先端斜截形；冠毛污白色，多层，整体脱落；冠毛刚毛长羽毛状，长 3.5 cm，先端渐细。花果期 7—9 月（内蒙古植物志，2020）。

适宜生境与分布

生于湿草地、撂荒地、居民区附近。我国各地均有分布。内蒙古各地均有分布。

资源状况

十分常见。

药用部位

干燥地上部分（带花全草）、根茎。

采收加工

夏季采收地上部分,晒干。

药材性状

本品茎呈圆柱形,有的上部分枝,长 5~30 cm,直径 0.2~0.5 cm;表面灰绿色或带紫色,具纵棱及白色柔毛;质脆,易折断,断面中空。叶互生,无柄或有短柄;叶片皱缩或破碎,完整者展平后呈长椭圆形或长圆状披针形,长 3~12 cm,宽 0.5~3 cm;全缘或微齿裂至羽状深裂,齿尖具针刺;上表面绿褐色,下表面灰绿色,两面均具白色柔毛。头状花序单个或数个顶生;总苞钟状,苞片 5~8 层,黄绿色;花紫红色。气微,味微。

功能主治

凉血止血,祛瘀消肿。用于衄血、吐血、尿血、血淋、便血、崩漏、外伤出血、疮肿痈毒。

用法用量

内服煎汤,5~12 g。

秋英属 *Cosmos* Cav.

秋英 *Cosmos bipinnata* Cav.

别名:大波斯菊、波斯菊、八瓣梅

蒙文名:希日拉金—其其格

形态特征

一年生或多年生草本,高达 2 m。茎无毛或稍被柔毛。叶 2 回羽状深裂。头状花序单生,直径 3~6 cm,花序梗长 6~18 cm;外层总苞片披针形或线状披针形,近革质,淡绿色,具深紫色条纹,长 1~1.5 cm,内层总苞片椭圆状卵形,膜质;舌状花紫红色、粉红色或白色,舌片椭圆状倒卵形,长 2~3 cm;管状花黄色,长 6~8 mm,管部短,上部圆柱形,有披针状裂片。瘦果黑紫色,长 0.8~1.2 cm,无毛,上端具长喙,有 2~3 尖刺。花果期 8—10 月(内蒙古植物志,2020)。

适宜生境与分布

原产于墨西哥,在我国有广泛栽培。

资源状况

常见。

药用部位

全草。

功能主治

清热解毒,明目化湿。用于急、慢性痢疾,目赤肿痛。外用于痈疮肿毒。

用法用量

内服煎汤,50~100 g。外用适量,鲜品加红糖捣烂外敷。

菊属 *Dendranthema*

甘菊 *Dendranthema lavandulifolium*（Fisch. ex Trautv.）Ling et Shih

别名：岩香菊、少花野菊、细裂野菊

蒙文名：乌奴日图—乌达巴拉

形态特征

多年生草本，高 20~80 cm。有横走的短或长的匍匐枝。茎直立，单一或少数簇生，挺直或稍呈"之"字形屈曲，具纵沟与棱，绿色或带紫褐色，疏或密被白色分叉短柔毛，多分枝。叶宽卵形至三角形，长 1~5 cm，宽 0.5~4 cm，1~2 回羽状深裂，侧裂片 1~2 对，狭卵形或矩圆形，2 回裂片菱状卵形或卵形，全缘或具缺刻状锯齿，小裂片先端锐尖或稍钝，上面绿色、粗糙，被微毛，下面淡绿色，疏或密被白色柔毛，并密被腺点；叶具短柄，有狭翅，基部具羽裂状托叶。头状花序小，直径 8~15 mm，多数在茎枝先端排列成复伞房状；总苞长约 4 mm，直径 4~8 mm，无毛或疏被微毛；外层总苞片条状披针形或卵形，先端钝或圆，边缘膜质，背部绿色，内层总苞片狭椭圆形，先端钝圆，边缘宽膜质，带褐色；舌状花花冠鲜黄色，舌片长椭圆形，长 4~6 mm，下部狭管疏被腺点；管状花花冠长约 3 mm，有腺点。瘦果倒卵形，无冠毛。花果期 8—10 月（内蒙古植物志，2020）。

适宜生境与分布

旱中生植物。生于石质山坡，为伴生种。分布于我国东北、华北、华中、西北及西南各地。内蒙古通辽市、赤峰市、呼和浩特市等地有分布。

资源状况

常见。

药用部位

全草或花。

采收加工

春、夏二季采收，切段，晒干。

药材性状

本品主根细。茎自基部分枝，被白色绵毛。叶灰绿色，叶片长圆形或卵形，长 2~4 cm，宽 1~1.5 cm，2 回羽状深裂，先端裂片卵形至宽线形，先端钝或短渐尖；叶柄长，基部扩大。总苞直径 7~12 mm，被疏绵毛至几无毛；总苞片草质；花托凸起，锥状球形；花黄棕色。气香，味微苦、涩。

功能主治

清热解毒，疏风，平肝，明目。用于流行性脑脊髓膜炎，流行性感冒，高血压，肝炎，痢疾，痈肿疔疮，目赤，瘰疬，湿疹，毒蛇咬伤。

用法用量

内服煎汤，9~24 g。

蓝刺头属 *Echinops* L.

砂蓝刺头 *Echinops gmelini* Turcz.

别名：刺头

蒙文名：额乐存乃—扎日阿—敖拉

形态特征

一年生草本，高 10~90 cm。根直伸，细圆锥形。茎单生，淡黄色，自中部或基部有开展的分枝或不分枝，全部茎枝被稀疏、头状、具柄的长或短腺毛，有时脱毛至无毛。下部茎生叶线形或线状披针形，长 3~9 cm，宽 0.5~1.5 cm，基部扩大，抱茎，边缘刺齿或三角形刺齿裂或具刺状缘毛；中上部茎生叶与下部茎生叶同形，但渐小；全部叶质地薄，纸质，两面绿色，被稀疏蛛丝状毛及头状具柄的腺点，或上面的蛛丝状毛稍多。复头状花序单生茎顶或枝端，直径 2~3 cm，头状花序长 1.2~1.4 cm；基毛白色，不等长，长 1 cm，约为总苞长的 1/2，细毛状，边缘糙毛状，非扁毛状，上部也不增宽；全部苞片 16~20，外层苞片线状倒披针形，上部扩大，浅褐色，上部外面被稠密的短糙毛，边缘具短缘毛，缘毛细密羽毛状，先端刺芒状长渐尖，爪部基部有长蛛丝状毛，中部有长达 5 mm 的长缘毛，缘毛上部稍扁平扩大，中层苞片倒披针形，长 1.3 cm，上部外面被短糙毛，下部外面被长蛛丝状毛，自中部以上边缘具短缘毛，缘毛扁毛状，边缘糙毛状或细密羽毛状，自最宽处向上渐尖成刺芒状长渐尖，内层苞片长椭圆形，比中层苞片稍短，先端芒刺裂，但中间的芒刺裂较长，外面被较多的长蛛丝状毛。小花蓝色或白色；花冠 5 深裂，裂片线形，花冠管无腺点。瘦果倒圆锥形，长约 5 mm，被稠密淡黄棕色的顺向贴伏的长直毛，遮盖冠毛；冠毛量杯状，长 1 mm；冠毛膜片线形，边缘稀疏糙毛状，仅基部结合。果期 8—9 月（中国植物志，1987）。

适宜生境与分布

旱生植物。分布于我国黑龙江、吉林、辽宁、河北、山西、河南、陕西、宁夏、甘肃、青海、新疆。内蒙古呼伦贝尔市、兴安盟、通辽市、赤峰市、锡林郭勒盟、乌兰察布市、鄂尔多斯市、巴彦淖尔市等地有分布。

资源状况

常见。

药用部位

根。

采收加工

夏、秋二季采收，洗净，晾干。

药材性状

本品呈倒圆锥形，较细小，完整者长 15~25 cm，直径 4~8 mm；根头部无纤维状叶柄维管束，但有少数白色绵毛。表面黄色或淡黄色，有细的纵皱纹，下部常有支根。质地坚硬，不易折断，断面黄白色，呈裂片状，无黄黑相间的菊花纹。气微，味淡。

功能主治

清热解毒，排脓消肿，下乳。用于痈疮肿毒，乳腺炎，乳汁不通，腮腺炎，瘰疬，湿痹拘挛，痔疮。

用法用量

内服煎汤，9~15 g。

蓝刺头 Echinops sphaerocephalus L.

别名：驴欺口

蒙文名：乌日格斯图—呼和（阿扎格—刺日奥）

形态特征

多年生草本。茎直立，下部被褐色柔毛及丝状毛，上部密被蛛丝状毛。基生叶叶柄基部扩展抱茎，边缘具篦齿状刺，叶片长圆形，羽状深裂，裂片长卵形至长圆状披针形，羽状半裂或具锐齿状缺刻，边缘具睫毛状小刺，表面绿色，疏被蛛丝状绵毛或无，背面密被白色绵毛；茎中部叶羽状深裂，无柄；茎上部叶渐小，无柄，披针形，羽状浅裂或成为刺状缺刻。复头状花序生于茎顶或分枝先端，蓝色；总苞外被刚毛，总苞片多层，覆瓦状排列；花冠管状，蓝色，先端5裂。瘦果圆柱形，密被毛。冠毛呈毛状，下部联合。花期6—8月，果期8—9月。

适宜生境与分布

生于山坡草地、山坡林缘、多石向阳山坡、湿草地。分布于我国黑龙江、吉林、辽宁、河北、河南、山西、陕西、宁夏、甘肃等地。内蒙古呼伦贝尔市、赤峰市、锡林郭勒盟、乌兰察布市、呼和浩特市、鄂尔多斯市，以及兴安南部及科尔沁草原有分布。

资源状况

常见。

药用部位

干燥根。

采收加工

春、秋二季采挖，除去须根和泥沙，晒干。

药材性状

本品呈类圆柱形，稍扭曲，长10~25 cm，直径0.5~1.5 cm。表面灰黄色或灰褐色，具纵皱纹，先端有纤维状棕色硬毛。质硬，不易折断，断面皮部褐色，木质部有黄黑相间的放射状纹理。气微，味微涩。

功能主治

清热解毒，消痈，下乳，舒筋通脉。用于乳痈肿痛，痈疽发背，瘰疬疮毒，乳汁不通，湿痹拘挛（鲍布日额，2019）。

用法用量

多配方用。

飞蓬属 *Erigeron* L.

飞蓬 *Erigeron acer* L.

别名：北飞蓬

蒙文名：车衣力格—其其格

形态特征

二年生草本。茎单生，稀数个，高 50~60 cm，基部直径 1~4 mm，直立，上部或少下部有分枝，绿色或有时紫色，具明显的条纹，被较密而开展的硬长毛，杂有疏贴短毛，在头状花序下部常被具柄腺毛，或有时近无毛，节间长 0.5~2.5 cm。基部叶较密集，花期常生存，倒披针形，长 1.5~10 cm，宽 0.3~1.2 cm，先端钝或尖，基部渐狭成长柄，全缘或极少具 1 至数个小尖齿，具不明显的 3 脉；中部和上部叶披针形，无柄，长 0.5~8 cm，宽 0.1~0.8 cm，先端急尖；最上部和枝上叶极小，线形，具 1 脉；全部叶两面被较密或疏开展的硬长毛。头状花序多数，在茎枝端排列成密而窄或少疏而宽的圆锥花序，或有时头状花序较少数，伞房状排列，长 6~10 mm，宽 11~21 mm；总苞半球形，总苞片 3 层，线状披针形，绿色或稀紫色，先端尖，背面被密或较密的开展的长硬毛，杂有具柄的腺毛，内层常短于花盘，长 5~7 mm，宽 0.5~0.8 mm，边缘膜质，外层几短于内层的 1/2；外层雌花舌状，长 5~7 mm，管部长 2.5~3.5 mm，舌片淡红紫色，少有白色，宽约 0.25 mm；较内层雌花细管状，无色，长 3~3.5 mm，花柱与舌片同色，伸出管部 1~1.5 mm；中央的两性花管状，黄色，长 4~5 mm，管部长 1.5~2 mm，上部被疏贴微毛，檐部圆柱形，裂片无毛。瘦果长圆状披针形，长约 1.8 mm，宽 0.4 mm，扁压，被疏贴短毛；冠毛 2 层，白色，刚毛状，外层极短，内层长 5~6 mm。花果期 7—9 月（中国植物志，1985）。

适宜生境与分布

中生植物。生于石质山坡、林缘、低地草甸、河岸砂质地、田边。分布于我国西南、东北等地。内蒙古呼伦贝尔市、兴安盟、通辽市、赤峰市、锡林郭勒盟、乌兰察布市、呼和浩特市、包头市、巴彦淖尔市、阿拉善盟等地有分布。

资源状况

常见。

药用部位

全草或鲜叶。

采收加工

夏、秋二季采收，洗净，鲜用或晒干。

功能主治

清热解毒，除湿。用于外感发热，泄泻，胃炎，皮疹，疥疮。

用法用量

内服煎汤，15~30 g。外用适量，鲜品捣敷。

线叶菊属 *Filifolium* Kitamura

线叶菊 *Filifolium sibiricum*（L.）Kitam.

别名：兔毛蒿、西伯利亚艾蒿

蒙文名：西日合力格—协日乐吉

形态特征

多年生草本。茎无毛，丛生，基部密被纤维鞘。基生叶莲座状，有长柄，倒卵形或长圆形，长 20 cm；茎生叶互生，2~3 回羽状全裂，小裂片丝形，长达 4 cm，宽达 1 mm，无毛，有白色乳突。头状花序盘状，在茎枝先端组成伞房花序，花序梗长 0.1~1.1 cm；总苞球形或半球形，直径 4~5 mm，无毛，总苞片 3 层，卵形或宽卵形，边缘膜质，先端圆，背面厚硬，黄褐色；花托稍凸起，蜂窝状；边花雌性，1 层，能育，花冠筒状，扁，冠檐具 2~4 齿，有腺点；盘花多数，两性，不育，花冠管状，黄色，冠檐 5 齿裂，无窄管部，花药基部钝，先端有三角形附片，花柱 2 裂，先端平截。瘦果倒卵圆形或椭圆形，稍扁，黑色，无毛，腹面有 2 纹；无冠状冠毛。花果期 7—9 月。

适宜生境与分布

耐寒中旱生植物。分布于我国黑龙江、吉林、辽宁、河北、山西等。内蒙古呼伦贝尔市、兴安盟、通辽市、赤峰市、锡林郭勒盟、乌兰察布市、呼和浩特市等地有分布（内蒙古植物志，2020）。

资源状况

常见。

药用部位

全草。

采收加工

夏、秋二季采挖，除去杂质，洗净泥土，阴干，切段。

功能主治

清热解毒，凉血，安神镇惊。用于传染病引起的高热，疔疮痈肿，臁疮，中耳炎，血瘀刺痛，心悸失眠，月经不调。

用法用量

内服煎汤，9~15 g；或入丸、散。外用适量，熬膏外敷患处。

牛膝菊属 *Galinsoga* Ruiz et Cav.

牛膝菊 *Galinsoga parviflora* Cav.

别名：辣子草、向阳花、珍珠草

蒙文名：嘎力苏干—额布苏

形态特征

一年生草本。叶对生，卵形或长椭圆状卵形，向上及花序下部的叶披针形，具浅或钝锯齿或波状浅锯齿，花序下部的叶有时全缘或近全缘。头状花序半球形，排成疏散伞房状；总苞半球形或宽钟状；舌状花4~5，舌片白色，先端3齿裂；管状花黄色。瘦果具3棱或中央瘦果具4~5棱，成熟时黑色或黑褐色；舌状花冠毛毛状，脱落，管状花冠毛膜片状，白色，披针形，边缘流苏状。花果期7—10月（中国植物志，1979）。

适宜生境

生于路边、田边。原产于南美洲，分布于我国四川、云南、贵州、西藏等地。内蒙古有分布。

资源状况

少见。

药用部位

全草。

采收加工

夏、秋二季采收，洗净，鲜用或晒干。

功能主治

清热解毒，凉血止血，利湿退黄。用于外伤出血，扁桃体炎，咽喉炎，目赤，急性黄疸型肝炎。

用法用量

内服煎汤，30~60 g。外用适量，研末敷。

向日葵属 *Helianthus* L.

菊芋 *Helianthus tuberosus* L.

别名：洋姜、鬼子姜、洋地梨儿

蒙文名：那日图—图木苏

形态特征

多年生草本，有块状地下茎及纤维状根。茎高达3 m，有分枝，被白色糙毛或刚毛。叶对生，下部叶卵圆形或卵状椭圆形，长10~16 cm，有粗锯齿，基出脉3，上面被白色粗毛，下面被柔毛，叶脉有硬毛，有长柄；上部叶长椭圆形或宽披针形，基部下延成短翅状。头状花序单生枝端，有1~2线状披针形苞片，直立，直径2~5 cm；总苞片多层，披针形，长1.4~1.7 cm，背面被伏毛；舌状花12~20，舌片黄色，长椭圆形，长1.7~3 cm；管状花花冠黄色，长6 mm。瘦果小，楔形，上端有2~4有毛的锥状扁芒。花果期8—10月（内蒙古植物志，2020）。

适宜生境与分布

大型中生作物。原产于北美洲，我国各地均有栽培（曹亚男，2023）。

资源状况

常见。

药用部位

块茎、茎叶。

采收加工

秋季采挖块茎，夏、秋二季采收茎叶；鲜用或晒干。

药材性状

本品根茎块状。茎上部分枝，被短糙毛或刚毛。基部叶对生，上部叶互生，长卵形至卵状椭圆形，长 10~15 cm，宽 3~9 cm，3 脉，上表面粗糙，下表面有柔毛，叶缘具锯齿，先端急尖或渐尖，基部宽楔形，叶柄上部具狭翅。

功能主治

清热凉血，续筋接骨。用于热性病，肠热便血，筋伤骨折（内蒙古植物药志，第三卷，1989）。

用法用量

内服煎汤，10~15 g；或块茎 1 个，生嚼服。外用适量，鲜茎叶捣敷。

旋覆花属 *Inula* L.

土木香 *Inula helenium* L.

别名：青木香

蒙文名：玛努

形态特征

多年生草本。根茎块状，有分枝。茎直立，高 60~150cm，稀达 250 cm，粗壮，直径达 1 cm，不分枝或上部有分枝，被开展的长毛，下部有较疏的叶；节间长 4~15 cm。基生叶和下部叶在花期常生存，基部渐狭成长达 20 cm 的具翅的柄，连柄长 30~60 cm，宽 10~25 cm，叶片椭圆状披针形，边缘有不规则的齿或重齿，先端尖，上面被基部疣状的糙毛，下面被黄绿色密茸毛，中脉和近 20 对的侧脉在下面稍高起，网脉明显；中部叶卵圆状披针形或长圆形，长 15~35 cm，宽 5~18 cm，基部心形，半抱茎；上部叶较小，披针形。头状花序少数，直径 6~8 cm，排列成伞房状花序；花序梗长 6~12 cm，为多数苞叶所围裹；总苞 5~6 层，外层草质，宽卵圆形，先端钝，常反折，被茸毛，宽 6~9 mm，内层长圆形，先端扩大成卵圆状三角形，干膜质，背面有疏毛，有缘毛，较外层长达 3 倍，最内层线形，先端稍扩大或狭尖；舌状花黄色，舌片线形，长 20~30 mm，宽 2~2.5 mm，先端有 3~4 浅裂片；管状花长 9~10 mm，有披针形裂片；冠毛污白色，长 8~10 mm，有极多数具细齿的毛。瘦果四面体形或五面体形，有棱和细沟，无毛，长 3~4 mm。花期 6—9 月（中国植物志，1979）。

适宜生境与分布

生于河边、田边、河谷等潮湿处。分布于我国东北、华北及西北地区。

资源状况

常见。

药用部位

干燥根。

采收加工

秋季采挖,除去泥沙,晒干。

药材性状

本品呈圆锥形,略弯曲,长 5~20 cm。表面黄棕色或暗棕色,有纵皱纹及须根痕,根头粗大,先端有凹陷的茎痕及叶鞘残基,周围有圆柱形支根。质坚硬,不易折断,断面略平坦,黄白色至浅灰黄色,有凹点状油室。气微香,味苦、辛(中华人民共和国药典,2020)。

功能主治

中医:健脾和胃,行气止痛,安胎。用于胸胁、脘腹胀痛,呕吐泻痢,胸胁挫伤,岔气作痛,胎动不安。

蒙医:用于感冒头痛,恶性寒战,温病初期,赫依血引起的胸闷气喘,胸背游走性疼痛,不思饮食,呕吐泛酸,胃、肝、大肠、小肠之宝如病,赫依希日性头痛及血热型头痛(中华本草,2004)。

用法用量

内服煎汤,3~9 g;或入丸、散。

旋覆花 *Inula japonica* Thunb.

别名:金佛花、金佛草

蒙文名:阿拉坦—多斯勒—其其格

形态特征

多年生草本。根茎短,横走或斜升,有多少粗壮的须根。茎单生,有时 2~3 簇生,直立,高 30~70 cm,有时基部具不定根,基部直径 3~10 mm,有细沟,被长伏毛,或下部有时脱毛,上部有上升或开展的分枝,全部有叶;节间长 2~4 cm。基生叶常较小,在花期枯萎;中部叶长圆形、长圆状披针形或披针形,长 4~13 cm,宽 1.5~3.5 cm,稀 4 cm,基部多少狭窄,常有圆形半抱茎的小耳,无柄,先端稍尖或渐尖,全缘或有小尖头状疏齿,上面有疏毛或近无毛,下面有疏伏毛和腺点,中脉和侧脉有较密的长毛;上部叶渐狭小,线状披针形。头状花序直径 3~4 cm,多数或少数排列成疏散的伞房花序;花序梗细长;总苞半球形,直径 13~17 mm,长 7~8 mm,总苞片约 6 层,线状披针形,近等长,但最外层常叶质而较长,外层基部革质,上部叶质,背面有伏毛或近无毛,有缘毛,内层除绿色中脉外干膜质,渐尖,有腺点和缘毛;舌状花黄色,较总苞长 2~2.5 倍,舌片线形,长 10~13 mm;管状花花冠长约 5 mm,有三角状披针形裂片;冠毛 1 层,白色,有 20 微糙毛或更多,与管状花近等长。瘦果长 1~1.2 mm,圆柱形,有 10 沟,先端截形,被疏短毛。花期 6—10 月,果期 9—11 月。

适宜生境与分布

生于森林草原带和草原带的草甸、农田、地埂、路边。分布于我国黑龙江、吉林、辽宁、河北、河南、山东、山西、陕西、宁夏、青海、四川、安徽、江苏、浙江、福建、湖南、广东、广西等地。内蒙古呼伦贝尔市、通辽市、赤峰市有分布。

资源状况

常见。

药用部位

干燥头状花序。

采收加工

夏、秋二季花开放时采收,除去杂质,阴干或晒干。

药材性状

本品呈扁球形或类球形,直径1~2 cm。总苞由多数苞片组成,呈覆瓦状排列,苞片披针形或条形,灰黄色,长4~11 mm;总苞基部有时残留花梗,苞片及花梗表面被白色茸毛,舌状花1列,黄色,长约1 cm,多卷曲,常脱落,先端3齿裂;管状花多数,棕黄色,长约5 mm,先端5齿裂;子房先端有多数白色冠毛,长5~6 mm。有的可见椭圆形小瘦果。体轻,易散碎。气微,味微苦。

功能主治

中医:固表止汗。用于自汗,盗汗。

蒙医:止刺痛,杀"粘",燥"协日乌素",愈伤。用于"粘"刺痛,"粘"热,炭疽,锐气伤,骨伤,脑刺痛(中华本草·蒙药卷,2004)。

用法用量

中医:内服煎汤,3~9 g,包煎。

蒙医:多人汤、散、丸。

苦荬菜属 *Ixeris* Cass.

中华小苦荬 *Ixeris chinense*(Thunb.) Tzvel.

别名:小苦苣、黄鼠草、山苦荬

蒙文名:苏斯—额布斯(萨日黑)

形态特征

多年生草本,高10~40 cm,全株无毛。基生叶莲座状,条状披针形或倒披针形,长7~15 cm,宽1~2 cm,先端钝或急尖,基部下延成窄叶柄,全缘或具疏小齿或不规则羽裂;茎生叶1~2,无叶柄,稍抱茎。头状花序排成伞房状聚伞花序;总苞长7~9 mm,外层总苞片卵形,内层总苞片条状披针形;舌状花黄色或白色,长10~12 mm,先端5齿裂。瘦果狭披针形,稍扁平,红棕色,长4~5 mm,喙长约2 mm;冠毛白色。花期4—5月。

适宜生境与分布

中旱生杂草。生于山野、田间、撂荒地、路旁。分布于我国黑龙江、河北、山西、陕西、山东、江苏、安徽、浙江、江西、福建等。内蒙古各地均有分布。

资源状况

常见。

药用部位

干燥全草。

采收加工

春、夏二季花刚开时采收，除去杂质，晒干或切段晒干。

药材性状

本品根呈圆柱形，直径1~3 cm，淡棕色，有纵皱纹；质脆，易折断，断面淡黄色。茎少数或多数丛生，直径0.5~1.5 cm，光滑无毛，有纵皱纹，表面绿色或黄绿色；断面类白色。叶多卷曲破碎，完整叶条状披针形或条形，长2~15 cm，直径0.5~1 cm，全缘或不规则羽状浅裂或深裂。头状花序多数；总苞呈筒状或长卵状，长0.4~0.7 mm，直径约2 mm，外层苞片6~8，短小，三角形或宽卵形，内层苞片7~8，较长，披针形；舌状花20~25，花冠黄色。瘦果狭披针形，稍扁，长4~6 mm，有明显的纵肋，红棕色，喙长约2 mm，冠毛白色，长4~5 mm。气无，味苦。

功能主治

中医：凉血止痛，消肿排胀。用于咽喉肿痛，肺热咳嗽，肠炎，跌打损伤。

蒙医：清"协日"，清热。用于热"协日"，头痛，发热，黄疸，"协日"病，血热。

用法用量

多配方用。

抱茎小苦荬 *Ixeris sonchifolium*（Maxim.）Shih

别名：抱茎苦荬菜、苦碟子、苦荬菜

蒙文名：阿拉坦—导苏乐

形态特征

多年生草本，高30~80 cm，全株无毛。根粗壮而垂直。茎直立。基生叶多数，长圆形，长3.5~8 cm，宽1~2 cm，先端锐尖或圆钝，基部下延成柄，边缘具锯齿或不整齐羽状深裂；茎生叶较小，卵状长圆形，长2.5~6 cm，宽0.7~1.5 cm，先端急尖，基部耳形或戟形，抱茎，全缘或羽状分裂。头状花序密集成伞房状，有细梗；总苞长5~6 mm，外层总苞片5，极小，内层总苞片8，披针形，长约5 mm；舌状花黄色，长7~8 mm，先端截形，5齿裂。瘦果黑色，纺锤形，长2~3 mm，有细条纹及粒状小刺，喙长约0.5 mm；冠毛白色。花果期4—7月。

适宜生境与分布

中生杂草。分布于我国东北、华北。内蒙古呼伦贝尔市、兴安盟、通辽市、赤峰市、锡林郭勒盟、呼和浩特市、包头市、乌兰察布市、鄂尔多斯市、阿拉善盟有分布。

资源状况

常见。

药用部位

全草。

采收加工

5—7月采收，洗净，晒干或鲜用。

药材性状

本品根呈倒圆锥形，具少数分枝。茎呈细长圆柱形，上部具分枝，直径1.5~4 mm；表面绿色、深绿色至黄棕色，有纵棱，无毛，节明显；质较脆，易折断，折断时有粉尘飞出，断面略呈纤维性，外圈黄绿色，髓部白色。叶互生，多皱缩、破碎，完整叶展平后呈卵状长圆形，长2~5 cm，宽0.5~2 cm，先端急尖，基部耳状，抱茎。头状花序密集成伞房状，有细梗，总苞片2层；舌状花黄色，雄蕊5，雌蕊1，柱头2裂，子房上端具多数丝状白色冠毛。瘦果黑色，类纺锤形。气微，味微甘、苦。

功能主治

止痛消肿，清热解毒。用于头痛，牙痛，胃痛，手术后疼痛，跌打伤痛，阑尾炎，肠炎，肺脓肿，咽喉肿痛，痈肿疮疖。

用法用量

内服煎汤，9~15 g；或研末。外用适量，煎汤熏洗；或研末调敷；或捣敷。

苦荬菜 *Ixeris polycephala* Cass.

别名：多头莴苣、多头苦荬菜

蒙文名：宝古尼—陶来音—伊达日阿

形态特征

一年生草本。根垂直直伸，生多数须根。茎直立，高10~80 cm，基部直径2~4 mm，上部伞房花序状分枝，或自基部多分枝或少分枝，分枝弯曲斜升，全部茎枝无毛。基生叶花期生存，线形或线状披针形，连叶柄长7~12 cm，宽0.5~0.8 cm，先端急尖，基部渐狭成长或短柄；中下部茎生叶披针形或线形，长5~15 cm，宽1.5~2 cm，先端急尖，基部箭头状半抱茎；向上或最上部茎生叶渐小，与中下部茎生叶同形，基部箭头状半抱茎或长椭圆形，基部收窄，但不呈箭头状半抱茎；全部叶两面无毛，全缘，极少下部边缘有稀疏的小尖头。头状花序多数，在茎枝先端排成伞房状花序，花序梗细；总苞圆柱状，长5~7 mm，果期扩大成卵球形，总苞片3层，外层及最外层极小，卵形，长0.5 mm，宽0.2 mm，先端急尖，内层卵状披针形，长7 mm，宽2~3 mm，先端急尖或钝，外面近先端有鸡冠状突起或无鸡冠状突起；舌状小花黄色，极少白色，10~25。瘦果压扁，褐色，长椭圆形，长2.5 mm，宽0.8 mm，无毛，有10条高起的尖翅肋，先端急尖成长1.5 mm的喙，喙细、细丝状；冠毛白色，纤细，微糙，不等长，长达4 mm。花果期3—6月。

适宜生境与分布

中旱生杂草。常生于路边或低地。我国各地均有分布。

资源状况

常见。

药用部位

全草。

采收加工

夏季采收，洗净，鲜用或晒干。

功能主治

清热，解毒，利湿。用于咽痛，目赤肿痛，阑尾炎，疔疮肿毒。

用法用量

内服煎汤，9~15 g，鲜品 30~45 g。外用适量，鲜品捣敷。

麻花头属 *Klasea* Cass.

麻花头 *Klasea centauroides*（L.） Cass. ex Kitag.

别名：花儿柴

蒙文名：洪高日—扎拉

形态特征

多年生草本，高 40~100 cm。根茎横走，黑褐色。茎直立，上部少分枝或不分枝，中部以下被稀疏或稠密的节毛，基部被残存的纤维状撕裂的叶柄。基生叶及下部茎生叶长椭圆形，长 8~12 cm，宽 2~5 cm，羽状深裂，有长 3~9 cm 的叶柄；侧裂片 5~8 对，全部裂片长椭圆形至宽线形，全缘或有锯齿或少锯齿，宽 0.4~1.3 cm，先端急尖；中部茎生叶与基生叶及下部茎生叶同形，并等样分裂，但无柄或有极短的柄，裂片边缘无锯齿或少锯齿；上部茎生叶更小，5~7 羽状全裂，裂片全裂，无锯齿，或不裂，线形，边缘无锯齿；全部叶两面粗糙，两面被多细胞长或短节毛。头状花序少数，单生茎枝先端，但不形成明显的伞房花序式排列，或植株含一头状花序，单生茎端，花序梗或花序轴伸长，几裸露，无叶；总苞卵形或长卵形，直径 1.5~2 cm，上部有收缢或稍见收缢，总苞片 10~12 层，覆瓦状排列，向内层渐长，外层与中层三角形、三角状卵形至卵状披针形，长 4.5~8.5 mm，宽 3~3.5 mm，先端急尖，有长 2.5 mm 的短针刺或刺尖，内层及最内层椭圆形、披针形或长椭圆形至线形，长 10~20 mm，宽 1~4 mm，最内层最长，上部淡黄白色，硬膜质；全部小花红色、红紫色或白色；花冠长 2.1 cm，细管部长 9 mm，檐部长 1.2 cm，花冠裂片长 7 mm。瘦果楔状，长椭圆形，褐色，有 4 条高起的肋棱，长 5 mm，宽 2 mm；冠毛褐色或略带土红色，长达 7 mm；冠毛刚毛糙毛状，分散脱落。花果期 6—8 月。

适宜生境与分布

中旱生植物。分布于我国黑龙江、吉林、辽宁、河北、山西、陕西等地。内蒙古呼伦贝尔市、通辽市、赤峰市、锡林郭勒盟、乌兰察布市、呼和浩特市、包头市、鄂尔多斯市、巴彦淖尔市有分布。

资源状况

常见。

药用部位

根。

采收加工

夏、秋二季采收 2~3 年生者，切片，晒干或焙干。

药材性状

本品呈圆柱形，稍扭曲，末端稍细，长 5~15 cm，直径 0.5~1 cm。表面灰黄色或浅灰色，有纵皱纹或纵沟，并有少数须根痕。质脆，易折断，断面浅棕色或灰白色。味淡、微苦。

功能主治

散风透疹，清热解毒，升阳举陷。用于风热头痛，麻疹透发不畅，斑疹，肺热咳喘，咽喉肿痛，胃火牙痛，久泻脱肛，子宫脱垂。

用法用量

内服煎汤，3~9 g。外用适量，煎汤洗。

大丁草属 Leibnitzia Cass.

大丁草 Leibnitzia anandria（L.）Turcz.

别名：臁草、烧金草

蒙文名：哈达嘎存—额布斯

形态特征

多年生草本，有春、秋二型。春型者植株较矮小，高 5~15 cm；花葶纤细，直立，初被白色蛛丝状绵毛，后渐脱落，具条形苞叶数个；基生叶具柄，呈莲座状，叶通常为卵形或椭圆状卵形，长 1.5~5.5 cm，宽 1~2.5 cm，琴状羽状分裂，顶裂片宽卵形，先端钝，基部心形，边缘具不规则圆齿，齿端有小凸尖，侧裂片小，卵形或三角状卵形，上面绿色，下面密被白色绵毛。秋型者植株高达 30 cm；叶倒披针状长椭圆形或椭圆状宽卵形，长 2~15 cm，宽 1~5 cm，裂片形状与春型者相似，但顶裂片先端短渐尖，下面无毛或疏被蛛丝状毛。春型者头状花序较小，直径 6~10 mm，秋型者头状花序较大，直径 1~5 cm；总苞钟状，外层总苞片较短，条形，内层总苞片条状披针形，先端钝尖，边缘带紫红色，多少被蛛丝状毛或短柔毛；舌状花花冠紫红色，长 10~12 mm；管状花花冠长约 7 mm。瘦果长 5~6 mm；冠毛淡棕色，长约 10 mm。春型者花期 5—6 月，秋型者花期 7—9 月。

适宜生境与分布

中生草类。生于山地林缘草甸及林下，也见于田边、路旁。我国各地均有分布。内蒙古呼伦贝尔市、兴安盟、通辽市、赤峰市、锡林郭勒盟、乌兰察布市、呼和浩特市、阿拉善盟有分布。

资源状况

常见。

药用部位

全草。

采收加工

夏、秋二季采收,洗净,鲜用或晒干。

功能主治

清热止咳,利湿,解毒。用于肺热咳喘,淋病,水肿,泄泻,痢疾,风湿关节痛,痈疖肿痛,臁疮,烫火伤,外伤出血。

用法用量

内服煎汤,15~30 g;或泡酒。外用适量,捣敷。

火绒草属 *Leontopodium* R. Br. ex Cass.

火绒草 *Leontopodium leontopodioides*(Willd.)Beauv.

别名:火绒蒿、薄雪草、老头草

蒙文名:查干—阿荣

形态特征

多年生草本。根茎有多数簇生的花茎和根出条。花茎高达45 cm,被灰白色长柔毛或白色近绢状毛。叶线形或线状披针形,长2~4.5 cm,宽0.2~0.5 cm,上面灰绿色,被柔毛,下面被白色或灰白色密绵毛或被绢毛;苞叶少数,长圆形或线形,两面或下面被白色或灰白色厚茸毛,与花序等长或较长,在雄株多少开展成苞叶群,在雌株多少直立,不形成苞叶群。头状花序直径0.7~1 cm,密集,稀1或较多,在雌株常有较长花序梗排成伞房状;总苞半球形,长4~6 mm,被白色绵毛,总苞片约4层,稍露出毛茸;小花雌雄异株,稀同株;雄花花冠长3.5 mm,窄漏斗状,雌花花冠丝状,长4.5~5 mm;冠毛白色。瘦果有乳突或密粗毛。花果期7—10月。

适宜生境与分布

旱生植物。多散生于典型草原、山地草原及草原砂质地。分布于我国新疆、青海、甘肃、陕西、山西、河北、辽宁等地。内蒙古通辽市、赤峰市、锡林郭勒盟、乌兰察布市、呼和浩特市、阿拉善盟有分布。

资源状况

常见。

药用部位

花。

采收加工

夏、秋二季采收,洗净,晾干。

功能主治

清热凉血，利尿。用于急、慢性肾炎，尿道炎，尿血。

用法用量

内服煎汤，9~15 g。

蝟菊属 *Olgaea*

火媒草 *Olgaea leucopluylla*（Turcz.）Iljin

别名：鳍蓟、白山蓟、白背

蒙文名：洪古日朱拉

形态特征

多年生草本，高30~70 cm。茎自基部不分枝或分枝，被白色绵毛。叶互生；叶片长圆状披针形，长6~17 cm，宽2~4 cm，先端具刺尖，基部沿茎下延成茎翼，宽1.5~2 cm，边缘具疏齿和不等长的针刺，上面绿色，无毛，脉明显，下面密被灰白色蛛丝状茸毛。头状花序多数或少数生于枝端，直立；总苞钟状，直径2~3 cm，总苞片多层，披针形，边缘有刺状缘毛，外层绿色，质硬而外弯，内层紫红色，开展或直立，先端具微毛；花冠红色或白色，花冠外面有腺点，檐部5裂。瘦果长圆形，长1 cm，苍白色，稍压扁，有隆起的纵纹和褐色斑，基部着生而稍斜；冠毛多数，粗糙，浅褐色，多层，向内层渐长，基部结合。花果期5—10月。

适宜生境与分布

沙生旱生植物。喜生于砂质、砂壤质栗钙土，棕钙土及固定沙地，为草原带沙地及草原化荒漠地带沙漠中常见的伴生种。分布于我国黑龙江、吉林、辽宁、山西、宁夏、陕西、甘肃等地。内蒙古各地均有分布。

资源状况

常见。

药用部位

根、地上部分。

采收加工

夏、秋二季采收，洗净，鲜用或切碎晒干。

功能主治

清热解毒，消痰散结，凉血止血。用于疮痈肿毒，瘰疬，咯血，衄血，吐血，便血，崩漏。

用法用量

内服煎汤，9~15 g。外用适量，鲜品捣敷。

毛连菜属 *Picris* L.

毛连菜 *Picris hieracioides* L.

别名：枪刀菜

蒙文名：沙日—图如

形态特征

二年生草本。茎上部呈伞房状或伞房圆状分枝，被光亮钩状硬毛。基生叶花期枯萎；下部茎生叶长椭圆形或宽披针形，长8~34 cm，全缘或有锯齿，基部渐窄成翼柄；中部和上部茎生叶披针形或线形，无柄，基部半抱茎；最上部茎生叶全缘；叶两面被硬毛。头状花序排成伞房或伞房圆锥花序，花序梗细长；总苞圆柱状钟形，长达1.2 cm，总苞片3层，背面被硬毛和柔毛，外层线形，长2~4 mm，内层线状披针形，长1~1.2 cm，边缘白色、膜质；舌状小花黄色，花冠筒被白色柔毛。瘦果纺锤形，长约3 mm，棕褐色；冠毛白色。花果期7—8月。

适宜生境与分布

中生植物。生于山野路旁、林缘、林下或沟谷中。分布于我国华北、华东、华中、西北和西南。内蒙古呼伦贝尔市、通辽市、赤峰市、锡林郭勒盟、乌兰察布市、呼和浩特市、鄂尔多斯市、巴彦淖尔市有分布。

资源状况

常见。

药用部位

花序。

采收加工

夏、秋二季采收，除去杂质，洗净泥土，晒干。

功能主治

泻火解毒，祛瘀止痛，利小便。用于痈疮肿毒，跌打损伤，泄泻，小便不利。

用法用量

中医：内服煎汤，15~30 g。外用适量，鲜品捣敷患处。

蒙医：多入丸、散。

狗舌草属 *Tephroseris*

狗舌草 *Tephroseris kirilowii* (Turcz. ex DC.) Holub

别名：狗舌头草、白火丹草

蒙文名：给其根那

形态特征

多年生草本。根茎斜升，常覆盖以褐色宿存叶柄。茎近葶状，高 20~60 cm，密被白色蛛丝状毛，有时脱毛。基生叶莲座状，长圆形或倒卵状长圆形，长 5~10 cm，基部楔状，渐窄成具翅叶柄，两面被白色蛛丝状茸毛；茎生叶少数，下部叶倒披针形或倒披针状长圆形，长 4~8 cm，无柄，基部半抱茎；上部叶披针形，苞片状。头状花序排成伞形伞房花序，花序梗密被蛛丝状茸毛和黄褐色腺毛，基部具苞片，上部无小苞片；总苞近圆柱状钟形，长 6~8 mm，总苞片 18~20 枚，披针形或线状披针形，绿色或紫色，草质，具窄膜质边缘，背面被蛛丝状毛或脱毛；舌状花 13~15 枚，舌片黄色，长圆形，长 6.5~7 mm；管状花多数，花冠黄色，长约 8 mm。瘦果圆柱形，密被硬毛；冠毛白色，长约 6 mm。花果期 6—7 月。

适宜生境与分布

中旱生植物。分布于我国北部。内蒙古呼伦贝尔市、兴安盟、通辽市、赤峰市、锡林郭勒盟、乌兰察布市有分布。

资源状况

常见。

药用部位

全草。

采收加工

夏、秋二季采收，洗净，晒干。

功能主治

清热解毒，利尿，杀虫。用于肺痈，淋病，小便不利，水肿，痢疾，白血病，疔肿，疥疮。

用法用量

内服煎汤，9~15 g，鲜品加倍；或入丸、散。外用适量，鲜品捣敷。

风毛菊属 *Saussurea* DC.

草地风毛菊 *Saussurea amara*（L.）DC.

别名：驴耳风毛菊、羊耳朵

蒙文名：塔林—哈乐特日根（鲁克孜道布）

形态特征

多年生草本。茎无翼，上部或中下部有分枝。基生叶与下部茎生叶披针状长椭圆形、椭圆形或披针形，长 4~18 cm，全缘，稀有钝齿，叶柄长 2~4 cm；中上部茎生叶有短柄或无柄，椭圆形或披针形；叶两面绿色，被柔毛及金黄色腺点。头状花序在茎枝先端排成伞房状或伞房圆锥花序；总苞窄钟状或圆柱形，直径 0.8~1.2 cm，总苞片 4 层，外层披针形或卵状披针形，长 3~5 mm，有细齿或 3 裂，中层与内层线状长椭圆形或线形，长 9 mm，先端有淡紫红色、边缘有小锯齿的圆形附片；苞片绿色，背面疏被柔毛及黄色腺点；小花淡紫色。瘦果长圆形，长 3 mm，具 4 肋；冠毛白色，2 层。花期 8—9 月。

适宜生境与分布

中生植物。生于村旁、路边。分布于我国东北、华北和西北。

资源状况

常见。

药用部位

全草。

采收加工

夏、秋二季采收，除去杂质，洗净泥土，晒干，切段。

功能主治

清热解毒，消痈，下乳，舒筋脉。

用法用量

内服煎汤，10~15 g；或酒浸服。

鸦葱属 *Scorzonera* L.

鸦葱 *Scorzonera austriaca* Willd.

别名：奥国鸦葱、羊奶子

蒙文名：塔林—哈毕斯嘎纳（哈毕斯嘎纳）

形态特征

多年生草本，高达 42 cm。茎簇生，无毛，茎基密被棕褐色纤维状撕裂鞘状残遗物。基生叶线形、窄线形、线状披针形、线状长椭圆形、线状披针形或长椭圆形，长 3~35 cm，向下部渐狭成具翼长柄，柄基鞘状，边缘平或稍皱波状，两面无毛或沿基部边缘有蛛丝状柔毛；茎生叶鳞片状，披针形或钻状披针形，基部心形，半抱茎。头状花序单生茎端；总苞圆柱状，直径 1~2 cm，总苞片约 5 层，背面无毛，外层三角形或卵状三角形，长 6~8 mm，中层偏斜披针形或长椭圆形，长 1.6~2.1 cm，内层线状长椭圆形，长 2~2.5 cm；舌状小花黄色。瘦果圆柱状；冠毛淡黄色，长 1.7 cm，大部分为羽毛状。花果期 5—7 月。

适宜生境与分布

中旱生植物。散生于草原群落及草原带的丘陵坡地或石质山坡。分布于我国辽宁、河北、山西、山东、陕西、宁夏、甘肃、青海等地。内蒙古呼伦贝尔市、兴安盟、通辽市、锡林郭勒盟、乌兰察布市、呼和浩特市、阿拉善盟有分布。

资源状况

常见。

药用部位

全草或根。

采收加工

夏、秋二季采收,洗净,鲜用或晒干。

药材性状

本品根呈长圆柱形,长可达 20 cm 或更长,直径 6~10 mm。表面棕黑色,有纵横皱纹,上部具密集的横皱纹,根头部残留众多棕色毛须(叶基纤维束与维管束)。

功能主治

清热凉血,除湿止痛,止泻。用于吐血、衄血、尿血、便血、风湿痹痛、泄泻。

用法用量

内服煎汤,9~15 g。外用适量,捣敷;或取汁涂。

千里光属 Senecio L.

羽叶千里光 Senecio argunensis Trucz.

别名:大蓬蒿、斩龙草、额河千里光

蒙文名:乌都力格—给其根那

形态特征

多年生草本,高 60~150 cm。主根缩短,须根多呈细索状,并有歪斜的地下茎。地上茎直立,单生或丛生,有纵细纹,无毛或于先端有白色细毛,上部多分枝,向外展开。基生叶呈莲座状,花期脱落,有柄,卵状椭圆形,边缘具圆钝或尖锐锯齿,无毛或仅沿中脉有毛;中部叶无柄,椭圆形,长 6~10 cm,宽 3~6 cm,羽状深裂,裂片约 6 对,条形,全缘或有 1~2 小裂片或齿,先端尖或钝,上面近无毛,下面色浅而被疏蛛丝状毛;上部叶小,椭圆状披针形至条形,边缘不规则羽裂或不裂。头状花序多数,排列成复伞房状;梗细长,有细条形苞叶;总苞片近钟状,长 5~6 mm,外面有条形苞片,总苞片 1 层,约 13 枚,条形,先端尖,边缘膜质,背面被蛛丝状毛;舌状花约 10 枚,黄色,舌片条形;筒状花多数;边缘花舌状,1 层,雌性,长 7~10 mm,先端具不明显齿裂;盘花管状,多层,两性,长约 6 mm,先端 5 裂。瘦果,椭圆形,有纵沟;冠毛白色,长约 5 mm。花期 7—9 月,果期 9—11 月。

适宜生境与分布

自然栖息于草坡、山地草甸等地。我国东部、中部、北部及西北部有分布。内蒙古呼伦贝尔市、兴安盟、通辽市、锡林郭勒盟东北部、赤峰市、乌兰察布市、鄂尔多斯市有分布。

资源状况

少见。

药用部位

全草。

采收加工

夏、秋二季采收,洗净,鲜用或晒干。

药材性状

本品根茎两侧和下面生多数棕色或红棕色细根,根直径约 1 mm;质脆,易断。茎圆柱形,直径 0.3~0.6 cm。上部多分枝;表面黄色,具明显纵条纹,被蛛丝状毛;质硬而脆,折断面髓部大,白色。叶片多皱缩破碎,完整者展平后呈椭圆形,羽状分裂,背面具短毛或蛛丝状毛。头状花序呈伞状排列,总序梗细长,花黄色或黄棕色。瘦果圆柱形,冠毛污白色,长约 5 mm。气微,味微苦。以叶多、色绿、老梗少者为佳。

功能主治

清热解毒,清肝明目。用于痢疾,咽喉肿痛,目赤,痈肿疮疖,瘰疬,湿疹,疥癣,毒蛇咬伤,蝎蜂蜇伤。

用法用量

内服煎汤,15~30 g,鲜品 30~60 g,大剂量可用至 90 g。外用适量,鲜品捣敷;或煎汤熏洗。

漏芦属 *Stemmacantha*

漏芦 *Rhaponticum uniflorum*(L.) DC.

别名:祁州漏芦、和尚头、大口袋花、牛馒头

蒙文名:红古拉扎古尔

形态特征

多年生草本,高(6)30~100 cm。根茎粗厚;根直伸,直径 1~3 cm。茎直立,不分枝,簇生或单生,灰白色,被绵毛,基部直径 0.5~1 cm,被褐色残存的叶柄。基生叶及下部茎生叶全形椭圆形、长椭圆形、倒披针形,长 10~24 cm,宽 4~9 cm,羽状深裂或几全裂,有长叶柄,叶柄长 6~20 cm,侧裂片 5~12 对,椭圆形或倒披针形,边缘有锯齿或锯齿稍大而使叶呈 2 回羽状分裂或少锯齿或无锯齿,中部侧裂片稍大,向上或向下的侧裂片渐小,最下部的侧裂片小耳状,顶裂片长椭圆形或几匙形,边缘有锯齿;中上部茎生叶渐小,与基生叶及下部茎生叶同形并等样分裂,无柄或有短柄;全部叶质地柔软,两面灰白色,被稠密或稀疏蛛丝毛及多细胞糙毛和黄色小腺点,叶柄灰白色,被稠密的蛛丝状绵毛。头状花序单生于茎顶,花序梗粗壮,裸露或有少数钻形小叶;总苞半球形,直径 3.5~6 cm,总苞片约 9 层,覆瓦状排列,向内层渐长,外层不包括先端膜质附属物长三角形,长 4 mm,宽 2 mm,中层不包括先端膜质附属物椭圆形至披针形,内层及最内层不包括先端附属物披针形,长约 2.5 cm,宽约 0.5 cm,全部苞片先端有膜质附属物,附属物宽卵形或几圆形,长达 1 cm,宽达 1.5 cm,浅褐色;全部小花两性,管状;花冠紫红色,长 3.1 cm,细管部长 1.5 cm,花冠裂片长 8 mm。瘦果具 3~4 棱,楔状,长 4 mm,宽 2.5 mm,先端有果缘,果缘边缘具细尖齿,侧生着生面;冠毛褐色,多层,不等长,向内层渐长,长达 1.8 cm,基部联合成环,整体脱落;冠毛刚毛糙毛状。花果期 4—9 月。

适宜生境与分布

中旱生植物。生于山地草原、山地森林草原地带石质干草原、草甸草原，为常见伴生种。分布于我国东北、华北、西北地区。内蒙古呼伦贝尔市、通辽市、赤峰市等地有分布。

资源状况

常见。

药用部位

干燥根。

采收加工

春、秋二季采挖，除去须根和泥沙，晒干。

药材性状

本品呈圆锥形或扁片块状，多扭曲，长短不一，直径 1~2.5 cm。表面暗棕色、灰褐色或黑褐色，粗糙，具纵沟及菱形网状裂隙，外层易剥落。根头部膨大，有残茎和鳞片状叶基，先端有灰白色茸毛。体轻，质脆，易折断，断面不整齐，灰黄色，有裂隙，中心有的呈星状裂隙，灰黑色或棕黑色。气特异，味微苦。

功能主治

清热解毒，消痈，下乳，舒筋通脉。用于乳痈肿痛，痈疽发背，瘰疬疮毒，乳汁不通，湿痹拘挛。

用法用量

内服煎汤，5~9 g。

蒲公英属 *Taraxacum* F. H. Wigg.

亚洲蒲公英 *Taraxacum asiaticum* Dahlst.

别名：黄花地丁、婆婆丁

蒙文名：阿兹亚—毕力格图—那布其

形态特征

多年生草本。根颈部有暗褐色残存叶基。叶线形或狭披针形，长 4~20 cm，宽 0.3~0.9 cm，具波状齿，羽状浅裂至羽状深裂，顶裂片较大，戟形或狭戟形，两侧的小裂片狭尖，侧裂片三角状披针形至线形，裂片间常有缺刻或小裂片，无毛或被疏柔毛。花葶数个，高 10~30 cm，与叶等长或长于叶，先端光滑或被蛛丝状柔毛；头状花序直径 30~35 mm；总苞长 10~12 mm，基部卵形，外层总苞片宽卵形、卵形或卵状披针形，有明显的宽膜质边缘，先端有紫红色突起或较短的小角，内层总苞片线形或披针形，较外层总苞片长 2~2.5 倍，先端有紫色略钝突起或不明显的小角；舌状花黄色，稀白色；边缘花舌片背面有暗紫色条纹，柱头淡黄色或暗绿色。瘦果倒卵状披针形，麦秆黄色或褐色，长 3~4 mm，上部有短刺状小瘤，下部近光滑，先端逐渐收缩为长 1 mm 的圆柱形喙基，喙长 5~9 mm；冠毛污白色，长 5~7 mm。花果期 4—9 月。

适宜生境与分布

中生植物。生于河滩、草甸、村舍附近。分布于我国东北、华北、西北,以及四川。

资源状况

常见。

药用部位

全草。

采收加工

4—5月开花前或刚开花时连根挖取,除净泥土,晒干。

功能主治

清热解毒,通利小便,凉血散结。用于流行性腮腺炎,扁桃体炎,咽喉炎,气管炎,淋巴结炎,乳腺炎,淋病,泌尿系统感染,恶疮疔毒。

用法用量

内服煎汤,10~30 g,大剂量可用60 g;或捣汁;或入散剂。外用适量,捣敷。

蒲公英 *Taraxacum mongolicum* Hand. –Mazz

别名:婆婆丁、姑姑英、黄花地丁

蒙文名:巴克巴海—其其格

形态特征

无茎的多年生草本。叶基生,呈莲座状,叶倒卵形、倒披针形、条状披针形至条形,长4~20 cm,宽0.5~5 cm,羽状分裂、倒向羽状分裂、大头羽状分裂,有时近全缘,侧裂片三角形、长三角形或三角状披针形,全缘或有齿。花葶单生或数个,花期长于叶或短于叶,通常红紫色,上端常被蛛丝状毛;总苞钟状,长12~20 mm,外层总苞片直立,宽卵形、卵状披针形或披针形,边缘狭膜质,内层总苞片条形或条状披针形,两者先端具角状突起;舌状花花冠黄色或白色。瘦果淡褐色或褐色,长4~5 mm,上部具刺状突起,中部以下具小瘤状突起,具长0.8~1 mm的喙基,喙长6~10 mm;冠毛白色,长5~8 mm。

适宜生境与分布

中生杂草。生于山坡草地、路边、田野、河岸砂质地。分布于我国东北、华北、华东、华中、西北、西南。内蒙古各地均有分布。

资源状况

常见。

药用部位

全草。

药材性状

本品呈皱缩卷曲的团块状。根呈圆锥形,多弯曲,长3~7 cm;表面棕褐色,皱缩;根头部有棕褐色或黄白色的茸毛,有的已脱落。叶基生,多皱缩破碎,完整叶片呈倒披针形,绿褐色或暗灰色,先端尖或钝,边缘浅裂或羽状分裂,基部渐狭,下延成柄状,下表面主脉明显。花茎1至数条，每条顶生头状花序，总苞片多层，内面一层较长，花冠黄褐色或淡黄白色。有的可见多数具白色冠毛的长椭圆形瘦果。气微，味微苦。

采收加工
春至秋季花初开时采挖，除去杂质，洗净，晒干。

功能主治
清热解毒，消肿散结，利尿通淋。用于疔疮肿毒，乳痈，瘰疬，目赤，咽痛，肺痈，肠痈，湿热黄疸，热淋涩痛。

用法用量
9~15 g。外用适量，鲜品捣敷；或煎汤熏洗患处。

款冬属 *Tussilago* L.

款冬 *Tussilago farfara* L.

别名：冬花

蒙文名：温都森—朝木日力格

形态特征
多年生草本。根茎横生地下，褐色。早春花叶抽出数个花葶，高5~10 cm，密被白色茸毛，有鳞片状、互生的苞叶，苞叶淡紫色。基生叶阔心形，具长叶柄，叶片长3~12 cm，宽4~14 cm，边缘有波状、先端增厚的疏齿，掌状网脉，下面被密白色茸毛；叶柄长5~15 cm，被白色绵毛。头状花序单生先端，直径2.5~3 cm，初时直立，花后下垂；总苞片1~2层，总苞钟状，结果时长15~18 mm，总苞片线形，先端钝，常带紫色，被白色柔毛及脱毛，有时具黑色腺毛；边缘有多层雌花，花冠舌状，黄色，子房下位；柱头2裂；中央的两性花少数，花冠管状，先端5裂；花药基部尾状；柱头头状，通常不结实。瘦果圆柱形，长3~4 mm；冠毛白色，长10~15 mm。花期4—5月。

适宜生境与分布
生于草原带的河边、砂质地。分布于我国吉林、河北、山西、陕西、宁夏、甘肃、青海、四川、西藏、湖南、贵州、云南、新疆等地。内蒙古锡林郭勒盟、呼和浩特市、鄂尔多斯市有分布。

资源状况
常见。

药用部位
干燥花蕾。

采收加工
12月或地冻前花尚未出土时采挖，除去花梗和泥沙，阴干。

药材性状
本品呈长圆棒状。单生或2~3基部连生，长1~2.5 cm，直径0.5~1 cm。上端较粗，下端渐细或带有短梗，外面被多数鱼鳞状苞片。苞片外表面紫红色或淡红色，内表面密被白色絮状茸毛。体轻,撕开后可见白色茸毛。气香,味微苦而辛。

功能主治

润肺下气,止咳化痰。用于新久咳嗽,喘咳痰多,劳嗽咯血。

用法用量

内服煎汤,5~10 g。

苍耳属 Xanthium L.

苍耳 Xanthium sibiricum Patrin ex Widder

别名:菓耳、刺儿苗

蒙文名:纳德玛优鲁

形态特征

植株高 20~60 cm。茎直立,粗壮,下部圆柱形,上部有纵沟棱,被白色硬伏毛,不分枝或少分枝。叶三角状卵形或心形,长 4~9 cm,宽 3~9 cm,先端锐尖或钝,基部近心形或截形,与叶柄连接处呈楔形,不分裂或有 3~5 不明显浅裂,边缘有缺刻及不规则的粗锯齿,基出脉 3,上面绿色,下面苍绿色,两面均被硬伏毛及腺点;叶柄长 3~11 cm。雄花头状花序直径 4~6 mm,近无梗,总苞片矩圆状披针形,长 1~1.5 mm,被短柔毛,花冠钟状;雌花头状花序椭圆形,外层总苞片披针形,长约 3 mm,被短柔毛,内层总苞片宽卵形或椭圆形,成熟的具瘦果的总苞变坚硬,绿色、淡黄绿色或带红褐色,连喙长 12~15 mm,宽 4~7 mm,外面疏生钩状刺,刺长 1~2 mm,基部微增粗或不增粗,被短柔毛,常有腺点,或全部无毛;喙坚硬,锥形,长 1.5~2.5 mm,上端略弯曲,不等长。瘦果长约 1 cm,灰黑色。花期 7—8 月,果期 9—10 月。

适宜生境与分布

常生于平原、丘陵、低山、荒野路边、田边;喜温暖稍湿润气候,耐干旱瘠薄;宜选疏松肥沃、排水良好的砂质壤土栽培。分布于我国东北、华北、华东、华南、西北及西南。内蒙古各地均有分布。

资源状况

常见。

药用部位

干燥成熟带总苞的果实。

采收加工

秋季采收,除去杂质,晒干。

药材性状

本品呈纺锤形或卵圆形,长约 1 cm,直径 0.4~0.7 cm。表面黄棕色或黄绿色,全体有钩刺,先端刺 2,较粗,分离或相连,基部有果梗痕。质硬而韧,横切面中央有纵隔膜,2 室,各有 1 枚瘦果。瘦果略呈纺锤形,一面较平坦,先端具一凸起的花柱基,果皮薄,灰黑色,具纵纹。种皮膜质,浅灰色,子叶 2,有油性。气微,味微苦(中药大辞典，2006）。

功能主治

散风寒，通鼻窍，祛风湿。用于风寒头痛，鼻塞流涕，鼻衄，鼻渊，风疹瘙痒，湿痹拘挛。

用法用量

内服煎汤，3~10 g；或入丸、散。外用适量，捣敷；或煎汤洗。

黄鹌菜属 Youngia Cass.

细叶黄鹌菜 Youngia tenuifolia （Willd.） Babcock et Stebbins

别名：蒲公幌

蒙文名：杨给日干那

形态特征

多年生草本，高 10~70 cm。根木质，垂直直伸。茎直立，单生或少数茎成簇生，基部粗达 4 mm，被褐色残存的叶柄，自下部或基部伞房花序状或伞房圆锥花序状分枝，分枝斜生，全部茎枝无毛。基生叶多数或极多数，长 7~17 cm，宽 2~5 cm，羽状全裂或深裂，侧裂片 6~12 对，对生、偏斜对生或互生，长椭圆形、披针形、线形或线状披针形，极少线状丝形，先端渐尖，全缘或有稀疏的锯齿或线形的尖裂片，两面无毛，叶柄长 3~9 cm，柄基稍扩大，内面有棕色或浅褐色的长茸毛；中上部茎生叶向上渐小，与基生叶同形并等样分裂或线形不裂，有向基部渐狭短或稍长的翼柄；头状花序分枝下部的叶或花序梗上的叶更小，线状钻形。头状花序直立、下倾或下垂，中等大小，有 9~15 朵舌状小花，多数或少数在茎枝先端排成伞房花序或伞房圆锥花序；总苞圆柱状，长 8~10 mm，总苞片 4 层，黑绿色，外层及最外层短小，长卵圆形，长达 1.2 mm，宽约 1 mm，先端急尖，内层及最内层长，披针形，长 8~10 mm，先端急尖，全部总苞片外面被白色稀疏长且弯曲的绢毛，极少无毛，近先端有角状附属物；舌状小花黄色，花冠管外面有微柔毛。瘦果黑色或黑褐色，纺锤形，长 4~6 mm，向先端收窄，先端无喙，有 10~12 条不等粗纵肋，肋上有小刺毛；冠毛白色，长 4~6 mm，微粗糙。花果期 7—9 月。

适宜生境与分布

生于山坡、高山与河滩草甸、水边及沟底砾石地。分布于我国东北、内蒙古、河北、新疆、西藏等地。

资源状况

常见。

药用部位

全草。

采收加工

全年均可采收，晒干或刮去粗皮晒干。

功能主治

清热解毒，消肿止痛。用于疔疮肿毒。

用法用量

外用适量，研末，加蛋清调敷。

凤仙花科 Balsaminaceae

凤仙花属 *Impatiens* L.

凤仙花 *Impatiens balsamina* L.

别名：急性子、指甲花

蒙文名：浩木森—宝德格—其其格

形态特征

一年生草本，高 40~60 cm。茎直立，肉质。叶互生，披针形，长 4~12 cm，宽 1~2.5 cm，先端长渐尖，基部渐狭，边缘具锐锯齿；叶柄长 1~3 cm。花单生或数朵簇生于叶腋，大型，粉红色、紫色、白色；萼片 3，侧生 2 较小，下面 1 较大，舟形，花瓣状，基部延长成内弯的距；旗瓣近圆形，长约 1.5 cm；翼瓣 2 裂，长约 2.5 cm；雄蕊 5，花丝短，花药聚合成帽状；子房纺锤形，被短柔毛。蒴果纺锤形或椭圆形，被茸毛，成熟时 5 瓣开裂，弹出种子。花期 7—8 月，果期 8—9 月。

适宜生境与分布

我国各地均有栽培。

资源状况

常见。

药用部位

干燥花。

采收加工

夏、秋二季花开时，下午采收，晒干。

药材性状

本品多皱缩。花梗短，被短柔毛。萼片 3，侧生 2 较小，下面 1 舟形，花瓣状，基部延长成距，距长约 1.5 cm，绿色、暗绿色、紫色或紫褐色，被短柔毛。花瓣浅棕色、红色、红褐色、紫色或紫褐色，单瓣或重瓣。气微，味微苦。

功能主治

中医：破血软坚，消积。用于癥瘕痞块，经闭，噎膈。

蒙医：利尿，敛伤，燥"希日乌素"。用于尿闭，水肿，膀胱热，关节肿痛，"希日乌素"病。

用法用量
中医：内服煎汤，3~5 g。
蒙医：多配方用。

紫葳科 Bignoniaceae

角蒿属 *Incarvillea* Juss.

角蒿 *Incarvillea sinensis* Lam.
别名：透骨草、莪蒿、萝蒿
蒙文名：乌兰—托鲁麻、乌克曲—玛日布
形态特征
一年生至多年生草本，高达80 cm。叶互生，2~3回羽状细裂，长4~6 cm，小叶不规则细裂，小裂片线状披针形，全缘或具细齿。顶生总状花序，疏散，长达20 cm；花梗长1~5 mm；小苞片绿色，线形，长3~5 mm；花萼钟状，绿色带紫红色，长、宽均约5 mm，萼齿钻状，基部具腺体，萼齿间皱褶2浅裂；花冠淡玫瑰色或粉红色，有时带紫色，钟状漏斗形，基部细筒长约4 cm，直径2.5 cm，花冠裂片圆形；雄蕊着生于花冠近基部，花药成对靠合。蒴果淡绿色，细圆柱形，先端尾尖，长3.5~10 cm，直径约5 mm。种子扁圆形，细小，直径约2 mm，四周具透明膜质翅，先端具缺刻。花期6—8月，果期7—9月。
适宜生境与分布
中生杂草。生于草原区的山地、沙地、河滩、河谷，也散生于田野、撂荒地及路边、宅旁。分布于我国黑龙江、吉林、辽宁、山东、河南、河北、山西、陕西、甘肃、四川、青海等地。内蒙古呼伦贝尔市、通辽市、赤峰市、乌兰察布市、鄂尔多斯市等地有分布。
资源状况
常见。
药用部位
全草或地上部分、种子。
采收加工
夏、秋二季采收，切段，晒干。
药材性状
本品根呈圆柱状，上端常残留有茎和叶的残基；质脆，断面类白色至淡黄色，皮部色较深，疏松，颗粒状，髓明显。叶皱缩，完整叶片长矩圆形，羽状全裂，裂片大小不一，暗绿色至淡黄色。花皱缩，淡紫色或黑褐色，润展后呈漏斗状，先端5浅裂，雄蕊4，柱头漏斗形。偶见蒴果，具4棱。气微，味淡。

功能主治

中医：祛风湿，活血，止痛。用于风湿关节痛，筋骨拘挛。外用于湿疹，口疮，疮痈肿毒。

蒙医：止咳，止痛，镇"赫依"，燥"希日乌素"，润肠通便。用于慢性支气管炎，肺热咳嗽，肺脓肿，中耳炎，"希日乌素"病，"脉症"，腹胀，大便干燥。

用法用量

外用适量，烧存性研末掺；或煎汤熏洗。

紫草科 Boraginaceae

鹤虱属 *Lappula* V. Wolf

鹤虱 *Lappula myosotis* V. Wolf

别名：小粘染子

蒙文名：囊章古

形态特征

一年生或二年生草本。茎直立，高 30~60 cm，中部以上多分枝，密被白色短糙毛。基生叶长圆状匙形，全缘，先端钝，基部渐狭成长柄，长达 7 cm，宽 0.3~0.9 cm，两面密被有白色基盘的长糙毛；茎生叶较短而狭，披针形或线形，扁平或沿中肋纵折，先端尖，基部渐狭，无叶柄。花序在花期短，果期伸长，长 10~17 cm；苞片线形，较果实稍长；花梗果期伸长，长约 3 mm，直立而被毛；花萼 5 深裂，几达基部，裂片线形，急尖，有毛，花期长 2~3 mm，果期增大成狭披针形，长约 5 mm，星状开展或反折；花冠淡蓝色，漏斗状至钟状，长约 4 mm，檐部直径 3~4 mm，裂片长圆状卵形，喉部附属物梯形。小坚果卵状，长 3~4 mm，背面狭卵形或长圆状披针形，通常有颗粒状疣突，稀平滑或沿中线龙骨状突起上有小棘突，边缘有 2 行近等长的锚状刺，内行刺长 1.5~2 mm，基部不联合，外行刺较内行刺稍短或近等长，通常直立，小坚果腹面通常具棘状突起或有小疣状突起；花柱伸出小坚果但不超过小坚果上方的刺。花果期 6—9 月。

适宜生境与分布

旱中生植物。生于山地及沟谷草甸与田野。分布于我国东北、华北、西北。内蒙古呼伦贝尔市、通辽市、锡林郭勒盟、鄂尔多斯市、阿拉善盟有分布。

资源状况

常见。

药用部位

果实。

采收加工

秋季果实成熟时采收，除去杂质，晒干。

药材性状

本品多为分离的小坚果，呈卵状三棱形，长 2~3 mm，宽 1.5~2 mm。表面棕褐色或灰绿色，密布小瘤状突起，先端尖，基部钝圆，腹面有线形凸起的着生痕迹，背面边缘有 2 行近等长的锚状钩刺，内行刺长 1.5~2 mm，外行刺较内行刺稍短或近等长，中央有时有小钩刺。果皮较坚硬，种仁类白色，具油性。气特异，味微苦。

功能主治

驱虫，消积，止痒。用于蛔虫病，蛲虫病，虫积腹痛。

用法用量

中医：内服煎汤，3~9 g；或入丸、散。

蒙医：内服煎汤，5~10 g，布包煎；或与其他药配伍入丸、散。外用适量，研末，酒调敷患处。

紫丹属 Tournefortia L.

砂引草 Messerschmidia sibirica L.

别名：紫丹草、挠挠糖

蒙文名：浩吉格日—额布斯

形态特征

多年生草本，高 10~30 cm，有细长的根茎。茎单一或数条丛生，直立或斜升，通常分枝，密生糙伏毛或白色长柔毛。叶披针形、倒披针形或长圆形，长 1~5 cm，宽 0.6~1 cm，先端渐尖或钝，基部楔形或圆形，密生糙伏毛或长柔毛；中脉明显，在上面凹陷，在下面凸起，侧脉不明显；无柄或近无柄。花序顶生，直径 1.5~4 cm；萼片披针形，长 3~4 mm，密生向上的糙伏毛；花冠黄白色，钟状，长 1~1.3 cm，裂片卵形或长圆形，外弯，花冠筒较裂片长，外面密生向上的糙伏毛；花药长圆形，长 2.5~3 mm，先端具短尖，花丝极短，长约 0.5 mm，着生于花冠筒中部；子房无毛，略显 4 裂，长 0.7~0.9 mm，花柱细，长约 0.5 mm，柱头浅 2 裂，长 0.7~0.8 mm，下部环状膨大。核果椭圆形或卵球形，长 7~9 mm，直径 5~8 mm，粗糙，密生伏毛，先端凹陷，核具纵肋，成熟时分裂为 2 个各含 2 种子的分核。花期 5—6 月，果期 7 月。

适宜生境与分布

中旱生植物。生于沙地、沙漠边缘、盐生草甸、干河沟边。分布于我国甘肃、陕西、山西、河南、山东、河北。内蒙古呼伦贝尔市、兴安盟、通辽市、赤峰市、锡林郭勒盟、乌兰察布市、巴彦淖尔市、鄂尔多斯市、阿拉善盟、呼和浩特市有分布。

资源状况

常见。

药用部位

全草。

采收加工

夏、秋二季采收,晒干。

药材性状

本品长 10~30 cm,密被长柔毛。根及根茎呈棕黑色,表面具瘤状突起。断面皮部灰白色,木质部暗棕色,直径 0.5~4 mm。茎自基部分枝,表面灰绿色,断面黄绿色,中空。叶互生,常破碎或卷曲,完整者呈披针形或条状披针形,灰绿色。果实椭圆状球形,黄褐色,表面密被短柔毛,具纵棱,两端平截,残留果柄和花柱脱落后凹陷的窝痕。气微,味稍苦。

功能主治

清热解毒,排脓,敛疮,疗伤。用于瘰疬,疮疡破溃,久不收口,皮肤湿疹。

用法用量

内服煎汤,3~9 g。外用适量,煎汤洗患处;或熬膏敷患处。

十字花科 Brassicaceae

南芥属 *Arabis* L

垂果南芥 *Arabis pendula* L.

别名:野白菜、垂果南芥菜

蒙文名:温吉格日—少布多海

形态特征

二年生草本,高 30~150 cm,全株被硬单毛、杂有 2~3 叉毛。主根圆锥状,黄白色。茎直立,上部有分枝。茎下部的叶长椭圆形至倒卵形,长 3~10 cm,宽 1.5~3 cm,先端渐尖,边缘有浅锯齿,基部渐狭而成叶柄,长达 1 cm;茎上部的叶狭长椭圆形至披针形,较茎下部的叶略小,基部呈心形或箭形,抱茎,上面黄绿色至绿色。总状花序顶生或腋生,有花 10 或更多;萼片椭圆形,长 2~3 mm,背面被单毛、2~3 叉毛及星状毛,花蕾期更密;花瓣白色,匙形,长 3.5~4.5 mm,宽约 3 mm。长角果线形,长 4~10 cm,宽 0.1~0.2 cm,弧曲,下垂。种子每室 1 行,种子椭圆形,褐色,长 1.5~2 mm,边缘有环状的翅。花期 6—9 月,果期 7—10 月。

适宜生境与分布

中生植物。生于山地林缘、灌丛、沟谷、河边。内蒙古呼伦贝尔市、兴安盟、赤峰市、乌兰察布市、鄂尔多斯市、阿拉善盟有分布。

资源状况

少见。

药用部位

果实、种子。

采收加工

秋季采收果实，洗净，鲜用或晒干。

功能主治

中医：果实清热解毒，消肿，用于痈疮肿毒，阴道炎，阴道滴虫。种子清热，用于发热。

蒙医：清热，解毒，祛痰，止咳，平喘。用于搏热，毒热，血热，咳嗽，肺感，气喘。

用法用量

内服煎汤，3~9 g。外用适量，煎汤熏洗患处。

荠属 *Capsella* Medic.

荠 *Capsella bursa-pastoris*（L.）Medic.

别名：荠菜

蒙文名：阿布嘎、扫克嘎巴

形态特征

一年生或二年生草本，高10~50 cm，无毛、有单毛或分叉毛。茎直立，单一或在下部分枝。基生叶丛生，呈莲座状，大头羽状分裂，长可达12 cm，宽可达2.5 cm，顶裂片卵形至长圆形，长5~30 mm，宽2~20 mm，侧裂片3~8对，长圆形至卵形，长5~15 mm，先端渐尖，近全缘、浅裂或有不规则粗锯齿，叶柄长5~40 mm；茎生叶窄披针形或披针形，长5~6.5 mm，宽2~15 mm，基部箭形，抱茎，边缘有缺刻或锯齿。总状花序顶生及腋生，果期延长达20 cm；花梗长3~8 mm；萼片长圆形，长1.5~2 mm；花瓣白色，卵形，长2~3 mm，有短爪花柱长约0.5 mm。短角果倒三角形或倒心状三角形，长5~8 mm，宽4~7 mm，扁平，无毛，先端微凹，裂瓣具网脉；果梗长5~15 mm。种子2行，长椭圆形，长约1 mm，浅褐色。花果期4—6月。

适宜生境与分布

生于山坡、田边及路旁；多为野生，偶有栽培。我国各地均有分布。内蒙古各地均有分布。

资源状况

少见。

药用部位

全草或根、种子。

采收加工

春、秋二季采收全草，除去杂质，洗净泥土，鲜用，或晒干，切段。夏季采收成熟果实，打下种子，除去杂质，晒干。

药材性状

本品主根较细，微弯曲，长 2~6 cm，直径 1.5~3 mm；表面黄白色，并具须状分枝；质较硬，断面黄白色。茎纤细，长 15~40 cm；表面黄绿色，分枝。基生叶常脱落；茎生叶互生，抱茎，灰绿色或黄绿色；叶片皱缩，多破碎，完整叶片湿润展平后呈披针形，全缘或具不规则锯齿。茎梢带有白色小花。短角果呈扁倒三角形，有细柄，淡黄色。种子细小，长椭圆形，长约 0.8 mm，淡褐色。气微，味淡。

功能主治

中医：和脾，利水，止血，明目。用于痢疾，水肿，淋病，乳糜尿，吐血，便血，血崩，月经过多，目赤肿疼等。

蒙医：用于呕吐，水肿，小便不利，脉热。

用法用量

种子内服煎汤，3~9 g。外用适量，研末用醋调敷患处。根、茎、叶内服煎汤，6~12 g。

独行菜属 *Lepidium* L.

独行菜 *Lepidium apetalum* Willd.

别名：腺独行菜、腺茎独行菜

蒙文名：昌高

形态特征

一年生或二年生草本，高 5~30 cm。茎直立，有分枝，无毛或具微小头状毛。基生叶窄匙形，1 回羽状浅裂或深裂，长 3~5 cm，宽 1~1.5 cm，叶柄长 1~2 cm；茎上部叶线形，全缘或有疏齿。总状花序在果期可延长至 5 cm；萼片早落，卵形，长约 0.8 mm，外面有柔毛；花瓣不存在或退化成丝状，比萼片短；雄蕊 2 或 4。短角果近圆形或宽椭圆形，扁平，长 2~3 mm，宽约 2 mm，先端微缺，上部有短翅，隔膜宽不到 1 mm；果梗弧形，长约 3 mm。种子椭圆形，长约 1 mm，平滑，棕红色。花果期 5—7 月。

适宜生境与分布

生于田野、荒地、路旁。分布于我国东北、西北，以及云南、四川等地。内蒙古各地均有分布。

资源状况

常见。

药用部位

干燥成熟种子。

采收加工

翌年 4 月底至 5 月上旬采收，果实呈黄绿色时及时收割，以免过熟导致种子脱落。晒干，除去茎、叶杂质，放入麻袋或其他包装物，储存在干燥处，防止受潮、黏结、发霉。

药材性状

本品呈扁卵形，长1 mm，宽0.5~1 mm。表面黄棕色或红棕色，微有光泽，具纵沟2，其中1较明显。一端钝圆，另一端渐尖而微凹，种脐位于凹入端。味微辛辣，黏性较强。

功能主治

泻肺平喘，行水消肿。用于痰涎壅肺，喘咳痰多，胸胁胀满，不得平卧，胸腹水肿，小便不利。

用法用量

内服煎汤，3~10 g，包煎。

桔梗科 Campanulaceae

沙参属 Adenophora Fisch.

狭叶沙参 Adenophora gmelinii（Spreng.） Fisch.

别名：柳叶沙参、厚叶沙参

蒙文名：那日汗—哄呼—其其格

形态特征

根细长，长达40 cm，皮灰黑色。茎单生或数枝发自一茎基上，不分枝，常无毛，有时有短硬毛，高达80 cm。基生叶浅心形、三角形或菱状卵形，具粗圆齿；茎生叶常为线形，稀披针形，全缘或具疏齿，无毛，长4~9 cm，无柄。聚伞花序为单花组成的假总状花序，或下部有几朵花，短而垂直向上，组成很狭窄的圆锥花序，有时单花顶生于主茎上；花萼无毛，仅少数有瘤状突起，萼筒倒卵状长圆形，裂片线状披针形，长0.4~1 cm；花冠宽钟状，蓝色或淡紫色，长1.6~2.8 cm，裂片卵状三角形，长6~8 mm，稀近正三角形，长仅4 mm；花盘筒状，长1.3~3.5 mm；花柱稍短于花冠，稀近等长。蒴果椭圆状，长0.8~1.3 cm。种子椭圆状，有一翅状棱。花期7—8月，果期9月。

适宜生境与分布

旱中生植物。生于林缘、山地草原及草甸草原。分布于我国华北、东北，以及甘肃。内蒙古呼伦贝尔市、兴安盟、通辽市、赤峰市、锡林郭勒盟、乌兰察布市、呼和浩特市、包头市有分布。

资源状况

常见。

药用部位

根。

采收加工

秋季采挖,除去茎叶及须根,洗净泥土,刮去栓皮,晒干,切片。

药材性状

本品呈圆锥形或圆柱形,略弯曲,长7~27 cm,直径0.8~3 cm。表面黄白色或淡棕黄色。凹陷处常有残留粗皮,上部多有深陷横纹,呈断续的环状,下部有纵纹及纵沟。先端具1或2根茎。体轻,质脆,易折断,断面不平坦,黄白色,多裂隙。无臭,味微甘。

功能主治

中医:养阴清热,祛痰,止咳。用于肺热咳嗽,咳痰黄稠,虚劳久咳,咽干舌燥,津伤口渴。

蒙医:燥"希日乌素"。用于红肿,"希日乌素"症,牛皮癣,关节炎,痛风症,游痛症,青腿病,麻风病。

用法用量

中医:内服煎汤,9~15 g;或入丸、散。

蒙医:多入丸、散。

轮叶沙参 *Adenophora tetraphylla* (Thunb.) Fisch.

别名:泡参、四叶沙参

蒙文名:塔拉音—哄呼—其其格

形态特征

多年生草本,高50~90 cm,体内有白色乳汁。根倒圆锥状,表面具横皱纹,淡黄色,少分枝。茎直立,近无毛。单叶轮生,每轮4~6,近无柄;叶片卵形、椭圆形、披针形或狭披针形,长6~9 cm,宽3~4 cm,叶缘有锯齿或重锯齿,两面有疏短柔毛。圆锥花序分枝轮生;萼片5,钻形,长1~2 cm,无毛;花冠5裂,蓝色,口部缩成坛状,无毛;雄蕊5,花丝下部变宽,边缘密被柔毛,花盘短筒状;子房下位,花柱明显伸出。蒴果倒卵球形,萼宿存,孔裂。种子多数。花期7—8月,果期9月。

适宜生境与分布

中生植物。生于河滩草甸、山地林缘、固定沙丘间草甸。我国东北、华北、华中、华东、华南、陕西等地有分布。

资源状况

常见。

药用部位

干燥根。

采收加工

春、秋二季采挖,除去须根,洗净后趁鲜刮去粗皮,洗净,干燥。

药材性状

本品呈圆柱形或圆锥形,有的弯曲或扭曲,少数2~3分枝,长8~27 cm,直径1~4.3 cm。表面黄白色或淡棕黄色,较粗糙,有不规则扭曲的皱纹,上部有细密横纹,凹陷处常有残留棕褐色栓皮。先端芦头（根茎）单个，稀多个，长2~7 cm，四周具多数半月形茎痕，呈盘节状。质硬脆，易折断，断面不平坦，类白色，多裂隙，较松泡。气微，味微甘、苦。

功能主治

中医：养阴清肺，益胃生津，化痰，益气。用于肺热燥咳，阴虚劳嗽，干咳痰黏，胃阴不足，食少呕吐，气阴不足，烦热口干。

蒙医：祛"协日乌素"，消肿，舒筋。用于"协日乌素"病，牛皮癣，"巴木"病，关节痛，痛风，游痛症。

用法用量

内服煎汤，9~15 g；或入丸、散。

荠苨 *Adenophora trachelioides* Maxim.

别名：苨、菧苨

蒙文名：哄呼—其其格

形态特征

茎单生，高40~120 cm，直径可达近1 cm，无毛，常多呈"之"字形曲折，有时具分枝。基生叶心状肾形，宽超过长；茎生叶具长2~6 cm的叶柄，叶片心形或在茎上部的叶基部近平截形，通常叶基部不向叶柄下延成翅，先端钝至短渐尖，边缘为单锯齿或重锯齿，长3~13 cm，宽2~8 cm，无毛或仅沿叶脉疏生短硬毛。花序分枝大多长而几乎平展，组成大圆锥花序，或分枝短而组成狭圆锥花序；花萼筒部倒三角状圆锥形，裂片长椭圆形或披针形，长6~13 mm，宽2.5~4 mm；花冠钟状，蓝色、蓝紫色或白色，长2~2.5 cm，裂片宽三角状半圆形，先端急尖，长5~7 mm；花盘筒状，长2~3 mm，上下等粗或向上渐细；花柱与花冠近等长。蒴果卵状圆锥形，长7 mm，直径5 mm。种子黄棕色，两端黑色，长矩圆状，稍扁，有1棱，棱外缘黄白色，长0.8~1.5 mm。花期7—9月。

适宜生境与分布

生于山坡草地或林缘。我国各地山野平原均有分布。内蒙古有分布。

资源状况

少见。

药用部位

根。

采收加工

春季采挖，除去茎叶，洗净，晒干。

药材性状

本品切片呈圆形或类圆形厚片。片面黄白色，有不规则裂隙，呈花纹状，皱缩。体轻，质松泡。无臭，味微甜。

功能主治

清热，解毒，化痰。用于燥咳，喉痛，消渴，疗疮肿毒。

用法用量

内服煎汤，5~10 g。外用适量，捣烂敷。

锯齿沙参 *Adenophora tricuspidata* （Fisch. ex Roem. et Schult.） A. DC.

蒙文名：和日其业斯图—哄呼—其其格

形态特征

茎单生，少2枝发自1茎基上，不分枝，高70~100 cm，无毛。茎生叶互生，无柄也无毛，长椭圆形至卵状椭圆形，先端急尖，基部钝或楔形，边缘具齿尖向叶顶的锯齿，长4~8 cm，宽1~2 cm。花序分枝极短，仅2~3 cm，具2至数花，组成狭窄的圆锥花序；花梗短；花萼无毛，筒部球状卵形或球状倒圆锥形，裂片卵状三角形，下部宽而重叠，常向侧后反叠，先端渐尖，有2对长齿；花冠宽钟状，蓝色、蓝紫色或紫蓝色，长12~20 mm，裂片卵圆状三角形，先端钝，长为花冠全长的1/3；花盘短筒状，长1~2 mm，无毛；花柱比花冠短。蒴果近球状。

适宜生境与分布

生于湿草甸、桦木林林下或向阳草坡；喜温暖或凉爽气候，耐寒，虽耐干旱，但在生长期也需要适量水分，幼苗时期，干旱往往引起死苗；以土层深厚肥沃、富含腐殖质、排水良好的砂质壤土栽培为宜。内蒙古呼伦贝尔市、兴安盟、通辽市、赤峰市、锡林郭勒盟有分布。

资源状况

常见。

药用部位

根。

采收加工

取原药材，除去杂质和芦头，洗净，润透，切厚片，干燥。

药材性状

本品切片为圆形或类圆形厚片。表面黄白色或类白色，有多数不规则裂隙，呈花纹状。周边淡棕黄色，皱缩。质轻。无臭，味微甘。

功能主治

养阴清热，润肺化痰，益胃生津。用于阴虚久咳，劳嗽痰血，燥咳痰少，虚热喉痹，津伤口渴。

用法用量

内服煎汤，10~15 g，鲜品15~30 g；或入丸、散。

桔梗属 *Platycodon* A. DC.

桔梗 *Platycodon grandiflorus* （Jacq.） A. DC.

别名：铃当花、包袱花、僧帽花

蒙文名：胡日敦—查干

形态特征

多年生草木。茎高 20~120 cm，通常无毛，偶密被短毛，不分枝，极少上部分枝。叶全部轮生、部分轮生至全部互生，无柄或有极短的柄，叶片卵形、卵状椭圆形至披针形，长 2~7 cm，宽 0.5~3.5 cm，基部宽楔形至圆钝，先端急尖，上面无毛而绿色，下面常无毛而有白粉，有时脉上有短毛或瘤突状毛，边缘具细锯齿。花单朵顶生，或数朵集成假总状花序，或有花序分枝而集成圆锥花序；花萼筒部半圆球状或圆球状倒锥形，被白粉，裂片三角形或狭三角形，有时齿状；花冠大，长 1.5~4 cm，蓝色或紫色。蒴果球状、球状倒圆锥形或倒卵状，长 1~2.5 cm，直径约 1 cm。花期 7—9 月。

适宜生境与分布

中生植物。生于山地林缘草甸及沟谷草甸；喜光、凉爽气候，耐寒。分布于我国兴安北部、岭东、岭西、兴安南部、科尔沁、辽河平原、赤峰丘陵、燕山北部、阴山等地。

资源状况

常见。

药用部位

干燥根。

采收加工

春、秋二季采挖，洗净，除去须根，趁鲜剥去外皮或不去外皮，干燥。

药材性状

本品呈圆柱形或略呈纺锤形，下部渐细，有的有分枝，略扭曲，长 7~20 cm，直径 0.7~2 cm。表面淡黄白色至黄色，不去外皮者表面黄棕色至灰棕色，具纵扭皱沟，并有横长的皮孔样斑痕及支根痕，上部有横纹。有的先端有较短的根茎或不明显，其上有数个半月形茎痕。质脆，断面不平坦，形成层环棕色，皮部黄白色，有裂隙，木质部淡黄色。气微，味微甜后苦。

功能主治

宣肺，利咽，祛痰，排脓。用于咳嗽痰多，胸闷不畅，咽痛音哑，肺痈吐脓。

用法用量

内服煎汤，3~10 g。

忍冬科 Caprifoliaceae

忍冬属 *Lonicera* L.

忍冬 *Lonicera japonica* Thunb.

别名：银花、金银藤、忍冬藤

蒙文名：阿拉塔—孟根—其其格

形态特征

多年生半常绿缠绕藤本。茎中空，多分枝；幼枝草质，红棕色，密被短柔毛和腺毛；老枝木质，深棕褐色，呈条状剥裂。单叶对生，无托叶，卵圆形至长卵状椭圆形，长3~8 cm，宽1.5~4 cm，先端锐尖，基部钝圆，全缘，幼叶两面被短柔毛，脉上甚密，老叶上面无毛或仅主脉有毛，下面疏被短柔毛。花成对生于上部腋生的总花梗先端，总花梗长2~5 mm，密被柔毛；苞片2，叶状，卵形；萼筒小，5齿裂，无毛；花冠筒细长，长3~4 cm，二唇形，初开时白色后变黄色，芳香，外面被柔毛和腺毛，上唇4浅裂，直立，下唇狭而不裂，反卷；雄蕊5，着生于花冠筒上；子房下位，成对，花柱细长，柱头头状，成熟后与雄蕊均生于花冠外。浆果球形，黑褐色。花期5—7月，果期7—10月。

适宜生境与分布

生于海拔1 500 m以下的山坡灌丛或疏林、乱石堆、路旁及村庄篱笆边。我国北起辽宁，西至陕西，南达湖南，西南至云贵等地均有分布。内蒙古多地有分布。

资源状况

少见。

药用部位

花蕾。

采收加工

夏初花开放前采收，干燥。

药材性状

本品呈棒状，上粗下细，略弯曲，长2~3 cm，上部直径约3 mm，下部直径约1.5 mm。表面黄白色或绿白色，密被短柔毛。偶见叶状苞片。花萼绿色，先端5裂，裂片有毛，长约2 mm。开放者花冠筒状，先端二唇形。雄蕊5，附于筒壁，黄色；雌蕊1，子房无毛。气清香，味淡、微苦。

功能主治

中医：清热解毒，疏风散热。用于温病发热，风热感冒，痈疮肿毒，喉痹，丹毒，热毒血痢。

蒙医：清热解毒。用于痈肿，丹毒，血热。

用法用量

内服煎汤，15~25 g；或入丸、散。外用适量，研末调敷。

石竹科 Caryophyllaceae

石竹属 *Dianthus* L.

瞿麦 *Dianthus superbus* L.

别名：巨句麦、大兰、山瞿麦、剪绒花、竹节草

蒙文名：日哈克通

形态特征

多年生草本，高 50~60 cm，全株无毛，带粉绿色。茎由根颈生出，疏丛生，直立，上部分枝。叶片线状披针形，长 3~5 cm，宽 0.2~0.4 cm，先端渐尖，基部稍狭，全缘或有细小齿，中脉较显。花单生枝端或数花集成聚伞花序；花梗长 1~3 cm；苞片 4~6，卵形，先端长渐尖，长约为花萼的 1/4，边缘膜质，有缘毛；花萼圆筒形，长 25~30 mm，直径 4~5 mm，有纵条纹，萼齿披针形，长约 5 mm，直伸，先端尖，有缘毛；花瓣长 16~18 mm，瓣片倒卵状三角形，长 13~15 mm，紫红色、粉红色、鲜红色或白色，顶缘不整齐齿裂，喉部有斑纹，疏生髯毛；雄蕊露出喉部外，花药蓝色；子房长圆形，花柱线形。蒴果圆筒形，包于宿存萼内，先端 4 裂。种子黑色，扁圆形。花期 5—6 月，果期 7—9 月。

适宜生境与分布

旱中生植物。生于山地草甸及草甸草原。分布于我国东北、华北、西北和长江流域等地。内蒙古各地均有分布。

资源状况

常见。

药用部位

干燥地上部分。

采收加工

夏、秋二季花果期采割，除去杂质，干燥。

药材性状

本品茎呈圆柱形，上部有分枝，长 30~60 cm；表面淡绿色或黄绿色，光滑无毛，节明显，略膨大，断面中空。叶对生，多皱缩，展平叶片呈条形至条状披针形。枝端具花及果实，花萼筒状，长 2.7~3 cm；苞片 4~6，宽卵形，长约为花萼的 1/4；花瓣棕紫色或棕黄色，卷曲，先端深裂成丝状。蒴果长筒形，与宿萼等长。种子细小，多数。气微，味淡。

功能主治

利尿通淋，活血通经。用于热淋，血淋，石淋，小便不通，淋沥涩痛，经闭瘀阻。

用法用量

内服煎汤,9~15 g。

蝇子草属 *Silene* L.

蔓茎蝇子草 *Silene repens* Patr.

别名:蔓麦瓶草、匍生蝇子草、毛萼麦瓶草

蒙文名:吉乐图—扫根—齐赫

形态特征

多年生草本,高达50 cm,全株被柔毛。根茎细长,匍匐。茎疏丛生或单生。叶线状披针形、披针形或倒披针形,长2~7 cm,宽0.2~1.2 cm,基部渐窄,两面被柔毛,具缘毛,中脉明显。聚伞花序顶生或腋生,小聚伞花序对生;苞片披针形;花梗长3~8 mm;花萼筒状,长1.1~1.5 cm,直径3~5 mm,常带紫色,被柔毛,萼齿卵形,先端钝,边缘膜质,具缘毛;雌、雄蕊柄长4~8 mm,被柔毛;花瓣白色,爪倒披针形,内藏,瓣片平展,倒卵形,2浅裂或深达中部;副花冠长圆形,有时具裂片;雄蕊微伸出;花柱3,伸出。蒴果卵圆形,长6~8 mm,短于宿萼,6齿裂。种子肾形,长约1 mm,黑褐色,具细纹。花果期6—9月。

适宜生境与分布

中生植物。生于山坡草地、固定沙丘、山沟溪边、林下、林缘草甸、沟谷草甸、河滩草甸、泉水边及荒地。分布于我国东北、华北、西北,以及西藏。内蒙古呼伦贝尔市、兴安盟、通辽市、赤峰市、锡林郭勒盟、呼和浩特市、包头市、阿拉善盟有分布。

资源状况

常见。

药用部位

根。

采收加工

夏、秋二季采收,洗净,鲜用或晒干。

功能主治

清热凉血,除骨蒸,开窍,清肺。用于肺结核,疟疾发热,肠炎,淋病等。

用法用量

内服煎汤,9~15 g。

卫矛科 Celastraceae

卫矛属 *Euonymus* L.

桃叶卫矛 *Euonymus bungeanus* Maxim.

别名：丝棉木、明开夜合、白杜

蒙文名：额漠根—查干

形态特征

落叶小乔木或灌木。树冠圆形或卵形，树皮灰褐色，小枝绿色，近四棱形。叶对生，椭圆状卵形或宽卵形，边缘有细锯齿。聚伞花序腋生，花3~7，黄绿色。蒴果4瓣裂，淡红色或带黄色。种子有橘红色假种皮。花期5—6月，果期9—10月。

适宜生境与分布

中生植物。喜光，散生于落叶阔叶林区，也见于较温暖的草原区南部山地。分布于我国东北、华北、华中及华东等地。内蒙古通辽市、赤峰市、锡林郭勒盟、乌兰察布市有分布。

资源状况

少见。

药用部位

带翅嫩枝。

采收加工

夏、秋二季采收，除去杂质，晒干，切片。

功能主治

祛风湿，活血通经，止血。用于风湿痹痛，腰痛，经闭，血栓闭塞性脉管炎，衄血，漆疮，痔疮。

用法用量

内服煎汤，15~30 g；或酒浸服。外用适量，煎汤熏洗患处。

藜科 Chenopodiaceae

雾冰藜属 *Bassia* All.

雾冰藜 *Bassia dasyphylla* (Fisch. et C. A. Mey.) Kuntze

别名：巴西藜、五星蒿、毛脊梁、星状刺果藜

蒙文名：马能—哈麻哈格

形态特征

一年生草本，高 5~30 cm，全株被灰白色长毛。茎直立，具条纹，黄绿色或浅红色，多分枝，开展，细弱，后变硬。叶肉质，圆柱状或半圆柱状条形，长 0.3~1.5 cm，宽 0.1~0.5 cm，先端钝，基部渐狭。花单生或 2 集生于叶腋，但仅 1 花发育；花被球状壶形，草质，5 浅裂，果时在裂片背侧中部生 5 锥状附属物，呈五角星状。胞果卵形。种子横生，近圆形，压扁，直径 1~2 mm，平滑，黑褐色。花果期 8—10 月。

适宜生境与分布

旱生草本植物。散生或群生于草原、半荒漠和荒漠地区的砂质或砂砾质土壤中，也多见于半固定或固定沙丘、平坦沙地以及轻度盐碱地，常见于沙漠和流动沙地的边缘地区，在沙地上常可形成单优种的群落。分布于我国东北西部、华北北部、西北，以及山东、西藏等地。

资源状况

少见。

药用部位

全草。

采收加工

夏季采收，除去杂质，晒干。

功能主治

清热除湿。用于脂溢性皮炎。

用法用量

外用适量，煎汤洗。

地肤 *Kochia scoparia*（L.） Schrad.

别名：扫帚菜

蒙文名：舒古日—额布斯

形态特征

一年生草本，被具节长柔毛。茎直立，高达 1 m，基部分枝。叶扁平，线状披针形或披针形，长 2~5 cm，宽 0.3~0.7 cm，先端短，渐尖，基部渐窄成短柄，常具 3 主脉。花两性或雌性，常 1~3 簇生于上部叶腋；花被近球形，5 深裂，裂片近角形，翅状附属物角形或倒卵形，边缘微波状或具缺刻。胞果扁；果皮膜质，与种子离生。种子卵形或近圆形，直径 1.5~2 mm，稍有光泽。花期 6—9 月，果期 8—10 月。

适宜生境与分布

生于山沟湿地、河滩、路边等；喜温、喜光，耐干旱，不耐寒，对土壤要求不严格，较耐碱性土壤；在肥沃、疏松、富含腐殖质的土壤中生长旺盛。我国各地均有分布。

资源状况

常见。

药用部位
干燥成熟果实。
采收加工
秋季果实成熟时采收植株,晒干,打下果实,除去杂质。
药材性状
本品呈扁球状五角星形,直径 1~3 mm。外被宿存花被,表面灰绿色或浅棕色,周围具膜质小翅 5,背面中心有微凸起的点状果梗痕及 5~10 个放射状脉纹。剥离花被,可见膜质果皮,半透明。种子扁卵形,长约 1 mm,黑色。气微,味微苦。
功能主治
清热利湿,祛风止痒。用于小便涩痛,阴痒带下,风疹,湿疹,皮肤瘙痒。
用法用量
内服煎汤,9~15 g。外用适量,煎汤熏洗。

藜属 *Chenopodium* L.

尖头叶藜 *Chenopodium acuminatum* Willd.

别名:绿珠藜、渐尖藜、油杓杓
蒙文名:道古日格—诺衣乐
形态特征
一年生草本,高 10~30 cm。茎直立,分枝或不分枝,枝通常平卧或斜升,粗壮或细弱,无毛,具条纹,有时带紫红色。叶具柄,长 1~3 cm;叶片卵形、宽卵形、三角状卵形、长卵形或菱状卵形,长 2~4 cm,宽 1~3 cm,先端钝圆或锐尖,具短尖头,基部宽楔形或圆形,有时近平截,全缘,通常具红色或黄褐色半透明的环边,上面无毛,淡绿色,下面被粉粒,灰白色或带红色;茎上部叶渐狭小,几为卵状披针形或披针形。花每 8~10 聚生为团伞花簇,花簇紧密地排列于花枝上,形成有分枝的圆柱形花穗,或再聚为尖塔形大圆锐花序;花序轴密生玻璃管状毛;花被片 5,宽卵形,背部中央具绿色龙骨状隆脊,边缘膜质,白色,向内弯曲,疏被膜质透明的片状毛,果时包被果实,全部呈五角星状;雄蕊 5,花丝极短。胞果扁球形,近黑色,具不明显放射状细纹及细点,稍有光泽。种子横生,直径约 1 mm,黑色,有光泽,表面有不规则点纹。花期 6—8 月,果期 8—9 月。
适宜生境与分布
中生杂草。生于盐碱地、河岸砂质地、撂荒地和农田、道路两旁等地,是固定沙丘的优势物种。分布于我国东北、华北、西北,以及河南、浙江等地。
资源状况
常见。
药用部位
全草。

采收加工

夏季采收,除去杂质,晒干。

功能主治

用于风寒头痛,四肢胀痛。

用法用量

内服煎汤,适量。

灰绿藜 *Chenopodium glaucum* L.

别名:水灰菜、胭脂菜

蒙文名:呼和—诺干—诺衣乐

形态特征

一年生草本,高 15~30 cm。茎通常由基部分枝,斜升或平卧,有沟槽及红色或绿色条纹,无毛。叶有短柄,柄长 3~10 mm;叶片稍厚,带肉质,矩圆状卵形、椭圆形、卵状披针形、披针形或条形,长 2~4 cm,宽 0.7~1.5 cm,先端钝或锐尖,基部渐狭,边缘具波状牙齿,稀近全缘,上面深绿色,下面灰绿色或淡紫红色,密被粉粒,中脉黄绿色。花序穗状或复穗状,顶生或腋生;花被片 3~4,稀 5,狭矩圆形,先端钝,内曲,背部绿色,边缘白色膜质,无毛;雄蕊通常 3~4,稀 1~5,花丝较短;柱头 2,甚短。胞果不完全包于花被内,果皮薄膜质。种子横生,稀斜生,扁球形,暗褐色,有光泽,直径约 1 mm。花期 6—9 月,果期 8—10 月。

适宜生境与分布

耐盐中生杂草。生于农田、平原荒地、水渠沟旁或山间谷地等。分布于我国长江以北区域。

资源状况

常见。

药用部位

全草。

采收加工

春、夏二季采收,除去杂质,鲜用或晒干。

药材性状

本品呈灰黄绿色。叶多皱缩或破碎,完整者展平后呈矩圆状卵形至披针形,边缘具波状牙齿,上面平滑,下面有粉而呈灰绿白色。小花在枝上排列成断续的穗状或圆锥状。味甘、平。

功能主治

清热利湿,杀虫止痒。用于发热,咳嗽,痢疾,腹泻,湿疹,疥癣,疮疡肿痛,毒虫咬伤。

用法用量

内服煎汤,15~30 g。外用适量,煎汤漱口或熏洗;或捣涂。

虫实属 Corispermum L.

兴安虫实 Corispermum chinganicum Iljin

别名：绵蓬、红蓬草

蒙文名：查干—哈木胡乐

形态特征

一年生草本，高 10~50 cm。茎直立，圆柱形，直径约 2.5 mm，绿色或紫红色，由基部分枝，下部分枝较长，上升，上部分枝较短，斜展。叶条形，长 2~5 cm，宽约 0.2 cm，先端渐尖，具小尖头，基部渐狭，1 脉。穗状花序顶生和侧生，细圆柱形，稍紧密，长（1.5）4~5 cm，直径 3~8 mm，通常约 5 mm；苞片由披针形（少数花序基部的）至卵形和卵圆形，先端渐尖或骤尖，具较宽的膜质边缘；花被片 3，近轴花被片 1，宽椭圆形，先端具不规则细齿，远轴花被片 2，小，近三角形，稀不存在；雄蕊 5，稍超过花被片。果实矩圆状倒卵形或宽椭圆形，长 2~4 mm，宽 1.5~2 mm，先端圆形，基部心形，背面凸起，中央稍微压扁，腹面扁平，无毛；果核椭圆形，黄绿色或米黄色，光亮，有时具少数深褐色斑点；果喙粗短；果翅明显，浅黄色，不透明，全缘。花果期 6—8 月。

适宜生境与分布

生于疏松砂质土壤，常见于固定、半固定沙丘或草原砂地。分布于我国黑龙江、吉林、辽宁、内蒙古、河北、宁夏、甘肃等地。

资源状况

少见。

药用部位

全草。

采收加工

夏、秋二季采收，晒干。

功能主治

清湿热，利小便。用于小便不利，热涩疼痛，黄疸。

用法用量

内服煎汤，9~12 g。

绳虫实 Corispermum declinatum Steph. ex Stev.

别名：虫实、喙虫实、棉蓬、七条腿、粘蓬

蒙文名：布呼根—哈麻哈格

形态特征

茎高达 50 cm，圆柱状，具疏分枝。叶线形，长 3~5 cm，宽 0.2~0.3 cm，先端渐

尖，具小尖头，基部渐窄，1脉。穗状花序细瘦，长5~15 cm，直径约5 mm，花排列稀疏；苞片较叶稍宽，线状披针形或窄卵形，具膜质边缘；花被片1，稀3，近轴花被片宽长圆形，上部边缘常呈啮蚀状；雄蕊1，花丝较花被片长1倍。胞果倒卵状长圆形，长3~4 mm，直径约2 mm，无毛，先端尖，基部近圆，边缘近无翅；果喙长约0.5 mm。花果期6—9月。

适宜生境与分布

生于草原区砂质土壤和固定沙丘。分布于我国辽宁、河北、山西、河南、陕西、甘肃、新疆等地。内蒙古通辽市、赤峰市、锡林郭勒盟、乌兰察布市有分布。

资源状况

少见。

药用部位

全草。

采收加工

夏、秋二季采收，晒干。

功能主治

清湿热，利小便。用于小便不利，热淋疼痛，黄疸。

用法用量

内服煎汤，9~12 g。

猪毛菜属 *Salsola*

猪毛菜 *Salsola collina* Pall.

别名：山叉明棵、札蓬棵、沙蓬

蒙文名：哈木呼乐

形态特征

一年生草本，高30~60 cm。茎近直立，通常由基部分枝，开展，茎及枝淡绿色，有白色或紫色条纹，被稀疏的短糙硬毛或无毛。叶条状圆柱形，肉质，长20~50 mm，宽0.5~1 mm，先端具小刺尖，基部稍扩展，下延，深绿色，有时带红色，无毛或被短糙硬毛。花通常多数，生于茎及枝上端，排列为细长的穗状花序，稀单生于叶腋；苞片卵形，具锐长尖，绿色，边缘膜质，背面有白色隆脊，花后变硬；小苞片狭披针形，先端具针尖；花被片披针形，膜质，透明，直立，长约2 mm，短于苞片，果时背部生有鸡冠状革质突起，有时为2浅裂；雄蕊5，稍超出花被，花丝基部扩展，花药矩圆形，顶部无附属物；柱头丝形，长为花柱的1.5~2倍。胞果倒卵形，果皮膜质。种子倒卵形，先端截形。花期7—9月，果期8—10月。

适宜生境与分布

生于沟边、荒地、沙丘或盐碱化砂质地，为草原和荒漠群落中成伴生种，也为农田、撂荒地杂草，可形成群落或纯群落；适宜生长在砂质、松软的土壤中，耐寒、耐碱，适宜性、再生性、抗逆性强。分布于我国东北、华北，以及陕西、甘肃、青海、四川、西藏和云南。内蒙古各地均有分布。

资源状况

常见。

药用部位

全草。

采收加工

夏、秋二季开花时采收，晒干，除去泥沙，打成捆，备用。

药材性状

本品呈黄白色。叶多破碎，完整叶呈丝状圆柱形，长 20~50 mm，宽 0.5~1 mm，先端有硬针刺。花序穗状，着生于枝上部；苞片硬，卵形，顶部延伸成刺尖，边缘膜质，背部有白色隆脊；花被片先端向中央折曲，紧贴果实，在中央聚成小圆锥体。种子直径约 1.5 mm，先端平。味淡。

功能主治

平肝潜阳，润肠通便。用于高血压，头痛，眩晕，肠燥便秘。

用法用量

内服煎汤，15~30 g；或开水泡后代茶饮。

碱蓬属 *Suaeda*

碱蓬 *Suaeda glauca*（Bunge） Bunge

别名：猪尾巴草、灰绿碱蓬、和尚头

蒙文名：和日斯

形态特征

一年生草本，高 30~60 cm。茎直立，圆柱形，浅绿色，具条纹，上部多分枝，分枝细长，斜升或开展。叶条形，半圆柱状或扁平，灰绿色，长 15~30 mm，宽 0.7~1.5 mm，先端钝或稍尖，光滑或被粉粒，通常稍向上弯曲；茎上部叶渐变短。花两性，单生或 2~5 簇生于叶腋的短柄上，或呈团伞状，通常与叶具共同柄；小苞片短于花被，卵形，锐尖；花被片 5，矩圆形，向内包卷，果时花被增厚，具隆脊，呈五角星状。胞果有 2 型，其一扁平，圆形，紧包于五角星形的花被内；另一球形，上端稍裸露，花被不为五角星形。种子近圆形，横生或直立，有颗粒状点纹，直径约 2 mm，黑色。花期 7—8 月，果期 9 月。

适宜生境与分布

盐生植物。生于海滨、荒地、渠岸、田边等含盐碱的土壤。分布于我国东北、华北及西北。内蒙古呼伦贝尔市、通辽市、赤峰市、呼和浩特市、包头市、阿拉善盟有分布。

资源状况

少见。

药用部位

全草。

采收加工

夏、秋二季收割地上部分,除去泥沙、杂质,晒干备用,也可鲜用。

药材性状

本品呈灰黄色。叶多破碎,完整者为丝状条形,无毛。花多着生于叶基部。果实包于宿存的花被内,果皮膜质。种子黑色,直径约 2 mm,表面具清晰的颗粒状点纹,稍有光泽。

功能主治

清热,消积。用于食积停滞,发热。

用法用量

内服煎汤,6~9 g,鲜品 15~30 g。

旋花科 Convolvulaceae

旋花属 *Convolvulus* Linn.

田旋花 *Convolvulus arvensis* L.

别名:中国旋花、箭叶旋花

蒙文名:塔林—色得日根

形态特征

多年生草本,长达 1 m。具木质根茎。茎平卧或缠绕,无毛或疏被柔毛。叶卵形、卵状长圆形或披针形,长 1.5~5 cm,先端钝,基部戟形、箭形或心形,全缘或 3 裂,两面被毛或无毛;叶柄长 1~2 cm。聚伞花序腋生,具 1~3 花;花序梗长 3~8 cm;苞片 2,线形,长约 3 mm;萼片长 3.5~5 mm,外萼片长圆状椭圆形,内萼片近圆形;花冠白色或淡红色,宽漏斗形,长 1.5~2.6 cm,冠檐 5 浅裂;雄蕊稍不等长,长约为花冠之半,花丝被小鳞毛;柱头线形。蒴果无毛。花期 6—8 月,果期 7—9 月。

适宜生境与分布

中生农田杂草。生于田间、撂荒地、村舍与路旁,并可见于轻度盐化的草甸中。我国各地均有分布。

资源状况

常见。

药用部位

全草或花、根。

采收加工

夏、秋二季采收全草，洗净，鲜用或切段晒干。6—8月开花时摘取花，鲜用或晾干。

功能主治

祛风，止痒，止痛。全草用于神经性皮炎。花用于牙痛。根用于风湿关节痛。

用法用量

内服煎汤，6~10 g。外用适量，酒浸涂患处。

菟丝子属 *Cuscuta* Linn.

菟丝子 *Cuscuta chinensis* Lam.

别名：豆寄生、无根草、金丝藤

蒙文名：色日古德、沙日—奥日秧古

形态特征

一年生寄生草本。茎细，缠绕，黄色，无叶。花多数，近无总花序梗，呈簇生状；苞片2，与小苞片均呈鳞片状；花萼杯状，中部以下联合，长约2 mm，先端5裂，裂片卵圆形或矩圆形；花冠白色，壶状或钟状，长为花萼的2倍，先端5裂，裂片向外反曲，宿存；雄蕊花丝短；鳞片近矩圆形，边缘流苏状；子房近球形，花柱2，直立，柱头头状，宿存。蒴果近球形，稍扁，成熟时被宿存花冠全部包住，长约3 mm，盖裂。种子2~4，淡褐色，表面粗糙。花期7—8月，果期8—10月。

适宜生境与分布

寄生于草本植物上，多寄生于豆科植物，故有"豆寄生"之名。我国除阿拉善盟外，各地均有分布。

资源状况

常见。

药用部位

干燥成熟种子。

采收加工

秋季果实成熟时采收植株，晒干，打下种子，除去杂质。

药材性状

本品呈类球形，直径1~2 mm。表面灰棕色至棕褐色，粗糙，种脐线形或扁圆形。质坚实，不易以指甲压碎。气微，味淡。

功能主治

补益肝肾，固精缩尿，安胎，明目，止泻；外用消风祛斑。用于肝肾不足，腰膝酸软，阳痿遗精，遗尿尿频，肾虚胎漏，胎动不安，目昏耳鸣，脾肾虚泻。外用于白癜风。

用法用量

内服煎汤，6~12 g。外用适量。

景天科 Crassulaceae

瓦松属 *Orostachys* (DC.) Fisch.

瓦松 *Orostachys fimbriatus* (Turcz.) Berger

别名：酸溜溜、酸窝窝

蒙文名：艾日格—额布斯

形态特征

二年生草本。一年生莲座叶短线形，先端增大，为白色软骨质，半圆形，有齿；二年生花茎一般高 10~20 cm，叶互生，疏生，有刺，线形至披针形，长可达 3 cm，宽 0.2~0.5 cm。花序总状，紧密，或下部分枝，可呈宽 20 cm 的金字塔形；苞片线状渐尖；花梗长达 1 cm；萼片 5，长圆形；花瓣 5，红色，披针状椭圆形；雄蕊 10，与花瓣等长或稍短，花药紫色；鳞片 5，近四方形；心皮 5。蓇葖果 5，矩圆形，长 5 mm，喙细，长 1 mm。种子多数，卵形，细小。花期 8—9 月，果期 9—10 月。

适宜生境与分布

生于石质山坡、石质丘陵和沙地，在草原零星生长。分布于我国东北、华北、西北地区。

资源状况

常见。

药用部位

全草。

采收加工

夏、秋二季花开时采收，除去根及杂质，晒干。

药材性状

本品茎呈细长圆柱形，长 10~20 cm，直径 2~6 mm；表面灰棕色，具多数凸起的残留叶基，有明显的纵棱线。叶多脱落，破碎或卷曲，灰绿色。圆锥花序穗状，小花白色或粉红色，花梗长约 5 mm。体轻，质脆，易碎。气微，味酸。

功能主治

中药：凉血止血，解毒，敛疮。用于血痢，便血，痔血，疮口久不愈合。

蒙药：清热，解毒，止泻。用于血热，毒热，热性泻下，便血。

用法用量

内服煎汤，3~9 g。外用适量，研末涂敷患处。

钝叶瓦松 *Orostachys malacophylla* (Pall.) Fisch.

别名：石莲华

蒙文名：毛浩日—斯琴—额布斯

形态特征

二年生草本，高 10~30 cm。第 1 年仅有莲座状叶，叶矩圆形、椭圆形、倒卵形、矩圆状披针形或卵形，先端钝；第 2 年抽出花茎。茎生叶互生，无柄，近生，匙状倒卵形、倒披针形、矩圆状披针形或椭圆形，较莲座状叶大，长达 7 cm，先端有短尖或钝，绿色，两面有紫红色斑点。总状花序圆柱状，长 5~20 cm；苞片宽卵形或菱形，先端尖，长 3~5 mm，边缘膜质，有齿；花紧密，无梗或有短梗；萼片 5，矩圆形，长 3~4 mm，锐尖；花瓣 5，白色或淡绿色，干后呈淡黄色，矩圆状卵形，长 4~6 mm，上部边缘常有齿缺，基部合生；雄蕊 10，较花瓣稍长，花药黄色；鳞片 5，条状长方形；心皮 5。蓇葖果卵形，先端渐尖，几与花瓣等长；种子细小，多数。花期 7 月，果期 8—9 月。

适宜生境与分布

肉质旱生植物。多生于山地、丘陵的砾石质坡地及平原的砂质地，常为草原及草甸草原植被的伴生植物。分布于我国东北、华北。内蒙古呼伦贝尔市、通辽市、赤峰市、锡林郭勒盟、呼和浩特市有分布。

资源状况

少见。

药用部位

全草。

采收加工

夏、秋二季开花时采收，将全株连根拔起，除去根及杂质，反复晒至晒干或鲜用。

药材性状

本品茎呈细长圆柱形，长 10~30 cm；表面灰棕色，具多数凸起的残留叶基，有明显的纵棱线。叶多脱落，破碎或卷曲，灰绿色，无刺尖。圆锥花序穗状，小花白色或粉红色，花梗长约 5 mm。体轻，质脆，易碎。气微，味酸。

功能主治

中医：活血，止血，敛疮。用于痢疾，便血，子宫出血；鲜品捣烂或焙干研末外敷，用于疮口久不愈合；煎汤含漱，用于齿龈肿痛。蒙医：清热，解毒，止泻。用于血热，毒热，热性泻下，便血。

用法用量

内服煎汤，5~15 g；或捣汁；或入丸剂。外用适量，捣敷；或煎汤熏洗；或研末调敷。

费菜属 *Phedimus* Raf.

费菜 *Sedum aizoon* L.

别名：土三七、景天三七、血连根

蒙文名：矛钙—伊得

形态特征

多年生草本。根茎短，粗。茎高 20~50 cm，有 1~3 茎，直立，无毛，不分枝。叶互生，狭披针形、椭圆状披针形至卵状倒披针形，长 3.5~8 cm，宽 1.2~2 cm，先端渐尖，基部楔形，边缘有不整齐的锯齿；叶坚实，近革质。聚伞花序有多花，水平分枝，平展，下托以苞叶；萼片 5，线形，肉质，不等长，长 3~5 mm，先端钝；花瓣 5，黄色，长圆形至椭圆状披针形，长 6~10 mm，有短尖；雄蕊 10，较花瓣短；鳞片 5，近正方形，长 0.3 mm；心皮 5，卵状长圆形，基部合生，腹面突出，花柱长钻形。蓇葖果呈星芒状排列，长 7 mm。种子椭圆形，长约 1 mm。花期 6—8 月，果期 8—10 月。

适宜生境与分布

旱中生植物。生于石质山地疏林、灌丛、林间草甸及草甸草原，为偶见伴生植物。分布于我国东北、华北、西北至长江流域。内蒙古呼伦贝尔市、兴安盟、通辽市、赤峰市、锡林郭勒盟有分布。

资源状况

少见。

药用部位

全草或根。

采收加工

夏、秋二季开花时采收全草，除去杂质，鲜用或晒干，切段。春、秋二季采挖根，洗净泥土，晒干。

药材性状

本品根短小，略呈块状；表面灰棕色。根数条，粗细不等；质硬，断面呈暗棕色或类灰白色。茎圆柱形，长 15~40 cm，直径 0.2~0.5 cm；表面暗棕色或紫棕色，有纵棱；质脆，易折断，断面常中空。叶互生或近对生，几无柄；叶片皱缩，展平后呈长披针形至倒披针形，长 3~8 cm，宽 1~2 cm，灰绿色或棕褐色，先端渐尖，基部楔形，边缘上部有锯齿，下部全缘。聚伞花序顶生，花黄色。气微，味微涩。

功能主治

散瘀止血，安神镇痛。用于血小板减少性紫癜、衄血、吐血、咯血、便血、齿龈出血，子宫出血，心悸，烦躁，失眠。外用于跌打损伤，外伤出血，烫火伤，疮疖痈肿等。

用法用量

内服煎汤，9~15 g；或研末冲服。外用适量，鲜品捣敷患处。

红景天属 *Rhodiola* L.

小丛红景天 *Rhodiola dumulosa* (Franch.) S. H. Fu

别名：香景天、凤凰草、凤尾七

蒙文名：宝特—刚奴日—额布苏、扫日劳—玛日布

形态特征

多年生草本。根颈粗壮，分枝，地上部分常被残留老枝。花茎聚生于主轴先端，长达 28 cm，不分枝。叶互生，线形或宽线形，长 0.7~1 cm，全缘；无柄。花序聚伞状，有 4~7 花；萼片 5，线状披针形，长 4 mm；花瓣 5，直立，白色或红色，披针状长圆形，直立，长 0.8~1.1 cm，边缘平直或多少呈流苏状；雄蕊 10，较花瓣短，对萼片的长 7 mm，对花瓣的长 3 mm，着生于花瓣基部以上 3 mm 处；鳞片 5，横长方形，长 0.4 mm，宽 0.8~1 mm，先端微缺；心皮 5，卵状长圆形，直立，长 6~9 mm，基部 1~1.5 mm 合生。种子长圆形，长 1.2 mm，有微乳头状突起，有窄翅。花期 7—8 月，果期 9—10 月。

适宜生境与分布

旱中生肉质草本。生于山地阳坡及山脊的岩石裂缝中。分布于我国吉林、内蒙古、河北、山西、陕西、甘肃、四川、青海、湖北等地。内蒙古分布于兴安盟、通辽市、呼和浩特市。

资源状况

少见。

药用部位

全草或根。

采收加工

春、夏二季采收全草，洗净泥土，晒干。夏、秋二季采挖根，除去残茎及须根，洗净泥土，晒干。

药材性状

本品根头部粗大，其上残存多数丛生的茎基；断面中空，茎基有芽。根部纺锤形，长 6~10 cm，直径 1~1.5 cm；表面凹凸不平，被灰棕色栓皮，片状脱落，脱落处颜色较深，暗棕色至紫棕色。气微，味苦。

功能主治

中医：养心安神，滋阴补肾，清热明目。用于虚损，劳伤，干血痨及妇女月经不调等。

蒙医：清热，滋补，润肺。用于肺热，咳嗽，气喘，感冒发热。

用法用量

中医：内服煎汤，9~12 g。

蒙医：多配方用。

川续断科 Dipsacaceae

蓝盆花属 Scabiosa L.

窄叶蓝盆花 Scabiosa comosa Fisch. ex Roem. Et Schult.

别名：蒙古山萝卜、细叶山萝卜

蒙文名：套森—套日麻

形态特征

多年生草本，高达60 cm。茎数枝，被短毛。基生叶成丛，叶柄长3~6 cm，叶片窄椭圆形，长6~10 cm，宽1~2 cm，羽状全裂，稀齿裂，裂片条形，宽1~1.5 mm，花时常枯萎；茎生叶对生，基部连接成短鞘，抱茎，具长1~1.2 cm的短柄或无柄，叶长圆形，长8~15 cm，宽4~5 cm，1~2回狭羽状全裂，裂片线形，宽1~1.5 mm，渐尖头，两面光滑或疏被白色短伏毛。头状花序3出顶生，半球形，直径3~3.5 cm；总花梗长达30 cm；花萼5，细长针状；花冠蓝紫色，外面密被短柔毛，中央花冠筒状，长4~6 mm，先端5裂，裂片等长；边缘花二唇形，长达2 cm，上唇2裂，较短，下唇3裂，较长，中裂片最长达1 cm，倒卵形；雄蕊4，花丝细长，外伸；花柱长1 cm，外伸，柱头头状。果序椭圆形，小总苞方柱状，4棱明显，中棱常较细弱，先端有8个凹穴，冠檐膜质。瘦果长圆形，长约3 mm，具5个棕色脉，先端冠以宿存的萼刺5。花期7—8月，果期9月。

适宜生境与分布

生于海拔500~1 600 m的砂质山坡及沙地草丛中。分布于我国东北，以及河北、内蒙古等地。

资源状况

常见。

药用部位

干燥花序。

采收加工

7—8月采收，摘取刚刚开放的花朵，阴干。

药材性状

本品呈类球形，直径1~1.5 cm，花梗长1~4 cm；总苞条状披针形，约10，长1~1.6 cm，绿色，两面被毛；小苞片多数，披针形，长1 mm，灰绿色，被毛。花萼长2 mm，5裂，裂片刺芒状。花冠灰蓝色或灰紫蓝色；边缘花较大，花冠唇形，筒部短，密被毛；中央花较小，5裂；雄蕊4；子房包于杯状小总苞内，小总苞具明显4棱。气微，味微苦。

功能主治

中医：用于肝火头痛，发热，肺热咳嗽，黄疸。

蒙医：用于肝热头痛，发热，肺热，咳嗽，黄疸。

用法用量

5 g，多研面冲服。

华北蓝盆花 *Scabiosa tschiliensis* Grun.

别名：山萝卜、松虫草、风轮菊

蒙文名：奥木日阿图音—套存—套日麻

形态特征

多年生草本，根粗壮，木质。茎斜升，高 20~80 cm。基生叶椭圆形、矩圆形、卵状披针形至窄卵形，先端略尖或钝，边缘具缺刻状锐齿，或大头羽状裂，上面几光滑，下面稀疏或仅沿脉被短柔毛，有时两面均被短柔毛，边缘具细纤毛，叶柄长 4~12 cm；茎生叶羽状分裂，裂片 2~3 裂或再羽裂，最上部叶羽裂片呈条状披针形，长达 3 cm，先端裂片长 6~7 cm，宽约 0.5 cm，先端急尖。头状花序在茎顶呈三出聚伞排列，直径 3~5 cm，总花梗长 15~30 cm，总苞片 14~16，条状披针形；边缘花较大而呈放射状；花萼 5 齿裂，刺毛状；花冠蓝紫色，筒状，先端 5 裂，裂片 3 大 2 小；雄蕊 4；子房包于杯状小总苞内。果序椭圆形或近圆形，小总苞略呈四方柱状，每面有不甚显著中棱 1，被白毛，先端有干膜质檐部，檐下在中棱与边棱间常有浅凹穴 8；瘦果包藏在小总苞内，其先端具宿存的刺毛状萼针。花期 6—8 月，果期 8—10 月。

适宜生境与分布

沙生中旱生植物。生于砂质草原、典型草原及草甸草原群落中，为常见伴生植物。分布于我国黑龙江、吉林、辽宁、内蒙古、河北、山西、陕西、甘肃、宁夏等地。内蒙古呼伦贝尔市、兴安盟、通辽市、赤峰市、锡林郭勒盟、乌兰察布市，以及大青山地区有分布。

资源状况

少见。

药用部位

花序。

采收加工

夏、秋二季采收，阴干。

功能主治

清热泻火。用于肝火头痛，发热，肺热咳嗽，黄疸。

用法用量

内服研末，1.5~3 g。

胡颓子科 Elaeagnaceae

胡颓子属 *Elaeagnus* L.

沙枣 *Elaeagnus angustifolia* L.
别名：银柳、桂香柳、红豆、七里香
蒙文名：吉格德

形态特征

落叶乔木或小乔木，高 5~10 m，无刺或具刺。刺长 30~40 mm，棕红色，发亮；幼枝密被银白色鳞片，老枝鳞片脱落，红棕色，光亮。叶薄纸质，矩圆状披针形至线状披针形，长 3~7 cm，宽 1~1.3 cm，先端钝尖或钝形，基部楔形，全缘，上面幼时具银白色圆形鳞片，成熟后部分脱落，带绿色，下面灰白色，密被白色鳞片，有光泽，侧脉不甚明显；叶柄纤细，银白色，长 5~10 mm。花银白色，直立或近直立，密被银白色鳞片，芳香，常 1~3 花簇生于新枝基部最初 5~6 叶的叶腋；花梗长 2~3 mm；萼筒钟形，长 4~5 mm，在裂片下面不收缩或微收缩，在子房上骤收缩，裂片宽卵形或卵状矩圆形，长 3~4 mm，先端钝渐尖，内面被白色星状柔毛；雄蕊几无花丝，花药淡黄色，矩圆形，长 2.2 mm；花柱直立，无毛，上端甚弯曲；花盘明显，圆锥形，包围花柱的基部，无毛。果实椭圆形，长 9~12 mm，直径 6~10 mm，粉红色，密被银白色鳞片；果肉乳白色，粉质；果梗短，粗壮，长 3~6 mm。花期 5—6 月，果期 9 月。

适宜生境与分布

耐盐的潜水旱生植物，为荒漠河岸林的建群种之一。在栽培条件下，最喜通气良好的砂质土壤。我国西北、华北，以及辽宁南部均有栽培。内蒙古巴彦淖尔市、鄂尔多斯市、阿拉善盟有分布，呼和浩特市、包头市等地有引种栽培。奈曼旗巴嘎波日和苏木等地有栽培。

资源状况

常见。

药用部位

树皮、果实、叶、花。

采收加工

果实成熟时分批采摘果实，鲜用或烘干。

药材性状

本品果实呈矩圆状椭圆形或近球形，长 1~2.5 cm，直径 0.7~1.5 cm；表面黄色、黄棕色或红棕色，具光泽，被稀疏银白色鳞毛，一端具果柄或果柄痕，另一端略凹陷，两端各有放射状短沟纹 8，密被鳞毛。果肉淡黄白色，疏松，细颗粒状。果核卵形，表面有灰白色至灰棕色棱线和褐色条纹 8，纵向相间排列，一端有小突尖，质坚硬，剖开后内面有银白色鳞毛及长绢毛。种子1。气微香，味甜、酸、涩。

功能主治

树皮收敛，止血；用于胃痛，泄泻，白带；外用于烫伤，外伤出血。果实健脾，止泻，补虚，安神；用于身体虚弱，神志不宁，消化不良，腹泻。叶，清热解毒；用于痢疾，腹泻，肠炎。花止咳，平喘；用于咳嗽，喘促。

用法用量

内服煎汤，15~30 g。

沙棘属 *Hippophae* L.

沙棘 *Hippophae rhamnoides* L.

别名：酸刺、醋柳

蒙文名：沏其日甘

形态特征

落叶灌木或乔木，高1~5 m，在高山沟谷可达18 m。棘刺较多，粗壮，顶生或侧生；嫩枝褐绿色，密被银白色而带褐色鳞片或有时具白色星状柔毛，老枝灰黑色，粗糙；芽大，金黄色或锈色。单叶通常近对生，与枝条着生相似，纸质，狭披针形或矩圆状披针形，长30~80 mm，宽4~13 mm，两端钝形或基部近圆形，基部最宽，上面绿色，初被白色盾形毛或星状柔毛，下面银白色或淡白色，被鳞片，无星状毛；叶柄极短，几无或长1~1.5 mm。果实圆球形，直径4~6 mm，橙黄色或橘红色；果梗长1~2.5 mm。种子小，阔椭圆形至卵形，有时稍扁，长3~4.2 mm，黑色或紫黑色，具光泽。花期4—5月，果期9—10月。

适宜生境与分布

旱中生植物。生于向阳的山脊、谷地、干涸河床地或山坡、多砾石或砂质土壤或黄土上；喜光、耐寒、耐酷热、耐风沙及干旱气候，对土壤适应性强。主要分布于我国四川、青海、甘肃、陕西、宁夏、内蒙古、山西等地。

资源状况

十分常见。

药用部位

干燥成熟果实。

采收加工

秋、冬二季果实成熟或冻硬时采收，除去杂质，干燥或蒸后干燥。

药材性状

本品呈类球形或扁球形，有的数个粘连，单个直径5~6 mm。表面橙黄色或棕红色，皱缩，先端有残存花柱，基部具短小果梗或果梗痕。果肉油润，质柔软。种子呈斜卵形，长约4 mm，宽约2 mm；表面褐色，有光泽，中间有1纵沟；种皮较硬，种仁乳白色，有油性。气微，味酸、涩。

功能主治

健脾消食，止咳祛痰，活血散瘀。用于脾虚食少，食积腹痛，咳嗽痰多，胸痹心痛，瘀血经闭，跌仆瘀肿。

用法用量

内服煎汤，3~10 g。

杜鹃花科 Ericaceae

杜鹃花属 *Rhododendron* L.

照山白 *Rhododendron micranthum* Turcz.

别名：小花杜鹃、照白杜鹃

蒙文名：查干—哈日阿布日、查干—达理

形态特征

常绿灌木，高可达2.5 m。茎灰棕褐色；枝条细瘦，幼枝被鳞片及细柔毛。叶近革质，倒披针形、长圆状椭圆形至披针形，长3~4 cm，宽0.4~2.5 cm，先端钝、急尖或圆，具小突尖，基部狭楔形，上面深绿色，有光泽，常被疏鳞片，下面黄绿色，被淡或深棕色有宽边的鳞片，鳞片相互重叠、邻接或相距为其直径的1/2，外面被鳞片，被缘毛。花冠钟状，长4~10 mm，外面被鳞片，内面无毛；花裂片5，较花管稍长；雄蕊10，花丝无毛；子房长1~3 mm，5~6室，密被鳞片，花柱与雄蕊等长或较短，无鳞片。蒴果长圆形，长4~8 mm，被疏鳞片。花期5—6月，果期8—11月。

适宜生境与分布

生于山坡、山沟石缝；喜阴，喜酸性土壤，耐干旱、耐寒、耐瘠薄，适应性强。分布于我国东北、华北、西北，以及四川、湖北、山东。内蒙古兴安盟、通辽市、赤峰市、锡林郭勒盟有分布。

资源状况

常见。

药用部位

干燥的枝叶、花。

采收加工

夏、秋二季采收，晒干。

药材性状

本品叶片多反卷，有的破碎，完整者展平后呈长椭圆形或倒披针形，长2~5 cm，宽0.5 cm，先端钝尖，基部楔形，全缘，上面灰绿色或棕褐色，有灰白色毛茸，下面淡黄绿色，有密集的棕红色小点。主脉于下面凸起，侧脉4~7对；叶柄长约3 mm，近革质，易碎。枝呈圆柱形，先端有圆锥花序，有多数小花；花冠钟形，白色，外被淡棕色卵状苞片。气芳香，味苦。以叶片完整、色暗绿者为佳。
功能主治
止咳化痰，祛风通络，调经止痛。用于支气管炎，痢疾，产后身痛，骨折。
用法用量
中医：内服煎汤，3~5 g；或制糖浆、片剂。外用适量，取鲜品捣烂敷患处；或煎汤洗患处。
蒙医：多入丸、散。外用适量，作药浴。

大戟科 Euphorbiaceae

大戟属 Euphorbia L.

狼毒大戟 Euphorbia fischeriana Steud.

别名：狼毒、猫眼草
蒙文名：伊和—塔日努、塔日努
形态特征
多年生草本。根圆柱状，肉质，常分枝。叶互生，茎下部叶鳞片状、卵状长圆形；茎生叶长圆形；总苞叶常5，伞辐5，次苞叶2，三角状卵形。花序单生于二歧分枝先端，无梗；总苞钟状，边缘圆形4裂，被毛；腺体4，半圆形，淡褐色；雄花多枚，伸出总苞；花柱中下部合生。蒴果卵圆形，被毛，具果柄。种子扁球状，灰褐色。花果期5—7月。
适宜生境与分布
中旱生植物。生于森林草原及草原区石质山地向阳山坡。分布于我国东北和华北地区。内蒙古呼伦贝尔市、兴安盟、锡林郭勒盟、乌兰察布市、通辽市有分布。
资源状况
常见。
药用部位
根。
采收加工
春、秋二季采挖，除去残茎，洗净泥土，晒干，切片。
药材性状
本品外皮棕黄色，切面纹理或环纹显黑褐色。水浸后有黏性，撕开可见黏丝。
功能主治
中医：利尿消肿，拔毒止痒。用于水肿，小便不利，疟疾。外用于瘰疬，肿毒，疥癣。
蒙医：泻下，消肿，消"奇哈"，杀虫，燥"黄水"。用于结喉，发症，疮肿胀，黄水疮，疥癣，水肿，痛风，游痛症。

用法用量

中医：内服入丸、散，0.1~2 g。外用适量，熬膏外敷；或煎汤洗患处。

蒙医：多入丸、散。

地锦 *Euphorbia humifusa* Willd. ex Schlecht.

别名：地锦草、铺地锦

蒙文名：马拉根—扎拉—额布斯、毕日达萨参

形态特征

一年生草本。茎纤细，匍匐，近基部分枝，带红紫色，无毛。叶对生，叶柄极短；托叶线形，通常3裂；叶片长圆形，长4~10 mm，宽4~6 mm，先端钝圆，基部偏狭，边缘有细齿，绿色或带淡红色，两面无毛或有时具疏生柔毛。杯状花序单生于叶腋；总苞倒圆锥形，浅红色，先端4裂，裂片长三角形；腺体4，长圆形，具白色花瓣状附属物；子房3室，花柱3，2裂。蒴果三棱状球形，光滑无毛。种子卵形，黑褐色，外被白色蜡粉，长约1.2 mm，宽约0.7 mm。花期6—10月，果期7月。

适宜生境与分布

生于田野、路旁、河滩及固定沙地。我国除广东、广西外，其他各地均有分布。

资源状况

常见。

药用部位

干燥全草。

采收加工

夏、秋二季采收，除去杂质，晒干。

药材性状

本品常皱缩卷曲。根细小。茎细，呈叉状分枝；表面带紫红色，光滑无毛或疏生白色细柔毛；质脆，易折断，断面黄白色，中空。单叶对生，具淡红色短柄或几无柄；叶片多皱缩或已脱落，展平后呈长椭圆形，长5~10 mm，宽4~6 mm；绿色或带紫红色，通常无毛或疏生细柔毛；先端钝圆，基部偏斜，边缘具小锯齿或呈微波状。杯状聚伞花序腋生，细小。蒴果三棱状球形，表面光滑。种子细小，卵形，褐色。气微，味微涩。

功能主治

中医：清热解毒，凉血止血，利湿退黄。用于痢疾，泄泻，咯血，便血，崩漏，疮疖痈肿，湿热黄疸。

蒙医：止血，燥"协日乌素"，愈伤，清脉热。用于鼻衄、外伤出血、吐血、咯血、月经过多、便血等各种出血，皮肉伤、脉伤、筋伤、骨伤等各种外伤，"白脉"病，"协日乌素"症。

用法用量

内服煎汤，9~20 g。外用适量。

地构叶属 *Speranskia*

地构叶 *Speranskia tuberculata*（Bunge） Baill.

别名：珍珠透骨草、瘤果地构叶
蒙文名：波特格图—额布斯

形态特征

多年生草本，高达 50 cm。叶披针形或卵状披针形，长 1.8~5.5 cm，宽 0.5~2.5 cm，先端渐尖，基部宽楔形，疏生腺齿及缺刻，两面疏被柔毛；叶柄长不及 5 mm。花序长 6~15 cm，上部雄花 20~30，下部雌花 6~10。雄花 2~4 聚生于苞腋，花梗长约 1 mm；花萼裂片卵形，长约 1.5 cm，疏被长柔毛；花瓣倒心形，具爪，长约 0.5 mm，雄蕊 8~15。雌花 1~2 生于苞腋，花梗长约 1 mm；花萼裂片卵状披针形，长约 1.5 mm，疏被长柔毛；花瓣较短。蒴果扁球形，直径约 6 mm，具瘤状突起；果柄长达 5 mm，常下弯。种子卵形，长约 2 mm。花期 6 月，果期 7 月。

适宜生境与分布

旱中生植物。多生于落叶阔叶林区和森林草原区的石质山坡，也生于草原区的山地。分布于我国东北、华北、西北、华东等地。内蒙古兴安盟、通辽市、赤峰市、乌兰察布市、鄂尔多斯市等地有分布。

资源状况

常见。

药用部位

地上部分。

采收加工

夏、秋二季采收，除去杂质，洗净泥土，晒干，切段。

药材性状

本品茎呈圆柱形或微有棱，长 10~20 cm，直径 1~4 mm，多分枝；表面淡绿色或灰紫色，被灰白色柔毛；质脆，易折断，断面外圈具紫色环。单叶互生，多皱缩破碎或脱落，呈灰绿色，两面密被灰白色柔毛。蒴果三棱状扁圆形或呈 3 瓣裂。种子类球形，表面有点状突起。气微，味淡而微苦。

功能主治

全草散风祛湿，活血止痛；用于风湿，筋骨痛及毒疮等。根有毒；泻下逐水；用于腹水，便秘。

用法用量

内服煎汤，10~15 g。外用适量，煎汤熏洗患处。

豆科 Fabaceae

紫穗槐属 *Amorpha* L.

紫穗槐 *Amorpha fruticosa* L.

别名：棉槐、椒条

蒙文名：宝日—特如图—槐子

形态特征

落叶灌木。茎丛生，高 1~4 m。小枝幼时密被短柔毛，后渐变无毛。奇数羽状复叶长 10~15 cm；叶柄长 1~2 cm；托叶线形，脱落；小叶 11~25，卵形或椭圆形，长 1~4 cm。穗状花序顶生或生于枝条上部叶腋，长 7~15 cm；花序梗与花序轴均密被短柔毛；花多数，密生；花萼钟状，长 2~3 mm，疏被毛或近无毛；萼齿 5，三角形，近等长，长约为萼筒的 1/3；花冠紫色，旗瓣心形，长 6~7 mm，先端裂至瓣片的 1/3，基部具短瓣柄，翼瓣与龙骨瓣均缺；雄蕊 10，花丝基部合生，与子房同包于旗瓣之中，成熟时伸出花冠外；子房无柄，花柱被毛。荚果长圆形，下垂，长 0.6~1 cm，微弯曲，具小突尖，成熟时棕褐色，有疣状腺点。花期 6—7 月，果期 8—9 月。

适宜生境与分布

中生灌木。耐寒性极强，对土壤要求不严，用于园林绿化。分布于我国东北、华北、华东、西南等地。

资源状况

少见。

药用部位

叶。

采收加工

春、夏二季采收，鲜用或晒干。

功能主治

祛湿消肿。用于痈肿，湿疹，烫火伤。

用法用量

外用适量，捣敷；或煎汤洗。

黄芪属 *Astragalus* L.

斜茎黄耆 *Astragalus adsurgens* Pall.

别名：马拌肠

蒙文名：矛日音—好恩其日

形态特征

多年生草本，高 20~100 cm。根较粗壮，暗褐色，有时有长主根。茎多数或数个丛生，直立或斜上，有毛或近无毛。羽状复叶有 9~25 小叶；叶柄较叶轴短；小叶长圆形、近椭圆形或狭长圆形，长 10~25 mm，宽 2~8 mm，基部圆形或近圆形。总状花序长圆柱状、穗状，稀近头状，生多数花，排列密集，有时较稀疏；总花梗生于茎的上部，较叶长或与其等长；花梗极短；苞片狭披针形至三角形，先端尖；花萼管状钟形，长 5~6 mm，被黑褐色或白色毛，或有时被黑白混生毛，萼齿狭披针形，长为萼筒的 1/3；花冠近蓝色或红紫色，旗瓣长 11~15 mm，倒卵圆形，先端微凹，基部渐狭，翼瓣较旗瓣短，瓣片长圆形，与瓣柄等长，龙骨瓣长 7~10 mm，瓣片较瓣柄稍短；子房被密毛，有极短的柄。荚果长圆形，长 7~18 mm，两侧稍扁，背缝线凹入成沟槽，先端具下弯的短喙，被黑色、褐色和白色混生毛，假 2 室。花期 7—8 月，果期 8—10 月。

适宜生境与分布

中旱生植物。生于向阳山坡灌丛及林缘地带。分布于我国东北、华北、西北、西南。内蒙古兴安盟、乌兰察布市、赤峰市、鄂尔多斯市、阿拉善盟有分布。

资源状况

常见。

药用部位

种子。

采收加工

秋末冬初果实成熟尚未开裂时采割植株，晒干，打下种子，除去杂质，晒干。

功能主治

益肾固精，补肝明目。用于头晕眼花，腰膝酸软，遗精，早泄，尿频，遗尿。

用法用量

内服煎汤，5~15 g；或入丸、散。

华黄芪 *Astragalus chinensis* L. f.

别名：地黄芪、忙牛花

蒙文名：道木大图音—好恩其日

形态特征

多年生草本，高 30~90 cm。茎直立，通常单一，无毛，具深沟槽。奇数羽状复叶具 17~25 小叶，长 5~12 cm；叶柄长 1~2 cm；托叶离生，基部与叶柄稍贴生，披针形，长 7~11 mm，无毛或下面有白色短柔毛。总状花序生多数花，稍密集；总花梗上部腋生，较叶短；苞片披针形，膜质，长 2~3 mm；花梗长 4~5 mm，连同花序轴散生白色柔毛；花萼管状钟形，长 6~7 mm，外面疏被白色伏毛，萼齿三角状披针形，长约 2 mm，内面被伏贴的白色短柔毛；小苞片披针形；花冠黄色，旗瓣宽椭圆形或近圆形，长 12~16 mm，先端微凹，基部渐狭成瓣柄，翼瓣小，长 9~12 mm，瓣片长圆形，宽约 2 mm，先端钝尖，基部具短耳，瓣柄长 4~5 mm，龙骨瓣与旗瓣近等长，瓣片半卵形，瓣柄长约为瓣片的1/2；子房无毛，具长柄。荚果椭圆形，长10~15 mm，宽5~6 mm，先端具长约1 mm的弯喙，无毛，密生横纹，果瓣坚厚，假2室。种子肾形，长2.5~3 mm，褐色。花期6—7月，果期7—8月。

适宜生境与分布

旱中生植物。生于轻度盐碱地、河岸砂砾地；为草原带的草甸草原群落中为数不多的伴生种。分布于我国东北、华北，以及黄土高原。内蒙古呼伦贝尔市、兴安盟、通辽市、锡林郭勒盟、鄂尔多斯市有分布。

资源状况

少见。

药用部位

种子。

采收加工

秋季果实成熟时，采收种子，除去杂质，晒干。

药材性状

本品略呈圆形而一侧凹陷，长0.2~0.3 cm。黄棕色至灰棕色。气微，嚼之有豆腥味。

功能主治

益肾固精，补肝明目。用于头晕眼花，腰膝酸软，遗精，早泄，尿频，遗尿。

用法用量

内服煎汤，6~9 g；或入丸、散。

草木樨状黄芪 *Astragalus melilotoides* Pall.

别名：扫帚苗、层头、小马层子

蒙文名：哲格仁—西勒比

形态特征

多年生草本。主根粗壮。茎直立或斜升，高30~50 cm，多分枝，具条棱，被白色短柔毛或近无毛。羽状复叶有5~7小叶，长1~3 cm；叶柄与叶轴近等长；托叶离生，三角形或披针形，长1~1.5 mm；小叶长圆状楔形或线状长圆形，长7~20 mm，宽1.5~3 mm，先端截形或微凹，基部渐狭，具极短的柄，两面均被白色细伏贴柔毛。总状花序生多数花，稀疏；总花梗远较叶长；花小；苞片小，披针形，长约1 mm；花梗长1~2 mm，与花序轴均被白色短伏贴柔毛；花萼短钟状，长约1.5 mm，被白色短伏贴柔毛，萼齿三角形，较萼筒短；花冠白色或带粉红色，旗瓣近圆形或宽椭圆形，长约5 mm，先端微凹，基部具短瓣柄，翼瓣较旗瓣稍短，先端有不等的2裂或微凹，基部具短耳，瓣柄长约1 mm，龙骨瓣较翼瓣短，瓣片半月形，先端带紫色，瓣柄长为瓣片的1/2；子房近无柄，无毛。荚果宽倒卵状球形或椭圆形，先端微凹，具短喙，长2.5~3.5 mm，假2室，背部具稍深的沟，有横纹。种子4~5，肾形，暗褐色，长约1 mm。花期7—8月，果期8—9月。

适宜生境与分布

中旱生植物。为典型草原及森林草原最常见的伴生植物,多适宜于干砂质及轻壤质土壤中。分布于我国东北、华北、西北。内蒙古呼伦贝尔市、兴安盟、通辽市、赤峰市、锡林郭勒盟、乌兰察布市有分布。

资源状况

常见。

药用部位

全草。

采收加工

夏、秋二季采收,除去泥土及杂质,晒干,切段。

药材性状

本品长30~100 cm。茎多数由基部丛生,多分枝,有条棱,绿色。叶多脱落破碎,完整者为单数羽状复叶。蝶形花冠粉红色或白色。荚果近圆形或椭圆形,长0.2~0.3 cm,先端微凹,具短喙,表面有横纹,无毛,背部具稍深的沟,2室。气微,味淡。

功能主治

祛风除湿,止痛。用于风湿痹痛,四肢麻木。

用法用量

内服煎汤,9~15 g。

蒙古黄芪 *Astragalus membranaceus* (Fisch.) Bunge. var. *mongholicus* (Bunge) P. K. Hsiao

别名：黄芪。

蒙文名：蒙古乐—混其日

形态特征

多年生草本,高50~100 cm。主根肥厚,木质,常分枝,灰白色。茎直立,上部多分枝,有细棱,被白色柔毛。羽状复叶有13~27小叶,长5~10 cm；叶柄长0.5~1 cm；托叶离生,卵形、披针形或线状披针形,长4~10 mm,下面被白色柔毛或近无毛；小叶椭圆形或长圆状卵形,长5~10 mm,宽3~5 mm,先端钝圆或微凹,具小尖头或不明显,基部圆形,上面绿色,近无毛,下面被伏贴白色柔毛。总状花序稍密,有花10~20；总花梗与叶近等长或较长,至果期显著伸长；苞片线状披针形,长2~5 mm,背面被白色柔毛；花梗长3~4 mm,连同花序轴稍密被棕色或黑色柔毛；小苞片2；花萼钟状,长5~7 mm,外面被白色或黑色柔毛,有时萼筒近无毛,仅萼齿有毛,萼齿短,三角形至钻形,长仅为萼筒的1/5~1/4；花冠黄色或淡黄色,旗瓣倒卵形,长12~20 mm,先端微凹,基部具短瓣柄,翼瓣较旗瓣稍短,瓣片长圆形,基部具短耳,瓣柄较瓣片长约1.5倍,龙骨瓣与翼瓣近等长,瓣片半卵形,瓣柄较瓣片稍长；子房有柄,被细柔毛。荚果薄膜质,稍膨胀,半椭圆形,长20~30 mm,宽8~12 mm,先端具刺尖,无毛。种子3~8。花期6—8月,果期7—9月。

适宜生境与分布

生于林缘、灌丛或疏林下，也见于山坡草地或草甸中。我国各地多有栽培。

资源状况

十分常见。

药用部位

干燥根。

采收加工

野生品于秋季采挖，栽培品于播种后 2~3 年春季萌芽前或秋季落叶后采挖，除去茎苗及须根，晒干，扎成小捆。

药材性状

本品呈圆柱形，有的有分枝，上端较粗，长 30~90 cm，直径 1~3.5 cm。表面淡棕黄色或淡棕褐色，有不整齐的纵皱纹或纵沟及横向皮孔。质硬而韧，不易折断，断面纤维性强，并显粉性，皮部黄白色，木质部淡黄色，有放射状纹理及裂隙，呈菊花心状。老根中心偶呈枯朽状，黑褐色或呈空洞。气微，味微甜，嚼之微有豆腥味。

功能主治

补气升阳，固表止汗，利水消肿，生津养血，行滞通痹，脱毒排脓，敛疮生肌。用于气虚乏力，食少便溏，中气下陷，久泻脱肛，便血崩漏，表虚自汗，气虚水肿，内热消渴，血虚萎黄，半身不遂，痹痛麻木，痈疽难溃，久溃不敛。

用法用量

内服煎汤，9~30 g。

糙叶黄芪 *Astragalus scaberrimus* Bunge

别名：春黄芪

蒙文：名希日古恩—好恩其日

形态特征

多年生草本，密被白色伏贴毛。根茎短缩，多分枝，木质化；地上茎不明显或极短，有时伸长而匍匐。羽状复叶有 7~15 小叶，长 5~17 cm；叶柄与叶轴等长或稍长；托叶下部与叶柄贴生，长 4~7 mm，上部呈三角形至披针形；小叶椭圆形或近圆形，有时披针形，长 7~20 mm，宽 3~8 mm，先端锐尖、渐尖，有时稍钝，基部宽楔形或近圆形，两面密被伏贴毛。总状花序生 3~5 花，排列紧密或稍稀疏；总花梗极短或长达数厘米，腋生；花梗极短；苞片披针形，较花梗长；花萼管状，长 7~9 mm，被细伏贴毛，萼齿线状披针形，与萼筒等长或稍短；花冠淡黄色或白色，旗瓣倒卵状椭圆形，先端微凹，中部稍缢缩，下部稍狭成不明显的瓣柄，翼瓣较旗瓣短，瓣片长圆形，先端微凹，较瓣柄长，龙骨瓣较翼瓣短，瓣片半长圆形，与瓣柄等长或稍短；子房有短毛。荚果披针状长圆形，微弯，长 8~13 mm，宽 2~4 mm，具短喙，背缝线凹入，革质，密被白色伏贴毛，假 2 室。花期 5—8 月，果期 7—9 月。

适宜生境与分布

旱生植物。多生于山坡、草地和砂质地，为草原带中常见的伴生植物。分布于我国东北、华北。内蒙古呼伦贝尔市、兴安盟、通辽市、赤峰市、锡林郭勒盟、乌兰察布市、呼和浩特市、包头市、鄂尔多斯市有分布。

资源状况

常见。

药用部位

根。

采收加工

春、秋二季采挖，洗净泥土，除去须根，晒干。

功能主治

健脾利水。用于水肿，胀满，也用于抗肿瘤。

用法用量

内服煎汤，9~30 g。

锦鸡儿属 *Caragana* Fabr.

小叶锦鸡儿 *Caragana microphylla* Lam.

别名：柠条、连针

蒙文名：热米匝瓦、乌赫日—哈日根

形态特征

灌木，高达2~3 m。老枝深灰色或黑绿色，幼枝被毛。羽状复叶有5~10对小叶；托叶长1.5~5 cm，脱落；小叶倒卵形或倒卵状长圆形，长3~10 mm，宽2~8 mm，先端圆或钝，具短刺尖，幼时被短柔毛。花单生，花梗长约1 cm，近中部具关节，被柔毛；花萼管状钟形，长9~12 mm，宽5~7 mm，萼齿宽三角形，先端尖；花冠黄色，长约2.5 cm，旗瓣宽倒卵形，基部具短瓣柄，翼瓣的瓣柄长为瓣片的1/2，耳齿状，龙骨瓣的瓣柄与瓣片近等长，瓣片基部无明显的耳；子房无毛，无柄。荚果圆筒形，长4~5 cm，宽0.4~0.5 cm，稍扁，无毛，具锐尖头，无柄。花期5—6月，果期8—9月。

适宜生境与分布

旱生灌木。在砂砾质、砂壤质或轻壤质土壤的针茅草原群落中形成灌木层片。分布于我国东北、华北，以及甘肃东部。内蒙古呼伦贝尔市、兴安盟、通辽市、赤峰市、锡林郭勒盟、乌兰察布市、包头市有分布。

资源状况

十分常见。

药用部位

花、果实、根。

采收加工

秋季采收花及果实，阴干。夏、秋二季采挖根，除去残茎及须根，洗净泥土，晒干，切片。

药材性状

本品花皱缩成条状,密被绢状短柔毛;花萼钟形或筒状钟形,基部偏斜,密被短柔毛;花冠黄色至棕黄色。气微,味微甘、涩。

功能主治

中医:花用于头昏,眩晕。果实用于咽喉肿痛。根用于眩晕头痛,风湿痹痛,咳嗽痰喘。

蒙医:用于脉热,高血压,头痛,痈疮,咽喉肿痛,肉毒症。

用法用量

内服煎汤,5~15 g;或入散剂。

大豆属 *Glycine* Willd.

野大豆 *Glycine soja* Sieb. et Zucc.

别名:乌豆

蒙文名:哲日勒格—希日—宝日其格

形态特征

一年生缠绕草本,长 1~4 m。茎、小枝纤细,全体疏被褐色长硬毛。叶具 3 小叶,长可达 14 cm;托叶卵状披针形,急尖,被黄色柔毛;顶生小叶卵圆形或卵状披针形,长 3.5~6 cm,宽 1.5~2.5 cm,先端锐尖至钝圆,基部近圆形,全缘,两面均被绢状的糙伏毛,侧生小叶斜卵状披针形。总状花序通常短,稀长可达 13 cm;花小,长约 5 mm;花梗密生黄色长硬毛;苞片披针形;花萼钟状,密生长毛,裂片 5,三角状披针形,先端锐尖;花冠淡红紫色或白色,旗瓣近圆形,先端微凹,基部具短瓣柄,翼瓣斜倒卵形,有明显的耳,龙骨瓣比旗瓣及翼瓣短小,密被长毛;花柱短而向一侧弯曲。荚果长圆形,稍弯,两侧稍扁,长 17~23 mm,宽 4~5 mm,密被长硬毛,种子间稍缢缩,干时易裂。种子 2~3,椭圆形,稍扁,长 2.5~4 mm,宽 1.8~2.5 mm,褐色至黑色。果期 8 月。

适宜生境与分布

中生植物。生于河岸、灌丛、山地或田野;喜湿润。分布于我国东北、华北、华东。内蒙古呼伦贝尔市、兴安盟、通辽市、赤峰市、呼和浩特市、包头市、鄂尔多斯市有分布。

资源状况

少见。

药用部位

全草或种子。

采收加工

秋季采收全草,除去杂质,洗净泥土,晒干,切段。果实成熟时采收种子,除去杂质,晒干。

药材性状
本品种子呈矩圆形，略扁，长约 4 mm，宽约 3 mm。种皮外面被黄褐色污状物，擦净后，可见黑褐色的外种皮，上面有黄白色斑纹，微具光泽，一侧有长椭圆形种脐。质坚硬。种皮内有黄白色肥厚的子叶 2。嚼之有豆腥气。

功能主治
中医：全草甘，凉；归肝、脾经；清热敛汗，舒筋止痛；用于盗汗，劳伤筋痛，胃脘痛，小儿食积。种子甘，凉；归肾、肝经；无毒；补益肝肾，祛风解毒；用于肾虚腰痛风痹，筋骨疼痛，阴虚盗汗，内热消渴，目昏头晕，产后风，小儿疳积，痈肿。

蒙医：用于肺脓肿，咯血，肾热，毒热，创伤。

用法用量
内服煎汤，10~30 g；或入丸、散。

甘草属 *Glycyrrhiza* L.

甘草 *Glycyrrhiza uralensis* Fisch.
别名：甜草苗、国老、甜根子

蒙文名：希禾日—额布斯

形态特征
多年生草本。根与根茎粗壮，直径 1~3 cm，外皮褐色，里面淡黄色，具甜味。茎直立，多分枝，高 30~120 cm，密被鳞片状腺点、刺毛状腺体及白色或褐色的茸毛。叶长 5~20 cm；托叶三角状披针形，长约 5 mm，宽约 2 mm，两面密被白色短柔毛；叶柄密被褐色腺点和短柔毛；小叶 5~17，卵形、长卵形或近圆形，长 1.5~5 cm，宽 0.8~3 cm，上面暗绿色，下面绿色，两面均密被黄褐色腺点及短柔毛，先端钝，具短尖，基部圆，全缘或微呈波状，多少反卷。总状花序腋生，具多数花；总花梗短于叶，密生褐色的鳞片状腺点和短柔毛；苞片长圆状披针形，长 3~4 mm，褐色，膜质，外面被黄色腺点和短柔毛；花萼钟状，长 7~14 mm，密被黄色腺点及短柔毛，基部偏斜并膨大成囊状，萼齿 5，与萼筒近等长，上部 2 齿大部分联合；花冠紫色、白色或黄色，长 10~24 mm，旗瓣长圆形，先端微凹，基部具短瓣柄，翼瓣短于旗瓣，龙骨瓣短于翼瓣；子房密被刺毛状腺体。荚果弯曲成镰刀状或环状，密集成球，密生瘤状突起和刺毛状腺体。种子 3~11，暗绿色，圆形或肾形，长约 3 mm。花期 6—8 月，果期 7—10 月。

适宜生境与分布
中旱生植物。生于碱化沙地、砂质草原、具砂质土的田边、路旁、低地边缘及河岸轻度碱化的草甸。分布于我国东北、华北、西北。

资源状况
十分常见。

药用部位
干燥根和根茎。

采收加工

一般生长1~2年即可收获。在9月下旬至10月初采收,以秋季茎叶枯萎后为最好。直播法种植者3~4年为最佳采挖期,育苗移栽和根茎繁殖者2~3年采收为佳。采收时必须深挖,不可刨断或伤根皮,挖出后除去残茎、泥土,忌用水洗。趁鲜分出主根和侧根,除去芦头、须根,晒至半干,捆成小把,再晒至全干。

药材性状

根呈圆柱形,长25~100 cm,直径0.6~3 cm,外皮松紧不一;表面红棕色或灰棕色,具显著的纵皱纹、沟纹、皮孔及稀疏的细根痕;质坚实,断面略显纤维性,黄白色,粉性,形成层环明显,射线放射状,有的有裂隙。根茎呈圆柱形;表面有芽痕;断面中部有髓。气微,味甜而特殊。

功能主治

补脾益气,清热解毒,祛痰止咳,缓急止痛,调和诸药。用于脾胃虚弱,倦怠乏力,心悸气短,咳嗽痰多,脘腹、四肢挛急疼痛,痈肿疮毒,缓解药物毒性、烈性。

用法用量

内服煎汤,2~10 g。

米口袋属 *Gueldenstaedtia* Fisch.

少花米口袋 *Gueldenstaedtia verna*(Georgi)Boriss.

别名:地丁、多花米口袋

蒙文名:莎勒吉日

形态特征

多年生草本。主根直下。分茎具宿存托叶。叶长2~20 cm;托叶三角形,基部合生;叶柄具沟,被白色疏柔毛;小叶7~19,长椭圆形至披针形,长5~25 mm,宽1.5~7 mm,钝头或急尖,先端具细尖,两面被疏柔毛,有时上面无毛。伞形花序有花2~4,总花梗约与叶等长;苞片长三角形,长2~3 mm;花梗长0.5~1 mm;小苞片线形,长约为萼筒的1/2;花萼钟状,长5~7 mm,被白色疏柔毛,萼齿披针形,上2萼齿约与萼筒等长,下3萼齿较短小,最下1最小;花冠红紫色,旗瓣卵形,长13 mm,先端微缺,基部渐狭成瓣柄,翼瓣瓣片倒卵形,具斜截头,长11 mm,具短耳,瓣柄长3 mm,龙骨瓣瓣片倒卵形,长5.5 mm,瓣柄长2.5 mm;子房椭圆状,密被疏柔毛,花柱无毛,内卷。荚果长圆筒状,长15~20 mm,直径3~4 mm,被长柔毛,成熟时毛稀疏,开裂。种子圆肾形,直径1.5 mm,具不深凹点。花期5月,果期6—7月。

适宜生境与分布

草原旱生植物。散生于草原带的砂质草原或石质草原。分布于我国黑龙江、吉林、内蒙古等地。内蒙古呼伦贝尔市、兴安盟、通辽市、赤峰市、锡林郭勒盟、呼和浩特市有分布。

资源状况

少见。

药用部位

全草。

采收加工

夏季采收,晒干。

功能主治

清热解毒。用于痈疽肿毒,瘰疬,恶疮,黄疸,痢疾,腹泻,目赤,喉痹,毒蛇咬伤。

用法用量

内服煎汤,10~50 g。外用适量,鲜品捣敷患处;或煎汤洗患处。

鸡眼草属 *Kummerowia* Schindl.

鸡眼草 *Kummerowia striata*（Thunb.） Schindl.

别名:掐不齐

蒙文名:巴嘎—他黑延—尼都—额布苏

形态特征

一年生草本,披散或平卧,多分枝,高 10~45 cm。茎和枝上被倒生的白色细毛。三出羽状复叶;托叶大,膜质,卵状长圆形,比叶柄长,长 3~4 mm,具条纹,有缘毛;叶柄极短;小叶纸质,倒卵形、长倒卵形或长圆形,较小,长 6~22 mm,宽 3~8 mm,先端圆形,稀微缺,基部近圆形或宽楔形,全缘;两面沿中脉及边缘有白色粗毛,但上面毛较稀少,侧脉多而密。花小,单生或 2~3 簇生于叶腋;花梗下端具大小不等的苞片 2;花萼基部具小苞片 4,其中 1 极小,位于花梗关节处,小苞片常具 5~7 条纵脉;花萼钟状,带紫色,5 裂,裂片宽卵形,具网状脉,外面及边缘具白毛;花冠粉红色或紫色,长 5~6 mm,较花萼约长 1 倍,旗瓣椭圆形,下部渐狭成瓣柄,具耳,龙骨瓣比旗瓣稍长或近等长,翼瓣比龙骨瓣稍短。荚果圆形或倒卵形,稍侧扁,长 3.5~5 mm,较萼稍长或长达 1 倍,先端短尖,被小柔毛。花期 7—9 月,果期 8—10 月。

适宜生境与分布

生于向阳山坡的路旁、田中、林中及水边。分布于我国黑龙江、吉林、辽宁、内蒙古、河北、山东、江苏、湖北、湖南、福建、广东、云南、贵州、四川等地。内蒙古呼伦贝尔市、通辽市、赤峰市等地有分布。

资源状况

少见。

药用部位

全草。

采收加工

7—8月采收，晒干或鲜用。

药材性状

本品茎枝呈圆柱形，多分枝，长5~30 cm，被白色向下的细毛。三出复叶互生，叶多皱缩，完整小叶长椭圆形或倒卵状长椭圆形，长5~15 mm；叶端钝圆，有小突刺，叶基楔形；沿中脉及叶缘疏生白色长毛；托叶2。花腋生，花萼钟状，深紫褐色；蝶形花冠浅玫瑰色，较萼长1倍。荚果卵状矩圆形，先端稍急尖，有小喙，长达4 mm。种子1，黑色，具不规则褐色斑点。气微，味淡。

功能主治

清热解毒，健脾利湿，活血止血。用于感冒发热，暑湿吐泻，黄疸，痈疖疮，痢疾，疳积，血淋，咯血，衄血，跌打损伤，赤白带下。

用法用量

内服煎汤，9~30 g，鲜品30~60 g；或捣汁；或研末。外用适量，捣敷。

胡枝子属 *Lespedeza* Michx.

胡枝子 *Lespedeza bicolor* Turcz.

别名：横条、横笆子、扫条

蒙文名：胡吉苏

形态特征

直立灌木，高1~3 m，多分枝。小枝黄色或暗褐色，有条棱，被疏短毛；芽卵形，长2~3 mm，具数枚黄褐色鳞片。羽状复叶具3小叶；托叶2，线状披针形，长3~4.5 mm；叶柄长2~7 cm；小叶质薄，卵形、倒卵形或卵状长圆形，长1.5~6 cm，宽1~3.5 cm，先端钝圆或微凹，稀稍尖，具短刺尖，基部近圆形或宽楔形，全缘。总状花序腋生，比叶长，常构成大型、较疏松的圆锥花序；总花梗长4~10 cm；小苞片2，卵形，长不到1 cm，先端钝圆或稍尖，黄褐色，被短柔毛；花梗短，长约2 mm，密被毛；花萼长约5 mm，5浅裂，裂片通常短于萼筒，上方2裂片合生成2齿，裂片卵形或三角状卵形，先端尖，外面被白色毛；花冠红紫色，极稀白色，长约10 mm，旗瓣倒卵形，先端微凹，翼瓣较短，近长圆形，基部具耳和瓣柄，龙骨瓣与旗瓣近等长，先端钝，基部具较长的瓣柄；子房被毛。荚果斜倒卵形，稍扁，长约10 mm，宽约5 mm，表面具网纹，密被短柔毛。花期7—9月，果期9—10月。

适宜生境与分布

生于海拔150~1 000 m的山坡、林缘、路旁、灌丛及杂木林间。分布于我国黑龙江、吉林、辽宁、河北、内蒙古、山西、陕西、甘肃、山东、江苏、安徽、浙江、福建、河南、湖南、广东、广西等地。

资源状况

常见。

药用部位

茎、叶、根。

采收加工

夏、秋二季采收，除去杂质，洗净泥土，晒干，切段。

功能主治

润肺清热，利水通淋。用于肺热咳嗽，百日咳，鼻衄，淋病。

用法用量

内服煎汤，9~15 g。

兴安胡枝子 *Lespedeza daurica*（Laxm.） Schindl.

别名：牤牛茶、牛枝子

蒙文名：呼日布格

形态特征

多年生草本，高 20~60 cm。茎单一或数个簇生，通常稍斜升。羽状三出复叶；小叶披针状长圆形，长 1.5~3 cm，宽 0.5~1 cm，先端圆钝，有短刺尖，基部圆形，全缘，有平伏柔毛。总状花序腋生，较叶短或与叶等长；萼筒杯状，萼齿刺卷曲状；花冠蝶形，黄白色至黄色。荚果小，包于宿存萼内，倒卵形或长倒卵形，两面突出，伏生白色柔毛。花期 7—8 月，果期 8—10 月。

适宜生境与分布

中旱生小半灌木。生于森林草原和草原带的干山坡、丘陵坡地、沙地以及草原群落中，为草原群落的次优势成分或伴生成分。分布于我国东北、华北、西北、华中、西南地区。内蒙古呼伦贝尔市、兴安盟、通辽市、锡林郭勒盟、呼和浩特市、包头市有分布。

资源状况

常见。

药用部位

全草。

采收加工

春、夏、秋三季采收，除去杂质，晒干，切段。

功能主治

解表散寒，止咳。用于风寒感冒，发热，咳嗽。

用法用量

内服煎汤，9~15 g。

苜蓿属 *Medicago* L.

花苜蓿 *Medicago ruthenica*（L.） Trautv.

别名：扁蓿豆、野苜蓿

蒙文名：照嘎扎德召日

形态特征

多年生草本，高 0.2~1 m。茎直立或上升，四棱形，基部分枝，丛生，多少被毛。羽状三出复叶；托叶披针形，锥尖，耳状，具 1~3 浅齿；小叶倒披针形、楔形或线形，长 10~15 mm，宽 3~7 mm，边缘 1/4 以上具尖齿，上面近无毛，下面被贴伏柔毛，侧脉 8~18 对；顶生小叶稍大，小叶柄长 2~6 mm，侧生小叶柄甚短，被毛。花序伞形，腋生，有时长达 2 cm，具 6~9 密生的花；花序梗通常比叶长；苞片刺毛状；花长 5~9 mm；花梗长 1.5~4 mm，被柔毛；花萼钟形；花冠黄褐色，中央有深红色或紫色条纹，旗瓣倒卵状长圆形、倒心形或匙形，翼瓣稍短，龙骨瓣明显短，均具长瓣柄；子房线形，无毛，花柱短。荚果长圆形或卵状长圆形，扁平，长 8~20 mm，宽 3.5~5 mm，先端具短喙，基部窄尖并稍弯曲，具短柄，脉纹横向倾斜，分叉，腹缝线有时具流苏状的窄翅，有种子 2~6。种子椭圆状卵圆形，平滑。花期 7—8 月，果期 8—9 月。

适宜生境与分布

中旱生植物。生于丘陵坡地、砂质地、路旁草地。分布于我国东北、西部、西北。内蒙古呼伦贝尔市、兴安盟、通辽市、赤峰市、锡林郭勒盟、乌兰察布市、呼和浩特市、包头市、乌海市有分布。

资源状况

常见。

药用部位

全草。

采收加工

夏、秋二季采收，除去杂质，洗净泥土，晒干，切段。

功能主治

清热解毒，止咳，止血。用于发热，肺热咳嗽，赤痢腹痛；外用于出血。

用法用量

内服煎汤，9~15 g。外用适量，研末敷患处。

紫苜蓿 *Medicago sativa* L.

别名：紫花苜蓿、苜蓿

蒙文名：宝日—查日嘎斯

形态特征

多年生草本，高 30~100 cm。根粗壮，深入土层，根颈发达。茎直立、丛生至平卧，四棱形，无毛或微被柔毛，枝叶茂盛。羽状三出复叶；托叶大，卵状披针形，先端锐尖，基部全缘或具 1~2 裂齿，脉纹清晰；叶柄比小叶短；小叶长卵形、倒长卵形至线状卵形，等大，或顶生小叶稍大，长 10~25 mm，宽 3~10 mm，纸质，先端钝圆，具由中脉伸出的长齿尖，基部狭窄，楔形，边缘 1/3 以上具锯齿，上面无毛，深绿色，下面被贴伏柔毛，侧脉 8~10 对，与中脉成锐角，在近叶边缘处略有分叉；顶生小叶叶柄比侧生小叶叶柄略长。花序总状或头状，长 1~2.5 cm，具花 5~30；总花梗挺直，比叶长；苞片线状锥形，比花梗长或等长；花长6~12 mm；花梗短，长约2 mm；花萼钟形，长3~5 mm，萼齿线状锥形，比萼筒长，被贴伏柔毛；花冠各色，淡黄色、深蓝色至暗紫色；花瓣均具长瓣柄，旗瓣长圆形，先端微凹，明显较翼瓣和龙骨瓣长，翼瓣较龙骨瓣稍长；子房线形，具柔毛。荚果螺旋状紧卷2~4圈，中央无孔或近无孔，直径5~9 mm，被柔毛或渐脱落，脉纹细，不清晰，成熟时棕色；有种子10~20。种子卵形，长1~2.5 mm，平滑，黄色或棕色。花期6—7月，果期7—8月。

适宜生境与分布
适宜在土层深厚疏松且富含钙的壤土中生长；用于园林绿化，也可作为牧草。中国各地都有栽培或呈半野生状态。

资源状况
常见。

药用部位
全草。

采收加工
夏、秋二季采收，晒干或鲜用。

功能主治
清脾胃，清湿热，利尿，消肿。用于尿结石，膀胱结石，水肿，淋症，消渴。

用法用量
内服捣汁，150~250 g；或研末，10~15 g。

棘豆属 *Oxytropis* DC.

硬毛棘豆 *Oxytropis fetissovii* Bunge

别名：毛棘豆

蒙文名：希如文—奥日图哲

形态特征
多年生草本，高7~10 cm。根直伸，直径5~7 mm。茎缩短，密被枯萎叶柄和托叶。轮生羽状复叶长4~7 cm；托叶膜质，于基部与叶柄贴生，于中部彼此合生，分离部分卵形，被贴伏白色柔毛；叶柄与叶轴被开展硬毛；小叶8~12轮，每轮3~4，长圆状披针形，长5~10 mm，宽1~2 mm，先端尖，边缘内卷，两面疏被白色长硬毛。穗形总状花序具8花；总花梗坚硬，略长于叶，被开展白色柔毛；苞片草质，卵状披针形，长4~6 mm；花长26 mm；花萼筒状，微膨胀，长12~13 mm，被白色柔毛，萼齿披针形，长5~7 mm；花冠红紫色，旗瓣长22~26 mm，瓣片卵形，先端圆，翼瓣长17~19 mm，上部扩展，先端斜截形，微凹，背部凸起，龙骨瓣长16~18 mm，喙长2.5~3 mm；子房被硬毛，胚珠22~27。荚果革质，长圆形，长18~22 mm，宽5~6 mm，腹面具深沟，被贴伏白色柔毛，隔膜宽1 mm，不完全2室。花期6—7月，果期7—8月。

适宜生境与分布

草甸旱中生植物。生于森林草原及草原带的山地杂类草原和草甸草原群落中。分布于我国东北、华北、西北、华中地区。内蒙古呼伦贝尔市、兴安盟、通辽市、赤峰市、锡林郭勒盟、呼和浩特市、包头市有分布。

资源状况

常见。

药用部位

全草。

采收加工

夏、秋二季采收,除去杂质,洗净泥土,晒干,切段。

功能主治

蒙医:用于瘟疫,丹毒,腮腺炎,"发症",阵刺痛,肠刺痛,脑刺痛,麻疹,创伤,抽筋,鼻出血,月经过多,吐血,咯血。

用法用量

内服研末,1.5~3 g;或入散剂。

多叶棘豆 *Oxytropis myriophylla*(Pall.)DC.

别名:狐尾藻棘豆、鸡翎草

蒙文名:那布其日克—奥日都扎、查干—达格沙

形态特征

多年生草本,高达30 cm,全株被白色或黄色长柔毛。茎缩短,丛生。羽状复叶轮生,长10~30 cm;小叶12~16轮,每轮4~8,线形、长圆形或披针形,长0.3~1.5 cm,先端渐尖,基部圆,两面密被长柔毛;托叶膜质,卵状披针形,密被黄色长柔毛。多花组成紧密或较疏松的总状花序,疏被长柔毛;苞片披针形,长0.8~1.5 cm,被长柔毛;花萼筒状,长约1.1 cm,被长柔毛,萼齿披针形,长约4 mm,两面被长柔毛;花冠淡红紫色,长2~2.5 cm,旗瓣长椭圆形,长约1.8 cm,先端圆或微凹,基部下延成瓣柄,翼瓣长约1.5 cm,先端急尖,耳长约2 mm,瓣柄长约8 mm,龙骨瓣长约1.2 cm,耳长约1.5 cm,喙长5~7 mm;子房线形,被毛。荚果披针状椭圆形,革质,长约1.5 cm,先端喙长5~7 mm,密被长柔毛。花期6—7月,果期7—9月。

适宜生境与分布

中旱生植物。多生于森林草原带的丘陵顶部和山地砾石性土壤。分布于我国华北、东北地区。内蒙古呼伦贝尔市、兴安盟、通辽市、赤峰市、锡林郭勒盟、乌兰察布市、呼和浩特市、包头市、鄂尔多斯市有分布。

资源状况

常见。

药用部位

地上部分。

采收加工

夏、秋二季采收,除去残根和杂质,洗净,切段,晒干。

功能主治

中医:愈伤,生肌,止血,消肿,通便。用于风热感冒,咽喉肿痛,痈疮肿毒,创伤,瘀血肿胀,各种出血。

蒙医:杀"粘"虫,消热,燥"希日乌素"。用于瘟疫,"发症",丹毒,腮腺炎,阵刺痛,肠刺痛,脑刺痛,麻疹,痛风,游痛症,创伤,抽筋,鼻出血,月经过多,吐血,咯血。

用法用量

中医:内服煎汤,6~9 g。外用适量,研敷患处。

蒙医:内服研末,单用1.5~3 g;或入丸、散。

砂珍棘豆 *Oxytropis racemosa* Turcz.

别名:泡泡草、砂棘豆

蒙文名:额勒森—奥日都扎

形态特征

多年生草本,高达15~30 cm。茎缩短,多头。奇数羽状复叶,长5~14 cm;托叶膜质,卵形,被柔毛;叶柄密被长柔毛;小叶6~12轮,每轮4~6,长圆形、线形或披针形,长0.5~1 cm,先端尖,基部楔形,边缘有时内卷,两面密被贴伏长柔毛。顶生头形总状花序,被微卷曲柔毛;苞片披针形,短于花萼,宿存;花萼管状钟形,长5~7 mm,萼齿线形,长1.5~3 mm,被短柔毛;花冠红紫色或淡紫红色,旗瓣匙形,长约1.2 cm,先端圆或微凹,基部渐窄成瓣柄,翼瓣卵状长圆形,长1.1 cm,龙骨瓣长9.5 mm,喙长约1 mm;子房微被毛或无毛,花柱先端弯曲。荚果膜质,球状,膨胀,长约1 cm,先端具钩状短喙,腹缝线内凹,被短柔毛,隔膜宽约0.5 mm。花期5—7月,果期6—9月。

适宜生境与分布

草原沙地旱生植物。生于沙丘、河岸沙地及砂质坡地;在草原带和森林草原带的沙生植被中为偶见成分。分布于我国华北、东北,以及陕西、宁夏。内蒙古呼伦贝尔市、通辽市、赤峰市、锡林郭勒盟、乌兰察布市、呼和浩特市、包头市、鄂尔多斯市有分布。

资源状况

常见。

药用部位

全草。

采收加工

夏、秋二季采收,除去残根及杂质,洗净泥土,晒干,切段。

药材性状

本品皱缩成团,被灰白色长柔毛。根呈长圆柱形,直径0.2~0.5 cm;表面黄褐色。

湿润展平后，羽状复叶丛生在根茎上，小叶线形或倒披针形，对生或4~6轮生，长3~10 mm，宽1~2 mm，枯绿色。总状花序近头状，花梗细长，花淡棕红色或棕紫色。荚果长约10 mm，宽约6 mm，膨胀，呈桃状，先端尖，有微弯曲的短喙，被短柔毛，1室。气微，味微苦、甘。

功能主治

中医：愈伤，生肌，止血，消肿，通便。用于风热感冒，咽喉肿痛，痈疮肿毒，创伤，瘀血肿胀，各种出血。

蒙医：杀"粘"虫，消热，燥"希日乌素"。用于瘟疫，"发症"，丹毒，腮腺炎，阵刺痛，肠刺痛，脑刺痛，麻疹，痛风，游痛症，创伤，抽筋，鼻出血，月经过多，吐血，咯血。

用法用量

中医：内服煎汤，6~9 g。外用适量，研末敷患处。

蒙医：内服研末，1.5~3 g；或入丸、散。

刺槐属 *Robinia* L.

刺槐 *Robinia pseudoacacia* L.

别名：洋槐

蒙文名：乌日格苏图—槐子

形态特征

落叶乔木，高10~25 m。树皮浅裂至深纵裂，稀光滑；小枝初被毛，后无毛；具托叶刺。羽状复叶长10~25 cm；小叶2~12对，常对生，椭圆形、长椭圆形或卵形，长2~5 cm，先端圆，微凹，基部圆或宽楔形，全缘，幼时被短柔毛，后无毛。总状花序腋生，长10~20 cm，下垂；花芳香；花序轴与花梗被平伏细柔毛；花萼斜钟形，萼齿5，三角形或卵状三角形，密被柔毛；花冠白色；花瓣均具瓣柄，旗瓣近圆形，反折，翼瓣斜倒卵形，与旗瓣几等长，长约1.6 cm，龙骨瓣镰状，三角形；雄蕊二体；子房线形，无毛；花柱钻形，先端具毛，柱头顶生。荚果线状长圆形，褐色或具红褐色斑纹，扁平，无毛，先端上弯，果颈短，沿腹缝线具窄翅；花萼宿存，具种子2~15。种子近肾形，种脐圆形，偏于一端。花期5—6月，果期8—9月。

适宜生境与分布

适于土层深厚、肥沃、疏松、湿润的壤土、砂质壤土、沙土或黏壤土。用于园林绿化。中国各地广泛栽植。

资源状况

少见。

药用部位

花、嫩枝、叶。

采收加工

春、夏二季采收，除去杂质，阴干。

药材性状

本品花呈蝶形，黄白色，皱缩而卷曲，花瓣多散落；气微香，味微苦。叶皱缩不平，完整者为单数羽状复叶，对生或互生，叶轴与叶柄具纵条纹，基部膨大，大叶展平后为圆形、椭圆形、卵状矩圆形或矩圆状披针形；气微，味微涩。

功能主治

凉血，止血。用于便血，咯血，吐血，子宫出血。

用法用量

内服煎汤，9~15 g。

苦参属 Sophora L.

苦豆子 Sophora alopecuroides L.

别名：苦甘草、苦豆根

蒙文名：霍林—宝亚

形态特征

草本或亚灌木，高约1 m。芽外露；枝密被灰色平伏绢毛。叶长6~15 cm，叶柄基部不膨大，与叶轴均密被灰色平伏绢毛；小叶15~27，对生或近互生，披针状长圆形或椭圆状长圆形，长1.5~3 cm，先端钝圆，基部圆或宽楔形，灰绿色，两面密被灰色平伏绢毛；托叶小，钻形，宿存，无小托叶。总状花序顶生，花多数密集；花萼斜钟状，长5~6 mm，密被平伏灰色绢质长柔毛，萼齿短三角形，不等大；花冠白色或淡黄色，旗瓣长1.5~2 cm，瓣片长圆形，基部渐窄成爪，翼瓣与龙骨瓣近等长，稍短于旗瓣；雄蕊10，花丝多少联合，有时近二体；子房密被白色伏贴柔毛。荚果串珠状，长8~13 cm，密被短而平伏绢毛，成熟时表面撕裂，后2瓣裂，具种子6~12。种子卵圆形，直而稍扁，褐色或黄褐色。花期5—6月，果期6—8月。

适宜生境与分布

耐盐旱生植物。多生于河滩覆沙地、平坦沙地以及固定、半固定沙地；在暖温草原带和荒漠区的盐化覆沙地上，可成为优势植物或建群植物。分布于我国内蒙古、河北、山西、陕西、甘肃、宁夏、新疆、河南、西藏。

资源状况

少见。

药用部位

全草或根及根茎、种子。

采收加工

夏季采收全草，晒干，切段。春、秋二季采挖根，除去杂质，洗净泥土，晒干，切片。秋季采收种子，晒干。

药材性状

本品茎直立，分枝多呈帚状，密被白色柔毛；质硬，折断面皮部黄绿色，髓部类白色。叶互生，单数羽状复叶，小叶片多脱落或破碎，完整者椭圆状矩形，灰绿色，两面有白色柔毛，稍革质。花冠蝶形，黄白色。气微，味苦。

功能主治

中医：根清热解毒；用于痢疾，湿疹，黄疸，咳嗽，咽痛，牙痛。全草、种子清热燥湿，止痛，杀虫；全草用于痢疾，湿疹；种子用于胃痛吐酸，湿疹，癣，疱疖，带下。

蒙医：化热，表疹，调元。用于感冒发热，瘟病初起，麻疹，风热，痛风，游痛症，风湿性关节炎，疮疡。

用法用量

根内服煎汤，3~9 g。全草内服煎汤，1~3 g。种子5~15粒，生服或炒黑末服。

苦参 Sophora flavescens Aiton

别名：地槐、白茎地骨、山槐子、野槐

蒙文名：利德力、道古勒—额布斯

形态特征

草本或亚灌木，稀呈灌木状，通常高约1 m，稀达2 m。茎具纹棱，幼时疏被柔毛，后无毛。羽状复叶长达25 cm；托叶披针状线形，渐尖，长6~8 mm；小叶6~12对，互生或近对生，纸质，形状多变，椭圆形、卵形、披针形至披针状线形，长3~4（6）cm，宽（0.5）1.2~2 cm，先端钝或急尖，基部宽楔形或浅心形，上面无毛，下面疏被灰白色短柔毛或近无毛，中脉在下面隆起。总状花序顶生，长15~25 cm；花多数，疏或稍密；花梗纤细，长约7 mm；苞片线形，长约2.5 mm；花萼钟状，明显歪斜，具不明显波状齿，完全发育后近截平，长约5 mm，宽约6 mm，疏被短柔毛；花冠比花萼长1倍，白色或淡黄白色，旗瓣倒卵状匙形，长14~15 mm，宽6~7 mm，先端圆形或微缺，基部渐狭成柄，柄宽3 mm，翼瓣单侧生，强烈皱褶几达瓣片的顶部，柄与瓣片近等长，长约13 mm，龙骨瓣与翼瓣相似，稍宽，宽约4 mm；雄蕊10，分离或近基部稍联合；子房近无柄，被淡黄白色柔毛，花柱稍弯曲，胚珠多数。荚果长5~10 cm，种子间稍缢缩，呈不明显串珠状，稍四棱形，疏被短柔毛或近无毛，成熟后开裂成4瓣，有种子1~5。种子长卵形，稍压扁，深红褐色或紫褐色。花期6—8月，果期7—10月。

适宜生境与分布

深根性植物。生于沙地或向阳山坡草丛中及溪沟边，一般砂壤土和黏壤土上均可生长。分布于我国东北、华北。内蒙古各地均有分布。

资源状况

十分常见。

药用部位

干燥根。

采收加工

春、秋二季采挖，除去根头和小支根，洗净，干燥；或趁鲜切片，干燥。

药材性状

本品呈长圆柱形，下部常有分枝，长 10~30 cm，直径 1~6.5 cm。表面灰棕色或棕黄色，具纵皱纹和横长皮孔样突起，外皮薄，多破裂反卷，易剥落，剥落处显黄色，光滑。质硬，不易折断，断面纤维性；切片厚 3~6 mm，切面黄白色，具放射状纹理和裂隙，有的具呈同心性环列或不规则散在的异型维管束。气微，味极苦。

功能主治

清热燥湿，杀虫，利尿。用于热痢，便血，黄疸尿闭，赤白带下，阴肿阴痒，湿疹，湿疮，皮肤瘙痒，疥癣麻风。外用于滴虫性阴道炎。

用法用量

内服煎汤，4.5~9 g。外用适量，煎汤洗患处。

苦马豆属 *Sphaerophysa* DC.

苦马豆 *phaerophy sasalsula*（Pall.）DC.

别名：羊卵蛋、羊尿泡

蒙文名：炮京—额布斯

形态特征

半灌木或多年生草本。茎直立或下部匍匐，高达 60 cm，被或疏或密的白色"丁"字形毛。羽状复叶有 11~21 小叶；小叶倒卵形或倒卵状长圆形，长 0.5~1.5 cm，稀达 2.5 cm，先端圆或微凹，基部圆或宽楔形，上面几无毛，下面被白色"丁"字形毛。总状花序长于叶，有花 6~16；花萼钟状，萼齿三角形，被白色柔毛；花冠初时鲜红色，后变紫红色，旗瓣瓣片近圆形，反折，长 1.2~1.3 cm，基部具短瓣柄，翼瓣长约 1.2 cm，基部具微弯的短柄，龙骨瓣与翼瓣近等长；子房密被白色柔毛；花柱弯曲，内侧疏被纵裂髯毛。荚果椭圆形或卵圆形，长 1.7~3.5 cm，膜质，膨胀，疏被白色柔毛。花期 6—7 月，果期 7—8 月。

适宜生境与分布

耐碱耐旱草本。在草原带的盐碱性荒地、河岸低湿地及砂质地上常可见到，也进入荒漠带。内蒙古兴安盟、通辽市、赤峰市、锡林郭勒盟、乌兰察布市、呼和浩特市、包头市、鄂尔多斯市、阿拉善盟有分布。

资源状况

常见。

药用部位

全草或果实。

采收加工

夏、秋二季采收，除去杂质，洗净泥土，晒干，切段。

药材性状

本品根略呈圆柱状，棕褐色，长 20~25 cm，直径 0.5~1 cm；质脆而易折断，断面黄白色。茎直立，具展开的分枝，绿色或黄绿色。叶多脱落破碎，完整者为单数羽状复叶，小叶倒卵状椭圆形或椭圆形。荚果宽卵形或矩圆形，膜质，膀胱状。种子肾形，褐色。气微，味淡。

功能主治

清暑，利尿，消肿，止血。用于中暑头晕，肾炎水肿，肝硬化腹水，慢性肝炎，咯血，吐血，衄血，便血，产后出血。

用法用量

内服煎汤，全草 9~15 g，果实 20~30 枚；或浸酒。

野决明属 *Thermopsis* R. Br.

披针叶野决明 *Thermopsis lanceolata* R. Br.

别名：苦豆子、牧马豆、土马豆、野决明

蒙文名：他日巴干—希日

形态特征

多年生草本，高 12~30 cm。茎直立，分枝或单一，具沟棱，被黄白色贴伏或伸展柔毛。3 小叶；叶柄短，长 3~8 mm；托叶叶状，卵状披针形，先端渐尖，基部楔形，长 1.5~3 cm，宽 0.4~1 cm，上面近无毛，下面被贴伏柔毛；小叶狭长圆形、倒披针形，长 2.5~7.5 cm，宽 0.5~1.6 cm，上面通常无毛，下面多少被贴伏柔毛。总状花序顶生，长 6~17 cm，具花 2~6 轮，排列疏松；苞片线状卵形或卵形，先端渐尖；花萼钟形，背部稍呈囊状隆起，上方 2 齿联合，三角形，下方萼齿披针形，与萼筒近等长；花冠黄色，旗瓣近圆形，长 2.5~2.8 cm，宽 1.7~2.1 cm，先端微凹，基部渐狭成瓣柄，瓣柄长 7~8 mm，翼瓣长 2.4~2.7 cm，先端有长 4~4.3 mm 的狭窄头，龙骨瓣长 2~2.5 cm，宽为翼瓣的 1.5~2 倍；子房密被柔毛，具柄，柄长 2~3 mm，胚珠 12~20。荚果线形，长 5~9 cm，宽 0.7~1.2 cm，先端具尖喙，被细柔毛，黄褐色，种子 6~14，位于中央。种子圆肾形，黑褐色，具灰色蜡层，有光泽，长 3~5 mm，宽 2.5~3.5 mm。花期 5—7 月，果期 7—10 月。

适宜生境与分布

耐盐中旱生植物。为草甸草原和草原带的草原化草甸、盐化草甸的伴生植物，也见于荒漠草原和荒漠区的河岸盐化草甸、砂质地或石质山坡。内蒙古各地均有分布。

资源状况

常见。

药用部位

全草。

采收加工

夏、秋二季采收，除去杂质，洗净泥土，晒干，切段。

药材性状

本品茎直立，单一或稍有分枝。叶皱缩不平，展平后为单数羽状复叶，互生；小叶倒披针形或矩圆状倒卵形。荚果扁平，条状长圆形，先端具喙，密生短柔毛，含种子6~14。种子卵状球形或近肾形，长约0.4 cm，黑褐色，坚硬，有光泽，除去种皮，内为黄白色。气微，味淡，种子嚼之有豆腥味。

功能主治

祛痰，止咳。用于风寒咳嗽，痰多喘息。

用法用量

内服煎汤，6~9 g。

野豌豆属 *Vicia* Linn.

山野豌豆 *Vicia amoena* Fisch. ex DC.

别名：山黑豆、落豆秧、透骨草

蒙文名：乌拉音—给希

形态特征

多年生草本，高0.3~1 m，全株疏被柔毛，稀近无毛。茎具棱，多分枝，斜升或攀缘。偶数羽状复叶长5~12 cm，几无柄，卷须有2~3分枝；托叶半箭头形，边缘有3~4裂齿，长1~2 cm；小叶4~7对，互生或近对生，革质，椭圆形或卵状披针形，长1.3~4 cm，上面被贴伏长柔毛，下面粉白色，沿中脉毛被较密，先端圆或微凹，侧脉羽状开展，直达叶缘。总状花序通常长于叶；花序轴具10~20朵密生的花；花冠红紫色、蓝紫色或蓝色；花萼斜钟状，萼齿近三角形，上萼齿明显短于下萼齿；旗瓣倒卵圆形，长1~1.6 cm，瓣柄较宽，翼瓣与旗瓣近等长，瓣片斜倒卵形，龙骨瓣短于翼瓣；子房无毛，花柱上部四周被毛，子房柄长约0.4 cm。荚果长圆形，长1.8~2.8 cm，两端渐尖，无毛。种子1~6，圆形，深褐色，具花斑。花期6—7月，果期7—8月。

适宜生境与分布

旱中生植物。生于山地林缘、灌丛和广阔的草甸草原，为草甸草原和林缘草甸的优势种或伴生种。分布于我国东北、华北、西北、华东、西南地区。内蒙古呼伦贝尔市、兴安盟、通辽市、赤峰市、锡林郭勒盟、乌兰察布市、呼和浩特市有分布。

资源状况

少见。

药用部位

地上部分。

采收加工

夏季采收，除去残根及杂质，晒干，切段。

药材性状

本品茎呈四棱形,细长盘绕,直径 1.5~2 mm,灰绿色或灰棕色;质轻脆,易折断。羽状复叶,小叶片多已脱落散在,先端有卷须。小花呈蝶形,紫色。有时可见荚果,内含种子。种子呈圆球形,黑褐色。气微弱,味淡。

功能主治

止咳平喘,镇痉,止痛。用于咳嗽痰喘,咽喉肿痛,痄腮,胃脘疼痛,痛经,产后腹痛。外用于目赤肿痛,溃疡。

用法用量

内服煎汤,15~30 g。外用适量,煎汤熏洗患处。

龙胆科 Gentianaceae

龙胆属 *Gentiana* L.

小秦艽 *gentiana dahurica* Fisch.

别名:达乌里龙胆、达弗里亚龙胆、小叶秦艽

蒙文名:呼和—朱勒根

形态特征

多年生草本,高 10~25 cm,全株光滑无毛,基部被枯存的纤维状叶鞘包裹。须根多条,向左扭结成 1 圆锥形根。枝多数丛生,斜升,黄绿色或紫红色,近圆形,光滑。莲座丛叶披针形或线状椭圆形,长 5~15 cm,宽 0.8~1.4 cm,先端渐尖,基部渐狭,边缘粗糙,叶脉 3~5;茎生叶少数,线状披针形至线形,长 2~5 cm,宽 0.2~0.4 cm,先端渐尖,基部渐狭,边缘粗糙,叶脉 1~3,在两面均明显,中脉在下面凸起,叶柄宽,长 0.5~10 cm,越向茎上部叶越小,柄越短。聚伞花序顶生及腋生,排列成疏松的花序;花梗斜伸,黄绿色或紫红色,极不等长,总花梗长至 5.5 cm,小花梗长至 3 cm;萼筒膜质,黄绿色或带紫红色,筒形,长 7~10 mm,不裂,稀一侧浅裂,裂片 5,不整齐,线形,绿色,长 3~8 mm,先端渐尖,边缘粗糙,背面脉不明显,弯缺宽,圆形或截形;花冠深蓝色,有时喉部具多数黄色斑点,筒形或漏斗形,长 3.5~4.5 cm,裂片卵形或卵状椭圆形,全缘或呈啮蚀形;雄蕊着生于花冠筒中下部,整齐,花丝线状钻形,长 1~1.2 cm,花药矩圆形,长 2~3 mm;子房无柄,披针形或线形,长 18~23 mm,先端渐尖,花柱线形,连柱头长 2~4 mm,柱头 2 裂。蒴果内藏,无柄,狭椭圆形,长 2.5~3 cm。种子淡褐色,有光泽,矩圆形,长 1.3~1.5 mm,表面有细网纹。花果期 7—9 月。

适宜生境与分布

生于海拔 400~2 400 m 的河滩、路旁、水沟边、山坡草地、草甸、林下及林缘。分布于我国东北,以及内蒙古、河北、山西、陕西、宁夏、甘肃、青海、四川等地。

资源状况

少见。

药用部位

干燥根。

采收加工

春、秋二季采挖,挖取后,除去茎叶、须根及泥土,晒干;或堆晒至颜色成红黄色或灰黄色时,再摊开晒干;或趁鲜时搓去黑皮,晒干。

药材性状

本品呈类圆锥形或类圆柱形,长8~15 cm,直径0.2~1 cm。表面棕黄色。主根通常1,残存的茎基有纤维状叶鞘,下部多分枝。断面黄白色。

功能主治

祛风湿,清湿热,止痹痛,退虚热。用于风湿痹痛,中风,半身不遂,筋脉拘挛,骨节酸痛,湿热黄疸,骨蒸潮热,小儿疳积发热。

用法用量

内服煎汤,3~10 g。

牻牛儿苗科 Geraniaceae

牻牛儿苗属 *Erodium* L´Hér.

牻牛儿苗 *Erodium stephanianum* Willd.

别名:太阳花、狼怕怕、长嘴老鹳草

蒙文名:蔓韭海

形态特征

一年生或二年生草本,高10~50 cm。根圆柱形。茎平铺地面或斜升,多分枝,有节,具柔毛。叶对生,叶柄长4~6 cm;托叶披针形,长5~10 mm,边缘膜质;叶片长卵形或圆三角形,长4~6 cm,宽3~4 cm,2回羽状深裂,羽片5~9对,基部下延,小羽片条形,全缘或有1~3粗齿,两面具柔毛。伞形花序腋生;花序梗长5~15 cm,通常有2~5花,花梗长1~3 cm;萼片长圆形,先端具芒尖,芒长2~3 cm;花瓣5,倒卵形,淡紫色或蓝紫色,与萼片近等长,先端圆钝,基部被白毛;雄蕊10,2轮,外轮5无药,内轮5具药,蜜腺5,子房密被白色柔毛。蒴果长3~4 cm,先端具长喙,成熟时5果瓣与中轴分离,喙部呈螺旋状扭曲,其内侧有棕色毛。花期4—8月,果期6—9月。

适宜生境与分布

生于林内、林缘、灌丛间、河岸沙地、草甸。分布于我国东北、华北、西北、西南,以及长江流域。内蒙古各地均有分布。

资源状况

常见。

药用部位

干燥全草。

采收加工

夏、秋二季采收，除去杂质，洗净泥土，晒干，切段。

药材性状

本品被白色柔毛。茎呈类圆形，长 30~50 cm 或更长，直径 1~7 mm；表面灰绿色或带紫色，有分枝，节明显而稍膨大，具纵沟及稀疏茸毛；质脆，折断后纤维性。叶片卷曲皱缩，质脆，易碎，完整者为 2 回羽状深裂，裂片狭线形，全缘或具 1~3 粗齿。蒴果长椭圆形，长约 4 cm，宿存花柱长 2.5~3 cm，形似鹳喙，成熟时 5 裂，向上卷曲成螺旋。气微，味淡。

功能主治

中医：祛风湿，通经络，止泻痢。用于风湿痹痛，麻木拘挛，筋骨酸痛，泄泻痢疾。

蒙医：清热，消"奇哈"。用于脉热，头痛，痈疮，咽喉肿痛，内毒症。

用法用量

内服煎汤，9~15 g；或浸酒；或熬膏。外用适量，捣烂，加酒炒热外敷；或制成软膏涂敷。

茶藨子科 Grossulariaceae

茶藨子属 *Ribes* L.

糖茶藨子 *Ribes himalense* Royle ex Decne.

别名：埃牟茶藨子

蒙文名：哈达

形态特征

落叶小灌木，高 1~2 m。枝粗壮，小枝黑紫色或暗紫色，皮呈长条状或长片状剥落。叶互生，卵圆形或近圆形，长 5~10 cm，宽 6~11 cm，基部心形，上面无柔毛，常贴生腺毛，下面无毛，稀微具柔毛，或混生少数腺毛，掌状 3~5 裂，裂片卵状三角形，先端急尖至短渐尖，顶生裂片比侧生裂片稍长大，边缘具粗锐重锯齿或杂以单锯齿；叶柄长 3~5 cm，稀与叶片近等长，红色，无柔毛或有少许短柔毛，近基部有少数褐色长腺毛。花两性，开花时直径 4~6 mm；总状花序长 5~10 cm，具花 8~20 或更多，花排列较密集；花序轴和花梗具短柔毛，或杂以稀疏短腺毛；花梗长 1.5~3 mm；苞片卵圆形，稀长圆形；花萼绿色带紫红色晕或紫红色，外面无毛，萼筒钟形，长 1.5~2 mm，宽2.5~3.5 mm，萼片倒卵状匙形或近圆形，长2~3.5 mm，宽2~3 mm，先端圆钝，边缘具睫毛，直立；花瓣近匙形或扇形，长1~1.7 mm，宽1~1.4 mm，先端圆钝或平截，边缘微有睫毛，红色或绿色带浅紫红色；雄蕊几与花瓣等长，着生于与花瓣同一水平上，花丝丝状，花药圆形，白色；子房无毛，花柱约与雄蕊等长，先端2浅裂。果实球形，直径6~7 mm，红色，成熟后转变成紫黑色，无毛。花期4—6月，果期7—8月。

适宜生境与分布

中生灌木。生于海拔1 200~4 000 m的山谷、河边灌丛及针叶林林下和林缘。分布于我国湖北、四川、云南、内蒙古、西藏等地。内蒙古兴安盟、通辽市、赤峰市、乌兰察布市、阿拉善盟、呼和浩特市有分布。

资源状况

少见。

药用部位

茎枝皮、果实。

采收加工

5—6月割取茎枝，刮去外层皮，剥取内层皮，晒干。9—10月采收成熟果实，以纸遮蔽，晒干。

药材性状

本品茎枝皮干缩成筒状、槽状，厚约0.5 mm。外表面呈灰棕色，具凸起的黑腺点和短的锐刺以及刺落后的疤痕，且表面多呈剥离状，露出红棕色的木栓层；内表面灰白色，近光滑。质脆，易折断，断面平坦。气弱，味微涩。

功能主治

解毒，退热。用于肝炎，肾病，关节积黄水等。

用法用量

内服煎汤，3~10 g。

杉叶藻科 Hippuridaceae

杉叶藻属 *Hippuris* L.

杉叶藻 *Hippuris vulgaris* L.

别名：嘎海音—色古乐—额布苏

蒙文名：阿木塔图—哲格斯、丹布嘎日阿—朝克

形态特征

多年生水生草本，全株无毛。茎直立，多节，常带紫红色，高达1.5 m，上部不分枝，挺出水面，下部合轴分枝，有白色或棕色肉质匍匐根茎，节上生多数纤细棕色须根，生于泥中。叶6~12，轮生，线形，长10~25 mm，宽1~2 mm，全缘，具1脉。花

单生于叶腋，无柄，常为两性，稀单性；花萼与子房合生；无花瓣；雄蕊 1；花柱稍长于雄蕊，子房下位，雌蕊生于子房的一侧。核果窄长圆形，长约 1.5 mm，光滑，先端近平截，具宿存雄蕊及花柱。花期 6 月，果期 7 月。

适宜生境与分布
生于池塘浅水中或河岸边湿草地。分布于我国东北、西北、华北地区。

资源状况
常见。

药用部位
全草。

采收加工
夏、秋二季采收，除去杂质，洗净泥土，晒干，切段。

药材性状
本品茎呈圆柱形，不分枝，长短不一，直径 1~5 mm。表面乌绿色、暗紫色或黑褐色，节明显，略膨大，节间有细密的纵纹。质脆，易折断，断面乌绿色或黑褐色。叶轮生，条形，乌绿色。气微，味淡。

功能主治
镇咳，疏肝，凉血止血，养阴生津，除骨蒸。用于烦渴，结核咳嗽，劳热骨蒸，胃肠炎等。

用法用量
内服煎汤，6~12 g。

唇形科 Lamiaceae

水棘针属 *Amethystea* Linn.

水棘针 *Amethystea caerulea* L.

别名：土荆芥、细叶山紫苏
蒙文名：巴西克

形态特征
一年生草本，高达 1 m。叶三角形或近卵形，3 深裂，裂片窄卵形或披针形，具锯齿，稀不裂或 5 裂，具粗锯齿或重锯齿，上面微被柔毛或近无毛，下面无毛；叶柄长 0.7~2 cm，具窄翅，疏被长硬毛。聚伞花序具长梗，组成圆锥花序；苞片与茎叶同形，小苞片线形；花萼钟形，具 10 脉，5 脉明显，5 齿；花冠蓝色或紫蓝色，花冠筒内藏或稍伸出，内面无毛，冠檐二唇形，上唇 2 裂，下唇 3 裂，中裂片近圆形；雄蕊 4，前对能育，芽时内卷，花时向后伸长，后对为退化雄蕊，花药 2 室，叉开，纵裂，先端汇合；花柱细长，柱头 2 浅裂。小坚果倒卵球状三棱形，背面具网状皱纹，腹面具棱，两侧平滑，合生面达果长的 1/2 以上。花期 8—9 月，果期 9—10 月。

适宜生境与分布

生于河滩沙地、田边路旁、溪旁、居民点附近，散生或形成小群聚。分布于我国吉林、辽宁、河北、山东、河南、山西、陕西、甘肃、新疆、安徽、湖北、四川、云南、贵州。内蒙古呼伦贝尔市、兴安盟、通辽市、赤峰市、锡林郭勒盟、乌兰察布市、鄂尔多斯市、呼和浩特市有分布。

资源状况

常见。

药用部位

全草。

采收加工

夏、秋二季采收，切段，晒干。

功能主治

疏风解表，宣肺平喘。用于感冒，咳嗽气喘。

用法用量

内服煎汤，3~15 g，或提取挥发油制成胶丸。

青兰属 Dracocephalum L.

香青兰 Dracocephalum moldavica L.

别名：枝子花、山薄荷

蒙文名：毕日阳古

形态特征

一年生草本，高达 40 cm。茎 3~5，被倒向柔毛，带紫色。基生叶草质，卵状三角形，先端钝圆，基部心形，疏生圆齿；上部叶披针形或线状披针形，长 1.4~4 cm，先端钝，基部圆形或宽楔形，叶两面仅脉疏被柔毛及黄色腺点，具三角形牙齿或稀疏锯齿，有时基部牙齿呈小裂片状，先端具长刺；叶柄与叶等长，向上较短。轮伞花序具 4 花，疏散，生于茎或分枝上部 5~12 节处；苞片长圆形，疏被平伏柔毛，具 2~3 对细齿，齿刺长 2.5~3.5 mm；花梗长 3~5 mm，平展；花萼长 0.8~1 cm，被黄色腺点及短柔毛，下部毛较密，脉带紫色，上唇 3 浅裂，三角状卵形，下唇 2 深裂近基部，萼齿披针形；花冠淡蓝紫色，长 1.5~2.5 cm，被白色短柔毛；上唇舟状，下唇 3 裂，中裂片具深紫色斑点。小坚果长圆形，长约 2.5 mm，先端平截。花期 7—9 月，果期 9—10 月。

适宜生境与分布

中生杂草。生于山坡、沟谷、河谷砾石滩地。分布于我国黑龙江、吉林、辽宁、内蒙古、河北、山西、河南、陕西、甘肃、新疆及青海。内蒙古各地均有分布。

资源状况

常见。

药用部位

地上部分。

采收加工

夏、秋二季采收,鲜用或晒干。

药材性状

本品茎呈方柱形,长 20~40 cm,直径 0.3~0.5 cm,表面紫红色或黄绿色,密被倒向短毛;体轻,质脆,易折断,断面中心有髓。叶对生,有柄;叶片多破碎或脱落,完整者展平后呈披针形或条状披针形,长 1.5~4 cm,黄绿色,边缘具三角形齿或锯齿,基部齿尖具长刺毛;下表面有黑色腺点。花冠二唇形,淡蓝紫色。气香,味辛。以花多、叶色绿、香气浓者为佳。

功能主治

中医:解表止痛,清热凉肝。用于感冒头痛,咽喉疼痛,咳嗽,黄疸,肝炎,痢疾。

蒙医:甘,苦,凉,钝,糙,腻。泻肝炎,清胃热,止血,愈伤,燥"希日乌素",止血,愈伤。用于黄疸,肝热,胃扩散热,食物中毒,胃痉挛,胃烧口苦,吐酸水,胃出血,青腿病。

用法用量

内服煎汤,9~15 g。外用适量,鲜品捣敷;或涂擦;或煎汤洗。

毛建草 *Dracocephalum rupestre* Hance

别名:岩青兰、毛尖

蒙文名:哈登—毕日阳古

形态特征

多年生草本。根茎直,直径约 10 mm,生出多数茎。茎不分枝,渐升,长 15~42 cm,四棱形,疏被倒向的短柔毛,常带紫色。基生叶多数,花后仍多数存在,常具柄,柄长 3~14 cm,被不密的伸展白色长柔毛,叶片三角状卵形,先端钝,基部常为深心形或浅心形,长 1.4~5.5 cm,宽 1.2~4.5 cm,边缘具圆锯齿,两面疏被柔毛;茎中部叶具明显的叶柄,叶柄通常长于叶片,有时较叶片稍短,长 2~6 cm,叶片似基生叶,长 2.2~3.5 cm;花序处叶变小,具鞘状短柄,柄长 4~8 mm,或几无柄。轮伞花序密集,通常呈头状,稀疏离而长达 9 cm,呈穗状,此时茎的节数常增加;花具短梗;苞片大者倒卵形,长达 1.6 cm,疏被短柔毛及睫毛,每侧具 4~6 长 1~2 mm 的带刺小齿,小者倒披针形,长 7~10 mm,每侧有 2~3 带刺小齿;花萼长 2~2.4 cm,常带紫色,被短柔毛及睫毛,2 裂至 2/5 处,上唇 3 裂至基部,中齿倒卵状椭圆形,先端锐短渐尖,宽为侧齿的 2 倍,侧齿披针形,先端锐渐尖,下唇 2 裂至稍超过基部,裂齿狭披针形;花冠紫蓝色,长 3.8~4 cm,最宽处宽 0.5~1 cm,外面被短毛,下唇中裂片较小,无深色斑点及白色长柔毛;花丝疏被柔毛,先端具尖的突起。花期 7—9 月。

适宜生境与分布

生于石质山坡或山坡路旁、河谷湿润处。分布于我国西北、东北、华北等地。

资源状况

常见。

药用部位

全草。

采收加工

7—8月采收，洗净，晒干。

功能主治

清热消炎，凉血止血。用于外感风热，头痛寒热，喉痛，咳嗽，黄疸性肝炎，吐血，衄血，痢疾。

用法用量

内服煎汤，5~15 g；或研末入丸、散。

香薷属 Elsholtzia

香薷 Elsholtzia ciliata（Thunb.） Hyland.

别名：香茹草、香草、山苏子、土香薷

蒙文名：沙日—吉如克

形态特征

一年生草本，高达50 cm。茎无毛或被柔毛，老时紫褐色。叶卵形或椭圆状披针形，长3~9 cm，先端渐尖，基部楔形，下延，具锯齿，上面疏被细糙硬毛，下面疏被树脂腺点，沿脉疏被细糙硬毛；叶柄长0.5~3.5 cm，具窄翅，疏被细糙硬毛。穗状花序长2~7 cm，偏向一侧；花序轴密被白色短柔毛；苞片宽卵形或扁圆形，先端芒状突尖，尖头长达2 mm，疏被树脂腺点，具缘毛；花梗长约1.2 mm；花萼长约1.5 mm，被柔毛，萼齿三角形，前2齿较长，先端针状，具缘毛；花冠淡紫色，长约4.5 mm，被柔毛，上部疏被腺点，喉部被柔毛，直径约1.2 mm，上唇先端微缺，下唇中裂片半圆形，侧裂片弧形；花药紫色；花柱内藏。小坚果黄褐色，长圆形，长约1 mm。花果期7—10月。

适宜生境与分布

中生植物。生于山地阔叶林林下、林缘，灌丛及山地草甸，湿润的田野及路边。我国各地均有分布。内蒙古呼伦贝尔市、兴安盟、通辽市、赤峰市、锡林郭勒盟、乌兰察布市、巴彦淖尔市、呼和浩特市有分布。

资源状况

常见。

药用部位

地上部分。

采收加工

夏、秋二季采收，切段，晒干或鲜用。

药材性状

本品被白色茸毛。茎挺立或稍呈波状弯曲，基部紫红色，长30~50 cm，直径1~3 mm；近根部呈圆柱形，上部方形，节明显，淡紫色或黄绿色；质脆，易折断。叶对生，皱缩破碎或已脱落，润湿展平后完整者呈披针形或长卵形，长2.5~3.5 cm，宽0.3~0.5 cm，边缘有疏锯齿，暗绿色或灰绿色。穗状花序顶生及腋生，呈淡黄色或淡紫色，宿存的花萼钟状，苞片脱落或残存。有浓烈香气，味辛、微麻舌。以质嫩、茎淡紫色、叶绿色、花穗多、香气浓烈者为佳。

功能主治

发汗解暑，化湿，利水。用于夏季感冒，发热无汗，泄泻，小便不利。

用法用量

内服煎汤，3~9 g。外用适量，捣敷；或研末敷。

益母草属 *Leonurus* L.

益母草 *Leonurus artemisia*（Laur.）S. Y. Hu

别名：益母蒿、野麻、九重楼、野天麻

蒙文名：都日伯乐吉—额布斯

形态特征

一年生或二年生草本。茎直立，通常高30~120 cm，钝四棱形，微具槽，有倒向糙伏毛，在节及棱上尤为密集，在基部有时近无毛，多分枝，或仅于茎中部以上有能育的小枝条。叶变化很大，茎下部叶卵形，基部宽楔形，掌状3裂，裂片呈长圆状菱形至卵圆形，通常长2.5~6 cm，宽1.5~4 cm，裂片上再分裂，上面绿色，有糙伏毛，叶脉稍下陷，下面淡绿色，被疏柔毛及腺点，叶脉突出，叶柄纤细，长2~3 cm，由于叶基下延而在上部略具翅，腹面具槽，背面圆形，被糙伏毛；茎中部叶菱形，较小，通常分裂成3或偶有多个长圆状线形的裂片，基部狭楔形，叶柄长0.5~2 cm；花序最上部的苞叶近无柄，线形或线状披针形，长3~12 cm，宽0.2~0.8 cm，全缘或具稀少牙齿。轮伞花序腋生，具8~15花，圆球形，直径2~2.5 cm，多数远离而组成长穗状花序；小苞片刺状，向上伸出，基部略弯曲，比萼筒短，长约5 mm，有贴生的微柔毛；花梗无；花萼管状钟形，长6~8 mm，外面有贴生微柔毛，内面基部1/3以上被微柔毛，5脉，显著，齿5，前2齿靠合，长约3 mm，后3齿较短，等长，长约2 mm，齿均宽三角形，先端刺尖；花冠粉红色至淡紫红色，长1~1.2 cm，外面伸出萼筒部分被柔毛，花冠筒长约6 mm，等大，内面离基部1/3处有近水平向的不明显鳞毛毛环，毛环在背面间断，其上部多少有鳞状毛，冠檐二唇形，上唇直伸，内凹，长圆形，长约7 mm，宽4 mm，全缘，内面无毛，边缘具纤毛，下唇略短于上唇，内面基部疏被鳞状毛，3裂，中裂片倒心形，先端微缺，边缘薄膜质，基部收缩，侧裂片卵圆形，细小；雄蕊4，均延伸至上唇片之下，平行，前对较长，花丝丝状，扁平，疏被鳞状毛，花药卵圆形，2室；花柱丝状，略超出雄蕊而与上唇片等长，无毛，先端相等2浅裂，裂片钻形；花盘平顶；子房褐色，无毛。小坚果长圆状三棱形，长2.5 mm，先端截平而略宽大，基部楔形，淡褐色，光滑。花期6~9月，果期9—10月。

适宜生境与分布

生于田野、沙地、灌丛、疏林、石质及砂质草甸草原、山地草甸等。我国各地均有分布。内蒙古兴安南部、辽河平原、燕山北部、阴南丘陵等地有分布。

资源状况

常见。

药用部位

干燥成熟果实。采收加工秋季果实成熟时采割地上部分，晒干，打下果实，除去杂质。

药材性状

本品呈三棱形，长2~2.5 mm，宽约1.5 mm。表面灰棕色至灰褐色，有深色斑点，一端稍宽，平截状，另一端渐窄而钝尖。果皮薄，子叶类白色，富油性。气微，味苦。

功能主治

活血调经，清肝明目。用于月经不调，经闭痛经，目赤翳障，头晕胀痛。

用法用量

内服煎汤，9~30 g，鲜品12~40 g。

细叶益母草 Leonurus sibiricus L.

别名：茺蔚花

蒙文名：聂仁—都日伯乐吉—额布斯

形态特征

一年生或二年生草本，有圆锥形的主根。茎直立，高20~80 cm，钝四棱形，微具槽，有短而贴生的糙伏毛，单一或多数从植株基部发出，不分枝或于茎上部、稀在下部分枝。茎最下部叶早落；茎中部叶呈卵形，长5 cm，宽4 cm，基部宽楔形，掌状3全裂，裂片呈狭长圆状菱形，其上再羽状分裂成3裂的线状小裂片，小裂片宽1~3 mm，上面绿色，疏被糙伏毛，叶脉下陷，下面淡绿色，被疏糙伏毛及腺点，叶脉明显凸起且呈黄白色，叶柄纤细，长约2 cm，腹面具槽，背面圆形，被糙伏毛；花序最上部的苞叶近菱形，3全裂成狭裂片，中裂片通常再3裂，小裂片均为线形，宽1~2 mm。轮伞花序腋生，多花，花时为圆球形，直径3~3.5 cm，多数，向顶渐次密集成长穗状；小苞片刺状，向下反折，比萼筒短，长4~6 mm，被短糙伏毛；花梗无；花萼管状钟形，长8~9 mm，外面在中部密被疏柔毛，余部贴生微柔毛，内面无毛，脉5，显著，齿5，前2齿靠合，稍开张，钻状三角形，具刺尖，长3~4 mm，后3齿较短，三角形，具刺尖，长2~3 mm；花冠粉红色至紫红色，长约1.8 cm，花冠筒长约0.9 cm，外面无毛，内面近基部1/3处有近水平向的鳞毛状毛环，冠檐二唇形，上唇长圆形，直伸，内凹，长约1 cm，宽约0.5 cm，全缘，外面密被长柔毛，内面无毛，下唇长约0.7 cm，宽约

0.5 cm，约比上唇短1/4，外面疏被长柔毛，内面无毛，3裂，中裂片倒心形，先端微缺，边缘薄膜质，基部收缩，侧裂片卵圆形，细小；雄蕊4，均延伸至上唇片之下，平行，前对较长，花丝丝状，扁平，中部疏被鳞状毛，花药卵圆形，2室；花柱丝状，略超出于雄蕊，先端相等2浅裂，裂片钻形；花盘平顶；子房褐色，无毛。小坚果长圆状三棱形，长2.5 mm，先端截平，基部楔形，褐色。花期7—9月，果期9月。

适宜生境与分布

旱中生植物。生于山地及沟谷草甸与田野。分布于我国东北、华北、西北。内蒙古通辽市、锡林郭勒盟、鄂尔多斯市、阿拉善盟有分布。

资源状况

常见。

药用部位

干燥花。

采收加工

夏季花初开时采收，除去杂质，晒干。

药材性状

本品花萼及雌蕊大多已脱落，长约1.3 cm，淡紫色至淡棕色；基部联合成管，上部二唇形，上唇长圆形，全缘，背部密具细长白色毛，也有缘毛；下唇3裂，中裂片倒心形，背面具短茸毛，花冠管口处有毛环；雄蕊4，二强，着生于花冠筒内，与残存的花柱常伸出于花冠筒外。气弱，味微甜。以干燥、无叶、无杂质者为佳。

功能主治

养血，活血，利水。用于贫血，疮疡肿毒，血滞经闭，痛经，产后瘀血腹痛，恶露不下。

用法用量

内服煎汤，6~9 g。

薄荷属 Mentha L.

东北薄荷 Mentha sachalinensis（Briq.）Kudo

别名：野薄荷

蒙文名：兴安—巴得日阿西

形态特征

多年生草本。茎直立，高30~60 cm，单一，稀有分枝，茎基部无叶，基部各节有纤细须根及细长的地下枝，沿棱被倒向微柔毛，四棱形，具槽，淡绿色，有时带紫色。叶片卵形或长圆形，长3 cm，宽1.3 cm，先端锐尖或钝，基部宽楔形至近圆形，近全缘或在基部以上具浅圆齿状锯齿，近膜质，上面绿色，通常沿脉被微柔毛，余部无毛或疏生微柔毛，下面淡绿色，脉上被微柔毛，余部具腺点；叶柄长7~10 mm，扁平，上面略具槽，被微柔毛。轮伞花序具5~13花，具长2~10 mm的梗，通常茎顶2轮伞花序聚集成头状花序,该花序长超过苞叶,而其下1~2节的轮伞花序稍远隔;小苞片线形,上弯,被微柔毛;花梗长1~3 mm,被微柔毛;花萼管状钟形,长2.5 mm,外面沿脉被微柔毛,内面无毛,具10~13脉,萼齿5,宽三角形,长0.5 mm,具微尖头,果时花萼宽钟形;花冠浅红色或粉紫色,长5 mm,外面无毛,内面在喉部被微柔毛,自基部向上逐渐扩大,冠檐4裂,裂片长1 mm,圆形,先端钝,上裂片明显2浅裂;雄蕊4,前对较长,等于或稍伸出花冠,花丝丝状,略被须毛,花药卵圆形,紫色,2室;花柱丝状,长约5 mm,先端扁平,相等2浅裂,裂片钻形,花盘平顶,子房褐色,无毛。花期7—8月。

适宜生境与分布

生于海拔650 m的草甸上。分布于我国黑龙江、吉林、内蒙古。

资源状况

少见。

药用部位

全草。

采收加工

夏、秋二季采收,除去杂质,洗净泥土,阴干,切段。

药材性状

本品茎呈方柱形,长15~35 cm,直径2~4 mm;黄褐色带紫色或绿色,有节,节间长3~7 cm,上部有对生分枝,表面被白色茸毛,角棱处较密;质脆,易折断,断面类白色,中空。叶对生,叶片卷曲而皱缩,多破碎;上面深绿色,下面浅绿色,具有白色茸毛;质脆。枝顶常有轮伞花序,黄棕色,花冠多数存在。气香,味辛。以身干、无根、叶多、色绿、气味浓者为佳。

功能主治

祛风解热。用于外感风热,头痛,咽喉肿痛,牙痛。

用法用量

内服煎汤,3~15 g。

鼠尾草属 *Salvia* Linn.

丹参 *Salvia miltiorrhiza* Bunge

别名:红根、赤参

蒙文名:乌兰—温都斯、热贡巴

形态特征

多年生草本,高达80 cm。茎多分枝,密被长柔毛。主根肉质,深红色。奇数羽状复叶,卵形、椭圆状卵形或宽披针形,长1.5~8 cm,先端尖或渐尖,基部圆或偏斜,具圆齿,两面被柔毛,下面较密;叶柄长1.3~7.5 cm,密被倒向长柔毛,小叶叶柄长0.2~1.4 cm。轮伞花序具6至多花,组成长4.5~17 cm的总状花序,密被长柔毛或长腺毛；苞片披针形；花梗长 3~4 mm；花萼钟形，带紫色，长约 1.1 cm，疏被长柔毛及腺长柔毛，具缘毛，内面中部密被白色长硬毛，上唇三角形，具 3 短尖头，下唇具 2 齿；花冠紫蓝色，长 2~2.7 cm，被短腺毛，花冠筒内具不完全柔毛环，基部直径 2 mm，喉部直径达 8 mm，上唇长 1.2~1.5 cm，镰形，下唇中裂片宽达 1 cm，先端 2 裂，裂片先端具不整齐尖齿，侧裂片圆形；花丝长 3.5~4 mm，药隔长 1.7~2 cm；花柱伸出。小坚果椭圆形，长约 3.2 mm。花期 4—8 月，果期 9—11 月。

适宜生境与分布

生于海拔 120~1 300 m 的山坡、林下草丛或溪谷旁。分布于我国河北、山西、陕西、山东、河南、江苏、浙江、安徽、江西、湖南。通辽市有栽培。

资源状况

常见。

药用部位

根。

采收加工

春栽春播于当年采收，秋栽秋播于第 2 年春萌发前或 11—12 月地上部分枯萎时，将全株挖出，除去残叶，摊晒，抖去泥沙，晒干。

药材性状

本品根茎短粗，先端有时残留茎基。根数条，长圆柱形，略弯曲，有的分枝并具须状细根，长 10~20 cm，直径 0.3~1 cm。表面棕红色或暗棕红色，粗糙，具纵皱纹；老根外皮疏松，多呈紫棕色，常呈鳞片状剥落。质硬而脆，断面疏松，有裂隙或略平整而致密，皮部棕红色，木质部灰黄色或紫褐色，导管束黄白色，呈放射状排列。栽培品较粗壮，直径 0.5~1.5 cm。表面红棕色，具纵皱，外皮紧贴不易剥落。质坚实，断面较平整，略呈角质样。气微，味微苦、涩。

功能主治

活血祛瘀，生新，调经。用于子宫出血，月经不调，血瘀，腹痛，痛经，闭经。

用法用量

内服煎汤，5~15 g，大剂量可用至 30 g。

裂叶荆芥属 *Schizonepeta* (Benth.) Briq.

多裂叶荆芥 *Schizonepeta multifida* (L.) Briq.

别名：大穗荆芥

蒙文名：哈日—吉如科

形态特征

多年生草本，高 25~60 cm。根茎木质，由其上发出多数萌株。茎高可达 40 cm，半木质化，上部四棱形，四面有纵沟，基部呈圆柱形，被白色长柔毛，侧枝通常极短，极似数枚叶片丛生，有时上部的侧枝发育，并有花序。叶卵形，黄绿色，羽状深裂或分裂，有时浅裂至近全缘，长 2.1~3.4 cm，宽 1.5~2.1 cm，先端锐尖，基部截形至心形，裂片线状披针形至卵形，全缘或具疏齿，坚纸质，上面橄榄绿色，被微柔毛，下面白黄色，被白色短硬毛，脉上及边缘被睫毛，有腺点；叶柄通常长约 1.5 cm。花序为由多数轮伞花序组成的顶生穗状花序，长 6~12 cm；苞片叶状，深裂或全缘，下部苞片较大，长约 10 mm，上部苞片渐变小，卵形，先端骤尖，变紫色，较花长，长约 5 mm，小苞片卵状披针形或披针形，带紫色，与花等长或略长；花萼紫色，基部带黄色，长约 5 mm，直径 2 mm，具 15 脉，外被稀疏的短柔毛，内面无毛，齿 5，三角形，长约 1 mm，先端急尖；花冠蓝紫色，干后变淡黄色，长约 8 mm，外被交错的柔毛，内面在喉部被极少柔毛，花冠筒向喉部渐宽，冠檐二唇形，上唇 2 裂，下唇 3 裂，中裂片最大；雄蕊 4，前对较上唇短，后对略超出上唇；花药浅紫色；花柱与前对雄蕊等长，先端近相等 2 裂，柱头略粗，带紫色。小坚果扁长圆形，腹部略具棱，长约 1.6 mm，宽 0.6 mm，褐色，平滑，基部渐狭。花期 7—9 月，果期在 9 月以后。

适宜生境与分布

生于海拔 300~2 000 m 的松林林缘、山坡草丛中或湿润的草原上。分布于我国内蒙古、河北、山西、陕西、甘肃等地。

资源状况

常见。

药用部位

根。

采收加工

秋播者于翌年 5 月下旬至 6 月上旬收获；春播者在当年 8—9 月收获；夏播者在当年 10 月收获。当果穗上部种子变褐色、先端的花尚未落尽时，于晴天露水干后，割下全株，摊晒，晒至七八成干时，放通风处，茎基着地，相互搭架，阴干；如遇阴雨天可烘干，温度控制在 40 ℃以下。

药材性状

本品茎枝表面淡紫红色，被短柔毛；质轻脆，易折断，断面纤维状。叶裂片较宽，卵形或卵状披针形。轮伞花序连续，很少间断；萼齿急尖。气芳香，味微涩而辛、凉。

功能主治

疏风，解表，透疹。用于感冒，头痛，荨麻疹，皮肤瘙痒等。

用法用量

内服煎汤，3~10 g；或入丸、散。外用适量，煎汤熏洗；或捣敷；或研末调散。

黄芩属 *Scutellaria* L.

黄芩 *Scutellaria baicalensis* Georgi

别名：空心草、黄金茶

蒙文名：沙日—巴布

形态特征

多年生草本。根茎肥厚，肉质，直径达 2 cm，伸长而分枝。茎基部伏地，上升，高 15~120 cm，基部直径 2.5~3 mm，钝四棱形，具细条纹，近无毛或被上曲至开展的微柔毛，绿色或带紫色，自基部多分枝。叶坚纸质，披针形至线状披针形，长 1.5~4.5 cm，宽 0.3~1.2 cm，先端钝，基部圆形，全缘，上面暗绿色，无毛或疏被贴生至开展的微柔毛，下面色较淡，无毛或沿中脉疏被微柔毛，密被下陷的腺点，侧脉 4 对，与中脉在上面下陷，在下面突出；叶柄短，长 2 mm，腹凹背凸，被微柔毛。花序在茎及枝上顶生，总状，长 7~15 cm，常于茎顶聚成圆锥花序；花梗长 3 mm，与花序轴均被微柔毛；苞片下部者似叶，上部者远较小，卵圆状披针形至披针形，长 4~11 mm，近无毛；花萼开花时长 4 mm，盾片高 1.5 mm，外面密被微柔毛，萼缘被疏柔毛，内面无毛，花萼结果时长 5 mm，盾片高 4 mm；花冠紫色、紫红色至蓝色，长 2.3~3 cm，外面密被具腺短柔毛，内面在囊状膨大处被短柔毛，花冠筒近基部明显膝曲，中部直径 1.5 mm，至喉部宽达 6 mm，冠檐二唇形，上唇盔状，先端微缺，下唇中裂片三角状卵圆形，宽 7.5 mm，两侧裂片向上唇靠合；雄蕊 4，稍露出，前对较长，具半药，退化半药不明显，后对较短，具全药，药室裂口具白色髯毛，背部具泡状毛，花丝扁平，中部以下前对在内侧、后对在两侧被小疏柔毛；花柱细长，先端锐尖，微裂；花盘环状，高 0.75 mm，前方稍增大，后方延伸成极短的子房柄；子房褐色，无毛。小坚果卵球形，高 1.5 mm，直径 1 mm，黑褐色，具瘤，腹面近基部具果脐。花期 7—8 月，果期 8—9 月。

适宜生境与分布

中旱生植物。生于山地、丘陵的砾石坡地及砂质土上，为草甸草原及山地草原的常见种，在线叶菊草原中可成为优势植物之一。分布于我国东北、华北等地。内蒙古呼伦贝尔市、兴安盟、通辽市、赤峰市等地有分布。

资源状况

常见。

药用部位

干燥根。

采收加工

春、秋二季采挖，除去须根和泥沙，晒后撞去粗皮，晒干。

药材性状

本品呈圆锥形，扭曲，长 8~25 cm，直径 1~2 cm。表面棕黄色或深黄色，有稀疏的疣状细根痕，上部较粗糙，有扭曲的纵皱纹或不规则的网纹，下部有顺纹和细皱纹。质硬而脆，易折断，断面黄色，中心红棕色；老根中心呈枯朽状或中空，暗棕色或棕黑色。气微，味苦。栽培品较细长，多有分枝。表面浅黄棕色，外皮紧贴，纵皱纹较细腻。断面黄色或浅黄色，略呈角质样。味微苦。

功能主治

清热燥湿，泻火解毒，止血，安胎。用于湿温、暑湿，胸闷呕恶，湿热痞满，泻痢，黄疸，肺热咳嗽，高热烦渴，血热吐衄，痈肿疮毒，胎动不安。

用法用量

内服煎汤，3~10 g。

并头黄芩 *Scutellaria scordifolia* Fisch. ex Schrenk.

别名：山麻子、头巾草

蒙文名：好斯—其其格特—混芩

形态特征

多年生草本，高达 36 cm。茎带淡紫色，近无毛或棱上疏被上曲柔毛。叶三角状卵形或披针形，长 1.5~3.8 cm，先端钝尖，基部浅心形或近平截，具浅锐牙齿，稀全缘或具少数微波状齿，上面无毛，下面沿脉疏被柔毛或近无毛，被腺点或无腺点；叶柄长 1~3 mm，被柔毛。总状花序不分明，顶生，偏向一侧；小苞片针状；花梗长 2~4 mm，被短柔毛；花萼长 3~4 mm，被短柔毛及缘毛，盾片高约 1 mm；花冠蓝紫色，长 2~2.2 cm，被短柔毛，花冠筒浅囊状膝曲，喉部直径达 6.5 mm，下唇中裂片圆卵形，宽约 7 mm，侧裂片卵形，宽 2.5 mm，先端微缺。小坚果黑色，椭圆形，长 1.5 mm，被瘤点，腹面近基部具脐状突起。花期 6—8 月，果期 8—9 月。

适宜生境与分布

中生略耐旱植物。生于河滩草甸、山地草甸、山地林缘、林下以及撂荒地、路旁、村舍附近。分布于我国东北、华北，以及青海等地。内蒙古呼伦贝尔市、兴安盟、通辽市、赤峰市、锡林郭勒盟、乌兰察布市、呼和浩特市、鄂尔多斯市、巴彦淖尔市，以及大青山、乌拉山有分布。

资源状况

常见。

药用部位

全草。

采收加工

7—8 月采收，洗净，晒干。

药材性状

本品根呈圆锥形，扭曲，长 8~25 cm，直径 1~3 cm。表面棕黄色或深黄色，有稀疏的疣状细根痕，上部较粗糙，有扭曲的纵皱纹或不规则的网纹，下部有顺纹和细皱纹。质硬而脆，易折断，断面黄色，中间红棕色；老根中心呈枯朽状或中空，呈暗棕色或棕黑色。气微，味苦。

功能主治

中医：清热解毒，利尿。用于肝炎，疮疡肿毒，肠痈，跌打损伤，蛇虫咬伤。

蒙医：清热，解毒，清"希日"。用于黄疸，肝热，蛇咬伤，"协日"病。

用法用量

内服煎汤，9~15 g。外用适量，捣汁，合酒敷患处。

百里香属 *Thymus* Linn.

亚洲百里香 *Thymusserpyllum* L. var. *asiatieus* Kitag.

别名：地椒、地花椒、山椒、山胡椒、麝香草

蒙文名：阿紫音—岗嘎—额布斯

形态特征

矮小半灌木草本。茎多数，坚硬，直立，四棱形，匍匐或上升；不育枝从茎的末端或基部生出，匍匐或上升，被短柔毛；花枝高 1.5~10 cm，在花序下密被向下曲或稍平展的疏柔毛，下部毛变短而疏，具 2~4 对叶，基部有脱落的先出叶。叶无柄，对生，卵圆形，长 4~10 mm，宽 2~4.5 mm，先端钝或稍锐尖，基部楔形或渐狭，全缘或稀有 1~2 对小锯齿，两面无毛，侧脉 2~3 对，在下面微凸起，腺点多少明显，叶柄明显，靠下部的叶柄长约为叶片的 1/2，在上部的叶柄则较短；苞叶与叶同形，边缘下部 1/3 具缘毛。花序头状，多花或少花，花具短梗；花萼管状钟形或狭钟形，长 4~4.5 mm，下部被疏柔毛，上部近无毛，下唇较上唇长或与上唇近相等，上唇齿短，齿不超过上唇全长的 1/3，三角形，具缘毛或无毛；花冠紫红色、紫色、淡紫色、粉红色，长 6.5~8 mm，被疏短柔毛，花冠筒伸长，长 4~5 mm，向上稍增大。小坚果近圆形或卵圆形，压扁状，光滑。花期 7—8 月。

适宜生境与分布

生于海拔 1 100~3 600 m 的多石山地、斜坡、山谷、山沟、路旁及杂草丛中。分布于我国甘肃、陕西、青海、山西、河北、内蒙古等地。

资源状况

常见。

药用部位

全草。

采收加工

夏季枝叶繁盛时采收，拔起全株，洗净，剪去根部，切段，阴干或鲜用。

药材性状

本品茎呈方柱形，多分枝，长 5~18 cm，直径约 1 mm；表面紫褐色，幼茎被白色柔毛；节明显，匍匐茎节上具细根。叶多皱缩，展平后呈卵圆形，长 3~10 mm，宽 1.5~4 mm，先端钝或稍锐尖，基部楔形，全缘，下面腺点明显。小花集成头状，紫色或淡紫色。小坚果近圆形或卵圆形，压扁状。气芳香，味辛。

功能主治

行气止痛，止咳，降血压。用于感冒，咳嗽，头痛，消化不良，急性胃肠炎，高血压。

用法用量

内服煎汤，9~12 g；或研末；或浸酒。外用适量，研末撒；或煎汤洗。

亚麻科 Linaceae

亚麻属 *Linum* L.

野亚麻 *Linum stelleroides* Planch.

别名：山胡麻

蒙文名：哲日力格—麻嘎领古

形态特征

一年生或二年生草本，高达 90 cm。茎直立，基部木质化。叶互生，线形、线状披针形或窄倒披针形，长 1~4 cm，宽 0.1~0.4 cm，先端钝、尖或渐尖，基部渐窄，两面无毛，基出脉 3。单花或多花组成聚伞花序，花直径约 1 cm；萼片 5，长椭圆形或宽卵形，长 3~4 mm，先端尖，基部具不明显 3 脉，有黑色头状腺点，宿存；花瓣 5，淡红色、淡紫色或蓝紫色，倒卵形，长达 9 mm，先端啮蚀状，基部渐窄；雄蕊 5，与花柱等长。蒴果球形或扁球形，直径 3~5 mm，有 5 纵沟，室间开裂。花果期 6—8 月。

适宜生境与分布

中生杂草。生于干燥山坡、路旁。分布于我国东北、华北、西北、华东地区。内蒙古呼伦贝尔市、兴安盟、通辽市、赤峰市、乌兰察布市、呼和浩特市有分布。

资源状况

少见。

药用部位

全草或根、茎、种子。

采收加工

春、秋二季采挖根，洗净泥土，晒干，切段。秋季果实成熟时，采收种子，晒干。

药材性状

本品种子呈扁平卵圆形，一端钝圆，另一端尖而歪向一侧，长 4~6 mm，宽 2~3 mm。表面红棕色或灰褐色，平滑而有光泽，放大镜下可见微小的凹点；种脐位于尖端凹入部分；种脊浅棕色，位于一侧边缘。种皮薄，除去种皮后可见棕色薄膜状的胚乳，内有子叶 2，黄白色，富油性，胚根朝向种子的尖端。气无，嚼之有豆腥味。以饱满、色红棕、光亮者为佳。

功能主治

中医：根平肝，补虚，活血；用于慢性肝病，睾丸炎，跌扑损伤。茎叶祛风解毒，止血；用于痈疮肿毒，刀伤出血。种子润燥通便，养血祛风；用于肠燥便秘，眩晕，病后虚弱，皮肤痒疹，皮肤干燥起屑，脱发，痈疮肿毒。

蒙医：祛"赫依"，润燥，排脓。用于"赫依"病，便秘，皮肤瘙痒，老年皮肤粗糙，疮疖，睾丸肿痛，痛风。

用法用量

内服煎汤，10~15 g。全草外用适量，捣烂敷；或煎汤熏洗患处。

千屈菜科 Lythraceae

千屈菜属 Lythrum L.

千屈菜 Lythrum salicaria L.

别名：马鞭草、败毒草

蒙文名：西如音—其其格

形态特征

多年生草本。根茎粗壮。茎直立，多分枝，高达 1 m，全株青绿色，稍被粗毛或密被茸毛，枝常具 4 棱。叶对生或 3 叶轮生，披针形或宽披针形，长 4~10 cm，宽 0.8~1.5 cm，先端钝或短尖，基部圆或心形，有时稍抱茎，无柄。聚伞花序，簇生；花梗及花序梗甚短，花枝似一大型穗状花序；苞片宽披针形或三角状卵形；萼筒有纵棱 12，稍被粗毛，裂片 6，三角形附属体针状；花瓣 6，红紫色或淡紫色，有短爪，稍皱缩；雄蕊 12，6 长 6 短，伸出萼筒。蒴果扁圆形。花期 8 月，果期 9 月。

适宜生境与分布

湿生植物。生于河边、湿地、沼泽。分布于我国内蒙古、河北、山西、陕西、河南、四川。内蒙古呼伦贝尔市、兴安盟、通辽市、赤峰市、鄂尔多斯市有分布。

资源状况

常见。

药用部位

全草。

采收加工

秋季采收，洗净，切碎，鲜用或晒干。

药材性状

本品长 30~100 cm。根茎粗壮，木质，黑褐色。茎直立，呈四方形，有棱角，多分枝，节间 3~5 cm。质韧，不易折断，断面中部有髓，呈空洞状。单叶对生，多卷缩或破碎，湿润后展平呈披针形，灰绿色。花紫色，腋生。蒴果全包于宿萼内。气微弱而清香。

功能主治

清热解毒，止血，止泻。用于泄泻，痢疾，便血，崩漏。外用于外伤出血。

用法用量

内服煎汤，10~30 g。外用适量，研末敷；或捣敷；或煎汤洗。

锦葵科 Malvaceae

苘麻属 *Abutilon* Miller

苘麻 *Abutilon theophrasti* Medicus
别名：青麻、白麻、车轮草
蒙文名：黑衣麻—敖拉苏
形态特征
一年生亚灌木状草本，高达 1~2 m。茎枝被柔毛。叶互生，圆心形，长 5~10 cm，先端长渐尖，基部心形，边缘具细圆锯齿，两面均密被星状柔毛；叶柄长 3~12 cm，被星状细柔毛；托叶早落。花单生于叶腋，花梗长 1~13 cm，被柔毛，近先端具节；花萼杯状，密被短茸毛，裂片 5，卵形，长约 6 mm；花黄色；花瓣倒卵形，长约 1 cm；雄蕊柱平滑无毛；心皮 15~20，长 1~1.5 cm，先端平截，具扩展、被毛的长芒 2，排列成轮状，密被软毛。蒴果半球形，直径约 2 cm，长约 1.2 cm，分果爿 15~20，被粗毛，先端具长芒 2。种子肾形，褐色，被星状柔毛。花期 7—8 月。
适宜生境与分布
生于路旁、田野、荒地、堤岸上。我国各地均有分布。内蒙古兴安盟、通辽市，以及燕山北部、赤峰丘陵有分布。
资源状况
常见。
药用部位
种子。
采收加工
秋季采收成熟果实，晒干，打下种子，除去杂质。
药材性状
本品呈三角状肾形，长 3.5~6 mm，宽 2.5~4.5 mm，厚 1~2 mm。表面灰黑色或暗褐色，有白色稀疏茸毛，凹陷处有类椭圆状种脐，淡棕色，四周有放射状细纹。种皮坚硬，子叶 2，重叠折曲，富油性。气微，味淡。
功能主治
中医：清利湿热，退翳。用于赤白痢疾，眼翳，痈肿，瘰疬。
蒙医：燥"希日乌素"，杀虫。用于皮肤瘙痒，癣，秃疮，脓疱疮，麻风病，淋巴结肿大，痛风，游痛症，青腿病，浊热，风湿性关节炎，创伤。
用法用量
内服煎汤，10~30 g。外用适量，捣敷。

桑科 Moraceae

大麻属 *Cannabis* Linn.

大麻 *Cannabis sativa* L.
别名：线麻、野麻、火麻
蒙文名：奥鲁斯
形态特征
一年生草本，高 1~3 m。根木质化。茎直立，皮层富纤维，灰绿色，具纵沟，密被短柔毛。叶互生或下部的对生，掌状复叶，生于茎顶的具 1~3 小叶，披针形至条状披针形，两端渐尖，边缘具粗锯齿，上面深绿色，粗糙，被短硬毛，下面淡绿色，密被灰白色毡毛；叶柄长 4~15 cm，半圆柱形，上面有纵沟，密被短绵毛；托叶侧生，线状披针形，长 8~10 mm，先端渐尖，密被短绵毛。花单性，雌雄异株；雄株名牡麻或枲麻，雌株名苴麻或苎麻；花序生于上叶的叶腋。雄花排列成长而疏散的圆锥花序，淡黄绿色；萼片 5，长卵形，背面及边缘均有短毛；无花瓣；雄蕊 5，长约 5 mm，花丝细长，花药大，黄色、悬垂，富花粉，无雌蕊。雌花序呈短穗状，绿色，每花在外具一卵形苞片，先端渐尖，内有薄膜状花被，紧包子房，两者背面均有短柔毛；雌蕊 1，子房球形，无柄，花柱二歧。瘦果扁卵形，质硬，灰色，基部无关节，难以脱落，表面光滑而有细网纹，被宿存的黄褐色苞片。花期 7—8 月，果期 9—10 月。
适宜生境与分布
中生植物。生于土层深厚、保水保肥力强且土质松软肥沃、富含有机质的沙丘低地或道路两旁；喜光、耐大气干旱而不耐土壤干旱，生长期不耐涝，对土壤的要求比较严格。在我国各省均有分布和栽培。
资源状况
常见。
药用部位
干燥成熟果实。
采收加工
秋季果实成熟时采收，除去杂质，晒干。
药材性状
本品呈卵圆形，长 4~5.5 mm，直径 2.5~4 mm。表面灰绿色或灰黄色，有微细的白色或棕色网纹，两边有棱，先端略尖，基部有一圆形果梗痕。果皮薄而脆，易破碎。种皮绿色，子叶 2，乳白色，富油性。气微，味淡。
功能主治
祛风利湿，润肠通便。用于血虚津亏，肠燥便秘。

用法用量

内服煎汤，25~50 g，鲜品 50~100 g。外用适量，捣敷；或煎汤洗。

葎草属 Humulopsis

葎草 Humulus scandens（Lour.）Merr.

别名：勒草、拉拉秧、葛葎蔓、拉拉藤

蒙文名：呼格讷—乌润都勒

形态特征

缠绕草本。茎、枝、叶柄均具倒钩刺。叶纸质，肾状五角形，掌状 5~7 深裂，稀 3 裂，长、宽均为 7~10 cm，基部心形，上面疏被糙伏毛，下面被柔毛及黄色腺体，裂片卵状三角形，具锯齿；叶柄长 5~10 cm。雄花小，黄绿色，花序长 15~25 cm；雌花序直径约 5 mm，苞片纸质，三角形，被白色茸毛，子房为苞片包被，柱头 2，伸出苞片外。瘦果成熟时露出苞片外。花期 7—8 月，果期 8—9 月。

适宜生境与分布

中生植物。生于沟边和路旁荒地。我国除新疆和青海外，其他省（区、市）均有分布。

资源状况

少见。

药用部位

全草。

采收加工

9—10 月采收，选晴天，收割地上部分，除去杂质，晒干。

药材性状

本品叶皱缩成团，完整叶展平后近肾形五角状，掌状深裂，裂片 5~7，边缘有粗锯齿，两面均有茸毛，下面有黄色小腺点；叶柄长 5~10 cm，有纵沟和倒刺。茎圆柱形，有倒刺和茸毛。质脆，易碎，茎断面中空，不平坦，皮部与木质部易分离。有的可见花序或果穗。气微，味淡。

功能主治

清热解毒，利尿消肿。用于肺结核潮热，肺脓疡，肺炎，疟疾，胃肠炎，痢疾，消化不良，急性肾炎，肾盂肾炎，热淋，石淋，小便不利。外用于痈疖肿毒，痔疮，毒蛇咬伤，湿疹，荨麻疹。

用法用量

内服煎汤，10~15 g，鲜品 30~60 g；或捣汁。外用适量，捣敷；或煎汤洗。

桑属 *Morus* Linn.

桑 *Morus alba* L.

别名：家桑、白桑

蒙文名：叶勒门—多日斯

形态特征

乔木或灌木，高 3~8 m。树皮厚，黄褐色，具不规则的浅纵沟；冬芽黄褐色，卵球形；当年生枝细，暗绿褐色，密被短柔毛；小枝淡黄褐色，幼时密被短柔毛，后渐脱。单叶互生，卵形、卵状椭圆形或宽卵形，长 6~13 cm，宽 4~8 cm，先端渐尖、短尖或钝，基部圆形或浅心形，稍偏斜，边缘具不整齐的疏钝锯齿，有时浅裂或深裂，上面暗绿色，无毛，下面淡绿色，沿脉疏被短柔毛，脉腋有簇毛；叶柄长 1~4.5 cm，初有毛，后脱落；托叶披针形，淡黄褐色，长 0.8~1 cm，被毛，早落。花单性，雌雄异株，均排成腋生穗状花序；雄花序长 1~3 cm，被密毛，下垂，具花被片 4，结果时变肉质；花柱几无或极短，柱头 2 裂，宿存。果实称桑椹（聚花果），球形至椭圆状圆柱形，浅红色至暗紫色，有时白色，长 10~25 mm，果柄密被短柔毛；聚花果由多数卵圆形、外被肉质花萼的小瘦果组成。种子小。花期 5 月，果期 6—7 月。

适宜生境与分布

中生植物。内蒙古兴安盟、通辽市，以及呼和浩特市近郊有分布。

资源状况

常见。

药用部位

干燥根皮。

采收加工

秋末叶落时至翌年春发芽前采挖根部，刮去黄棕色粗皮，纵向剖开，剥取根皮，晒干。

药材性状

本品呈扭曲的卷筒状、槽状或板片状，长短、宽窄不一，厚 1~4 mm。外表面白色或淡黄白色，较平坦，有的残留橙黄色或棕黄色鳞片状粗皮；内表面黄白色或灰黄色，有细纵纹。体轻，质韧，纤维性强，难折断，易纵向撕裂，撕裂时有粉尘飞扬。气微，味微甘。

功能主治

泻肺平喘，利水消肿。用于肺热喘咳，水肿胀满尿少，面目肌肤浮肿。

用法用量

内服煎汤，5~10 g。

山桑 *Morus mongolica* (Bur.) Schneid.

别名：蒙桑

蒙文名：阿古拉音—衣拉马

形态特征

小乔木或灌木。枝条粗细中等，较短；树皮灰褐色或紫褐色，粗糙，纵裂；小枝暗红色，老枝灰黑色；冬芽卵圆形，灰褐色。叶卵形或心形，叶面粗糙，叶浓绿色，长8~15 cm，宽5~8 cm，叶肉厚，先端尾尖，基部心形，边缘具三角形单锯齿，稀为重锯齿，齿尖有长刺芒，两面无毛；叶柄长2.5~3.5 cm。雄花序长3 cm，雄花花被暗黄色，外面及边缘被长柔毛，花药2室，纵裂；雌花序短圆柱状，长1~1.5 cm，总花梗纤细，长1~1.5 cm，雌花花被片外面上部疏被柔毛或近无毛；花柱长，柱头2裂，内面密生乳头状突起。聚花果长1.5 cm，成熟时红色至紫黑色。花期3—4月，果期4—5月。

适宜生境与分布

中生植物。生于阳坡、低山；喜光、喜温暖湿润气候，耐寒、耐干旱、耐水湿能力极强。分布于我国华北，以及江苏等地。

资源状况

少见。

药用部位

叶、嫩枝、根皮、果实。

采收加工

除去杂质，晒干。

药材性状

本品叶多皱缩、破碎，味甘、苦。果实气微，味微酸而甜。

功能主治

中医：叶疏散风热，清肝明目；用于风热感冒，咳嗽，头晕，头痛，目赤。枝祛风湿，利关节；用于肩臂、关节酸痛麻木。根皮利尿；用于肺热喘咳，面目浮肿，尿少。

蒙医：补益，清热。用于骨热，血盛症。

用法用量

内服煎汤，适量。外用适量，煎汤洗；或捣敷。

木樨科 Oleaceae Hoffmanns. & Link

丁香属 *Syringa* Linn.

紫丁香 *Syringa oblata* Lindl.

别名：紫丁白、华北紫丁香

蒙文名：宝日—高力图—宝日

形态特征

灌木或小乔木。小枝、花序轴、花梗、苞片、花萼、幼叶两面及叶柄均密被腺毛。叶革质或厚纸质，卵圆形或肾形，长 2~14 cm，宽 2~15 cm，先端短凸尖或长渐尖，基部心形、平截或宽楔形；叶柄长 1~3 cm。圆锥花序直立，由侧芽抽生；花梗长 0.5~3 mm；花萼长约 3 mm；花冠紫色，花冠筒圆柱形，长 0.8~1.7 cm，裂片直角开展，长 3~6 mm；花药黄色，位于花冠筒喉部。果实卵圆形或长椭圆形，长 1~2 cm，先端长渐尖。花期 4—5 月。

适宜生境与分布

稍耐阴的中生灌木。分布于我国东北、华北，以及山东、甘肃、陕西、四川等地。内蒙古海拔约 2 000 m 的贺兰山阴坡山麓有分布。

资源状况

常见。

药用部位

根、心材。

采收加工

夏、秋二季采收，晒干或鲜用。

功能主治

中医：清热燥湿，止咳定喘。用于咳嗽痰咳，泄泻痢疾，痄腮，肝炎。

蒙医：镇"赫依"，止痛，平喘，清热。用于心热，心刺痛，头晕，失眠，心悸，气喘，"赫依"病。

用法用量

内服煎汤，2~6 g。

列当科 Orobanchaceae

列当属 *Orobanche* L.

列当 *Orobanche coerulescens* Steph.

别名：兔子拐棍、独根草

蒙文名：特莫根—苏勒

形态特征

二年生或多年生寄生草本，高达 50 cm，全株密被蛛丝状长绵毛。茎不分枝。叶卵状披针形，长 1.5~2 cm，连同苞片、花萼外面及边缘密被蛛丝状长绵毛。穗状花序；苞片与叶同形，近等大，无小苞片；花萼 2 深裂至近基部，每裂片中裂；花冠深蓝色、蓝紫色或淡紫色，筒部在花丝着生处稍上方缢缩，上唇 2 浅裂，下唇 3 中裂，具不规则小圆齿；花丝被长柔毛，花药无毛；花柱无毛。蒴果卵状长圆形或圆柱形，长约 1 cm。花期 6—8 月，果期 8—9 月。

适宜生境与分布
广泛分布于中国东北、华北、西北地区以及山东、湖北、四川、云南和西藏等省区。

资源状况
十分常见。

药用部位
全草。

采收加工
春、夏二季采收，除去泥沙、杂质，晒至七八成干，扎成小把，再晒至全干。

药材性状
本品被有白色柔毛。茎肥壮，肉质；表面呈褐色或暗褐色，具纵走皱缩纹，茎先端膨大。鳞叶黄棕色。花序暗黄褐色。气微，味微苦。以干燥、茎肉质、粗壮、红褐色者为佳。

功能主治
中医：补肾助阳，强筋骨。用于阳痿，遗精，腰腿冷痛。外用于小儿腹泻，肠炎，痢疾。

蒙医：用于炭疽。

用法用量
内服煎汤，3~9 g；或浸酒。外用适量，煎汤洗。

车前科 Plantaginaceae

车前属 *Plantago* L.

车前 *Plantago asiatica* L.

别名：车轱辘菜

蒙文名：乌和日—乌日根讷

形态特征
二年生或多年生草本。须根多数。叶基生，呈莲座状，薄纸质或纸质，宽卵形或宽椭圆形，先端钝圆或急尖，基部宽楔形或近圆，多少下延，全缘、波状或中部以下具齿，两面疏生短柔毛，脉 5~7；叶柄长 2~27 cm，上面具凹槽，无翅，基部扩大成鞘，疏生短柔毛。穗状花序 3~10，细圆柱状，长 3~40 cm，紧密或稀疏，下部常间断，花序梗长 5~30 cm，疏生白色短柔毛；苞片窄卵状三角形或三角状披针形，龙骨突宽、厚；花冠白色。蒴果纺锤状卵形、卵球形或圆锥状卵形。花果期 6—10 月。

适宜生境与分布

生于路边、沟旁、居民区附近、撂荒地、河边草地等处。分布于我国黑龙江、吉林、辽宁、内蒙古、河北、河南、山东、山西、陕西、宁夏、甘肃、青海、四川、贵州、云南、西藏、新疆、安徽、江苏、江西、湖北。内蒙古各地均有分布。

资源状况

十分常见。

药用部位

全草或种子。

采收加工

夏季采挖,除去泥沙,晒干。

药材性状

本品根丛生,须状。叶基生,具长柄;叶片皱缩,展平后呈卵状椭圆形或宽卵形,长6~13 cm,宽2.5~8 cm;表面灰绿色或污绿色,具明显弧形脉5~7;先端钝或短尖,基部宽楔形,全缘或有不规则波状浅齿。穗状花序数条,花茎长。蒴果盖裂,萼宿存。气微香,味微。

功能主治

清热,利尿通淋,祛痰,凉血,解毒。用于热淋涩痛,水肿尿少,暑湿泄泻,痰热咳嗽,吐血衄血,痈肿疮毒。

用法用量

内服煎汤,9~30 g,包煎。外用适量,煎汤洗;或研末调敷。

白花丹科 Plumbaginaceae

补血草属 *Limonium* Mill.

二色补血草 *Limonium bicolor* (Bunge) Kuntze

别名:苍蝇架、苍蝇花、矾松

蒙文名:义拉干—其其格

形态特征

多年生草本,高达50 cm。根皮不裂。叶基生,稀花序轴下部具1~3叶,花期不落;叶柄宽;叶匙形或长圆状匙形,连叶柄长3~15 cm,宽0.3~3 cm,先端圆或钝,基部渐窄。花茎单生,花序轴及分枝具3~4棱角,有时具沟槽,稀近基部圆;花序圆锥状,不育枝少,位于花序下部或分叉处;穗状花序具3~9小穗,穗轴二棱形,小穗具2~5花;外苞片长2.5~3.5 mm,第一内苞片长6~6.5 mm;花萼漏斗状,长6~7 cm,萼筒直径约1 mm,萼檐淡紫红色或白色,直径6~7 mm,裂片先端圆;花冠黄色。花期5—7月,果期6—8月。

适宜生境与分布

草原旱生杂类草。散生于草原、草甸草原及山地，能适应砂质土、砂砾质土及轻度盐化土壤，也偶见于旱化的草甸群落中。分布于我国东北、黄河流域，以及江苏。内蒙古呼伦贝尔市、通辽市、锡林郭勒盟、乌兰察布市、呼和浩特市、鄂尔多斯市、阿拉善盟有分布。

资源状况

常见。

药用部位

带根全草。

采收加工

春、秋、冬三季采挖，洗净，晒干。

药材性状

本品除花萼外均无毛，高 20~50 cm。根皮红褐色至黑褐色。根茎略粗大，单头或具 2~5 头。细茎略呈圆柱形，呈"之"字状弯曲，节间 3~6 cm，绿色，断面中空。叶多已脱落，基生叶匙形、倒卵状匙形或矩圆状匙形，外苞片矩圆状宽卵形，有狭膜质边缘，第一内苞片与外苞片相似，具宽膜质边缘；花萼漏斗状，萼檐宽阔，约为花萼全长的 1/2，呈白色。气微，味微涩。

功能主治

中医：活血，止血，温中健脾，滋补强壮。用于月经不调，功能性子宫出血，痔疮出血，胃溃疡，诸虚体弱。

蒙医：补血，止血，活血，调经，温中健脾，滋补强壮。用于月经不调，崩漏出血，淋病，尿血，身体虚弱，食欲不振，胃痛。

用法用量

内服煎汤，15~30 g。

远志科 Polygalaceae

远志属 *Polygala* L.

远志 *Polygala tenuifolia* Willd.

别名：细草、线儿茶、神砂草

蒙文名：巴雅格匣瓦、吉如很—其其格

形态特征

多年生草本，高达 50 cm。茎被柔毛。叶纸质，线形或线状披针形，长 10~30 mm，宽 0.5~3 mm，先端渐尖，基部楔形，无毛或极疏被微柔毛，近无柄。扁侧状顶生总状花序，长 5~7 cm，少花；小苞片早落；萼片宿存，无毛，外面 3 枚线状披针形；花瓣紫色，基部合生，侧瓣斜长圆形，基部内侧被柔毛，龙骨瓣稍长，具流苏状附属物；花丝3/4以下合生成鞘，3/4以上中间2分离，两侧各3合生。果实球形，直径4 mm，具窄翅，无缘毛。种子密被白色柔毛，种阜2裂，下延。花果期5—9月。

适宜生境与分布

生于海拔200~2 300 m的草原、山坡草地、灌丛中以及杂木林下。主要分布于我国山西、陕西、内蒙古、黑龙江等西北、华北和东北地区。

资源状况

常见。

药用部位

干燥根。

采收加工

春、秋二季采挖，除去须根和泥沙，晒干。

药材性状

本品呈圆柱形，略弯曲，长3~15 cm，直径0.3~0.8 cm。表面灰黄色至灰棕色，有较密并深陷的横皱纹、纵皱纹及裂纹，老根的横皱纹较密且更深陷，略呈结节状。质硬而脆，易折断，断面皮部棕黄色，木质部黄白色，皮部易与木质部剥离。气微，味苦、微辛，嚼之有刺喉感。

功能主治

安神益智，祛痰，消肿。用于心肾不交引起的失眠多梦，健忘惊悸，神志恍惚，咳痰不爽，疮疡肿毒，乳房肿痛。

用法用量

内服煎汤，3~10 g。

蓼科 Polygonaceae

沙蓬属 *Agriophyllum* Bieb.

沙蓬 *Agriophyllum squarrosum*（L.）Moq.

别名：沙米、登相子

蒙文名：楚力赫日、吉刺日

形态特征

植株高15~50 cm。茎坚硬，浅绿色，具不明显条棱，幼时全株密被分枝状毛，后脱落，多分枝；最下部枝条通常对生或轮生，平卧；上部枝条互生，斜展。叶无柄，披针形至条形，长1.3~7 cm，宽0.4~1 cm，先端渐尖，有小刺尖，基部渐狭，有3~9纵行的脉，幼时下面密被分枝状毛，后脱落。花序穗状紧密，宽卵形或椭圆状，无梗；苞片宽卵形，先端急缩，具短刺尖，后期反折；花被片1~3，膜质；雄蕊2~3，花丝扁平，锥形，花药宽卵形；子房扁卵形，被毛，柱头2。胞果圆形或椭圆形，两面扁平或背面稍凸，除基部外周围有翅，顶部具果喙，果喙深裂成2条状扁平的小喙，在小喙先端外侧各有1小齿。种子近圆形，扁平，光滑。花果期8—10月。

适宜生境与分布

生于流动、半流动沙地和沙丘，在草原区沙地和沙漠中分布极为广泛，往往可以形成大面积的先锋植物群聚。分布于我国东北、华北、西北，以及河南和西藏等地。内蒙古除兴安盟北部外，各地均有分布。

资源状况

常见。

药用部位

地上部分或种子。

采收加工

秋季果实成熟后打下种子，除去杂质，晒干。

功能主治

发表解热，消食化积。用于感冒发热，肾炎，饮食积滞，胸膈反胃。

用法用量

内服煎汤，9~15 g；或熟食。

木蓼属 *Atraphaxis* L.

东北木蓼 *Atraphaxis manshurica* Kitag.

别名：木蓼、东北针枝、东北针枝蓼

蒙文名：照巴戈日—额木根—希力毕

形态特征

灌木，高约1 m。主干粗壮，上部多分枝，树皮灰褐色，呈条状剥离；木质枝向上直伸，不分枝或上部分枝，树皮淡褐色，呈纤细状纵裂；当年生枝圆柱形，褐色，具条纹，无毛。托叶鞘圆筒状，基部褐色，具2纤细的脉纹，上部斜形，膜质，透明，先端2裂；叶绿色，革质，近无柄，倒披针状长圆形或线形，长1.5~3 cm，宽0.2~1.2 cm，先端钝，具短尖，基部渐狭，全缘或稍具波状牙齿，两面无毛，具明显的网脉。花2~4，生于一苞内，总状花序生于当年生枝先端，不分枝或分枝组成圆锥状；花梗粗壮，中上部具关节；花被片5，粉红色，内轮花被片椭圆形、宽椭圆形或卵状椭圆形，先端圆钝，基部宽楔形或圆形，外轮花被片长圆形，果时向下反折。瘦果狭卵形，长4~6 mm，具3棱，先端尖，基部宽楔形，暗褐色，光亮，无毛，密被颗粒状小点。花果期7—9月。

适宜生境与分布

生于沙丘、干旱山坡。分布于我国辽宁、河北、内蒙古、宁夏、陕西等地。

资源状况

少见。

药用部位

全草。

采收加工

花期采收,晒干。

功能主治

明目,温中,耐风寒,下水气。用于面浮肿,痈疡。

用法用量

内服煎汤,适量。

荞麦属 *Fagopyrum* Mill

荞麦 *Fagopyrum esculentum* Moench

别名:乌麦、花荞

蒙文名:萨嘎得

形态特征

一年生草本,高 30~100 cm。茎直立,多分枝,淡绿色或红褐色,质软,光滑,或在茎节处和小枝上具乳头状突起。下部茎生叶具长柄,叶片三角形或三角状箭形,有时近五角形,长 2.5~5 cm,宽 2~6 cm,先端渐尖,下部裂片圆形或渐尖,基部微凹,近心形,两面沿叶脉和叶缘被乳头状突起;上部茎生叶片稍小,无柄;托叶鞘短筒状,先端斜而截平,无毛,常脱落。总状或圆锥花序腋生或顶生,花簇紧密着生;总花梗细长,不分枝;花梗细,中部或中部以上具关节,基部有小苞片;花被淡粉红色或白色,5 深裂,裂片卵形或椭圆形,长约 3 mm;雄蕊 8,较花被片短,花药淡红色;花盘具腺状突起;花柱 3,长约 1.5 mm,柱头头状,子房具 3 棱。瘦果卵状三棱形或三棱形,具 3 锐棱,先端渐尖,基部稍钝,长 6~7 mm,棕褐色,有光泽。

适宜生境与分布

生于荒地、路边或田中;喜凉爽、湿润,不耐高温旱风,畏霜冻。除阿拉善盟外,内蒙古各地普遍栽培。

资源状况

常见。

药用部位

全草或根、种子。

采收加工

霜降前后种子成熟时收割,打下种子,除去杂质,晒干。

功能主治

中医:除湿止痛,解毒消肿,健胃。用于跌打损伤,腰腿疼痛,疮痈毒肿。

蒙医：祛"赫依"，消"奇哈"，治伤。用于"奇哈"，疮痈，跌打损伤。
用法用量
内服入丸、散；或制面食服。外用适量，研末掺或调敷。

藤蓼属 *Fallopia*

卷茎蓼 *Fallopia convolvulus*（L.）A. Love
别名：荞麦蔓
蒙文名：萨嘎得音—奥日阳古
形态特征
一年生草本。茎缠绕，细弱，有不明显的条棱，粗糙或生疏柔毛，稀平滑，常分枝。叶有柄，长达 3 cm，棱上具极小的钩刺；叶片三角状卵心形或戟状卵心形，长 1.5~6 cm，宽 1~5 cm，先端渐尖，基部心形至戟形，两面无毛或沿叶脉和边缘疏生乳头状小突起；托叶鞘短，斜截形，褐色，长达 4 mm，具乳头状小突起。花聚集为腋生花簇，向上而成为间断、具叶的总状花序；苞片近膜质，具绿色的脊，表面被乳头状突起，通常内含花 2~4；花梗上端具关节，较花被短；花被淡绿色，边缘白色，长达 3 mm，5 浅裂，果时稍增大，里面的裂片 2，宽卵形，外面的裂片 3，舟状，背部具脊或狭翅，时常被乳头状突起；雄蕊 8，比花被短；花柱短，柱头 3，头状。瘦果椭圆形，具 3 棱，两端尖，长约 3 mm，黑色，表面具小点，无光泽。全体包于花被内。
适宜生境与分布
中生植物。生于阔叶林带、森林草原带和草原带的山地、草甸和农田。分布于我国东北、华北、西北。内蒙古呼伦贝尔市、兴安盟、通辽市、赤峰市、锡林郭勒盟、乌兰察布市、呼和浩特市、包头市、鄂尔多斯市、阿拉善盟有分布。
资源状况
少见。
药用部位
全草。
采收加工
夏、秋二季采收，洗净，晒干。
功能主治
清热解毒，消肿止痛。用于腹泻，痢疾，痈疮肿毒，痔疮。
用法用量
内服煎汤，6~12 g；或研末。外用适量，捣敷；或研末调敷。

冰岛蓼属 *Koenigia* L.

叉分蓼 *Polygonum divaricatum* L.

别名：酸不溜

蒙文名：希没乐得格

形态特征

多年生草本，高 70~150 cm。茎直立或斜升，有细沟纹，疏生柔毛或无毛，中空，节部通常鼓胀，多分枝，常呈叉状，疏散而开展，外观构成圆球形的株丛。叶具短柄或近无柄，叶片披针形、椭圆形至矩圆状条形，长 5~12 cm，宽 0.5~2 cm，先端锐尖、渐尖或微钝，基部渐狭，全缘或略呈波状，两面被疏长毛或无毛，边缘常具缘毛或无毛；托叶鞘褐色，脉纹明显，有毛或无毛，常破裂而脱落。花序顶生，大型，为疏松开展的圆锥花序；苞片卵形，长 2~3 mm，膜质，褐色，内含 2~3 花；花梗无毛，上端有关节，长 2~2.5 mm；花被白色或淡黄色，5 深裂，长 2.5~4 mm，裂片椭圆形，大小略相等，开展；雄蕊 7~8，比花被短；花柱 3，柱头头状。瘦果卵状菱形或椭圆形，具 3 锐棱，长 5~6 mm，比花被长约 1 倍，黄褐色，有光泽。

适宜生境与分布

高大旱中生草本植物。生于森林草原、山地草原的草甸和坡地。分布于我国东北、华北各地。

资源状况

少见。

药用部位

全草或根。

采收加工

夏、秋二季采收全草，洗净泥土，阴干，切段。春、秋二季采挖根，除去茎叶及杂质，洗净泥土，晒干。

功能主治

全草清热消积，散瘿止泻；用于大、小肠积热，瘿瘤，热泻腹痛。根祛寒温肾；用于寒疝，阴囊出汗。

用法用量

全草内服煎汤，9~15 g；或研末冲服。根内服煎汤，10~18 g。全草或根外用 250~500 g，煎汤趁热熏洗患处。

蓼属 *Persicaria* (L.) Mill.

水蓼 *Polygonum hydropiper* L.

别名：川蓼、红辣蓼

蒙文名：奥存—希没乐得格

形态特征

一年生草本，高 30~60 cm。茎直立或斜升，不分枝或基部分枝，无毛，基部节上常生根。叶具短柄，叶片披针形，长 3~7 cm，宽 0.5~1.5 cm，先端渐尖，基部狭楔形，全缘，两面被黑褐色腺点，有时沿主脉被稀疏硬伏毛，叶缘具缘毛；托叶鞘筒状，长约 1 cm，褐色，被稀疏短伏毛，先端截形，具短睫毛。穗状花序顶生或腋生，长 4~7 cm，常弯垂，花疏生，下部间断；苞片漏斗状，先端斜形，具腺点及睫毛或近无毛；花通常 3~5 簇生于 1 苞内，花梗比苞片长；花被 4~5 深裂，淡绿色或粉红色，密被褐色腺点，裂片倒卵形或矩圆形，大小不等；雄蕊通常 6，稀 8，包于花被内；花柱 2~3，基部稍合生，柱头头状。瘦果卵形，长 2~3 mm，通常一面平、一面凸，稀三棱形，暗褐色，有小点，稍有光泽。

适宜生境与分布

湿生植物。多散生或群生于森林带、森林草原带、草原带的低湿地、水边或路旁。分布于我国东北、华北、西北、华东、华南地区。内蒙古呼伦贝尔市、兴安盟、通辽市、赤峰市、锡林郭勒盟、呼和浩特市、阿拉善盟等地有分布。

资源状况

常见。

药用部位

全草。

采收加工

在播种当年 7—8 月花期，割取地上部分，晒干或鲜用。

药材性状

本品茎呈圆柱形，有分枝，长 30~70 cm；表面灰绿色或棕红色，有细棱线，节膨大；质脆，易折断，断面浅黄色，中空。叶互生，有柄；叶片皱缩或破碎，完整者展平后呈披针形或卵状披针形，长 5~7 cm，宽 0.7~1.5 cm，先端渐尖，基部楔形，全缘，上表面棕褐色，下表面褐绿色，两面有棕黑色斑点及细小的腺点；托叶鞘筒状，长 0.8~1.1 cm，紫褐色，缘毛长 1~3 mm。总状花序呈穗状，长 4~7 cm，花簇稀疏间断；花被淡绿色，5 裂，密被腺点。气微，味辛、辣。

功能主治

祛风利湿，散瘀止痛，解毒消肿，杀虫止痒。用于痢疾，胃肠炎，腹泻，风湿关节痛，跌打肿痛，功能性子宫出血。外用于毒蛇咬伤，皮肤湿疹。

用法用量

内服煎汤，15~30 g，鲜品 30~60 g；或捣汁。外用适量，煎汤浸洗；或捣敷。

酸模叶蓼 *Polygonum lapathifolium* L.

别名：旱苗蓼、大马蓼

蒙文名：乌赫日—希莫勒德格

形态特征

一年生草本，高 30~80 cm。茎直立，有分枝，无毛，通常紫红色，节部膨大。叶柄短，有短粗硬刺毛；叶片披针形、矩圆形或矩圆状椭圆形，长 5~15 cm，宽 0.5~3 cm，先端渐尖或全缘，叶缘被刺毛；托叶鞘筒状，长 1~2 cm，淡褐色，无毛，具多数脉，先端截形，无缘毛或具稀疏缘毛。圆锥花序由数个花穗组成，花穗顶生或腋生，长 4~6 cm，近直立，具长梗，侧生者梗较短；花序梗密被腺体；苞片漏斗状，边缘斜形并具稀疏缘毛，内含数花；花被淡绿色或粉红色，长 2~2.5 mm，通常 4 深裂，被腺点，外侧 2 裂片各具 3 明显凸起的脉纹；雄蕊通常 6；花柱 2，近基部分离，向外弯曲。瘦果宽卵形，扁平，微具棱，长 2~3 mm，黑褐色，光亮，包于宿存的花被内。花期 6—8 月，果期 7—10 月。

适宜生境与分布

中生植物。多散生于阔叶林带、森林草原带、草原带以及荒漠带的低湿草甸、河谷草甸和山地草甸、路旁湿地。我国各地均有分布。内蒙古各地均有分布。

资源状况

常见。

药用部位

全草或果实。

药材性状

本品茎直径约 6 mm，表面有紫红色斑点。叶上面中央常有黑褐色新月形斑，无毛或稀被白色绵毛，下面密被白色绵毛，有腺点；托叶鞘无缘毛。圆锥花序花密生；花被 4 裂，有腺点。气微，味辛、辣。

功能主治

中医：全草利湿解毒，散瘀消肿，止痒。果实消瘀破积，健脾利湿。

蒙医：祛"协日乌素"，止痛，止吐。用于"协日乌素"病，关节痛，疥癣，脓疱疮。

用法用量

全草内服煎汤，10~15 g。外用适量，煎汤洗；或鲜品捣敷患处。果实 3~9 g；或研末冲服；或绞汁服。外用适量，煎汤洗；或研末调敷患处。

红蓼 *Polygonum orientale* L.

别名：天蓼、东方蓼

蒙文名：乌兰—混迪

形态特征

一年生草本，高 1~2 m。茎直立，中空，分枝，多少被直立或伏贴的粗长毛。叶具长柄，比叶片短，被长毛，基部扩展；叶片卵形或宽卵形，长 8~20 cm，宽 4~12 cm，先端渐狭成锐尖头，基部近圆形或微带楔形，有时略呈心形，全缘，两面均被疏长毛及腺点，主脉及侧脉显著，两面均突出；茎下部的叶较大，上部的叶渐狭而呈卵状披针形；托叶鞘杯状或筒状，被长毛，先端绿色而呈叶状，或为干膜质状裂片，具缘毛。花穗紧密，顶生或腋生，圆柱形，长 2~8 cm，直径 1~1.5 cm，下垂，常由数个排列成圆锥状；苞片鞘状，宽卵形，外侧被疏长毛，边缘具长缘毛，内含 1~5 花；花梗细，被柔毛；花粉红色至白色；花被 5 深裂，裂片椭圆形，长约 3 mm；雄蕊 7，露出花被外，其中 5 与裂片互生，着生于裂片近缘部，其余 2 与裂片对生，着生于裂片基部；花盘具数个裂片；花柱 2，基部合生，稍露出花被外，柱头头状。瘦果近圆形，扁平，两面中央微凹，先端具短尖头，直径约 3 mm，黑色，有光泽，包于花被内。花果期 6—9 月。

适宜生境与分布

高大中生草本植物。生于田边、路旁、水沟边、庭园或住舍附近。我国各地均有分布。内蒙古兴安盟、通辽市、赤峰市、呼和浩特市、包头市、鄂尔多斯市有分布。

资源状况

常见。

药用部位

干燥成熟果实。

采收加工

秋季果实成熟时割取果穗，晒干，打下果实，除去杂质。

药材性状

本品呈扁圆形，直径 2~3 mm，厚 1~1.5 mm。表面棕黑色，有的红棕色，有光泽，两面微凹，中部略有纵向隆起。先端有凸起的柱基，基部有浅棕色略凸起的果梗痕，有的有膜质花被残留。质硬。气微，味淡。

功能主治

散血消癥，消积止痛，利水消肿。用于癥瘕痞块，瘿瘤，食积不消，胃脘胀痛，水肿腹水。

用法用量

内服煎汤，15~30 g。外用适量，熬膏敷患处。

萹蓄属 *Polygonum*

萹蓄 *Polygonum aviculare* L.

别名：篇竹竹、异叶蓼

蒙文名：布都宁—苏勒

形态特征

一年生草本，高 10~40 cm。茎平卧或斜升，稀直立，由基部分枝，绿色，具纵沟纹，无毛，基部圆柱形，幼枝具棱角。叶具短柄或近无柄；叶片狭椭圆形、矩圆状倒卵形、披针形、条状披针形或近条形，长 1~3 cm，宽 0.5~1.3 cm，先端钝圆或锐尖，基部楔形，全缘，蓝绿色，两面均无毛，侧脉明显，叶基部具关节；托叶鞘下部褐色，上部白色、透明，先端多裂，有不明显的脉纹。花几遍生于茎上，常 1~5 簇生于叶腋；花梗细而短，顶部有关节；花被 5 深裂，裂片椭圆形，长约 2 mm，绿色，边缘白色或淡红色；雄蕊 8，比花被片短；花柱 3，柱头头状。瘦果卵形，具 3 棱，长约 3 mm，黑色或褐色，表面具不明显的细纹和小点，无光泽，微露出宿存花被外。花果期 6—9 月。

适宜生境与分布

中生植物。群生或散生于田野、路旁、村舍附近或河边湿地等处。我国各地均有分布。内蒙古各地亦均有分布。

资源状况

常见。

药用部位

干燥地上部分。

采收加工

夏季叶茂盛时采收，除去根和杂质，晒干。

药材性状

本品茎呈圆柱形而略扁，有分枝，长 15~40 cm，直径 0.2~0.3 cm；表面灰绿色或棕红色，有细密微凸起的纵纹；节部稍膨大，有浅棕色膜质的托叶鞘，节间长约 3 cm；质硬，易折断，断面髓部白色。叶互生，近无柄或具短柄，叶片多脱落或皱缩、破碎，完整者展平后呈披针形，全缘，两面均呈棕绿色或灰绿色。气微，味微苦。

功能主治

利尿通淋，杀虫，止痒。用于热淋涩痛，小便短赤，虫积腹痛，皮肤湿疹，阴痒带下。

用法用量

9~15 g。外用适量，煎汤洗患处。

酸模属 *Rumex* L.

皱叶酸模 *Rumex crispus* L.

别名：羊蹄、土大黄、牛耳大黄

蒙文名：乌日其格日—胡日根—齐赫

形态特征

多年生草本，高 50~80 cm，粗大。茎直立，单生，通常不分枝，具浅沟槽，无毛。叶柄比叶片稍短；叶片薄纸质，披针形或矩圆状披针形，长 9~25 cm，宽 1.5~4 cm，先端锐尖或渐尖，基部楔形，边缘皱波状，两面均无毛；茎上部叶渐小，披针形或狭披针形，具短柄；托叶鞘筒状，常破裂脱落。花两性，多数花簇生于叶腋，或在叶腋形成短的总状花序，合成一狭长的圆锥花序；花梗细，长2~5 mm，果时稍伸长，中部以下具关节；花被片6，外花被片椭圆形，长约1 mm，内花被片宽卵形，先端锐尖或钝，基部浅心形，全缘或微波状，网纹明显，各具1小瘤，小瘤卵形，长1.7~2.5 mm；雄蕊6；花柱3，柱头画笔状。瘦果椭圆形，具3锐棱，褐色，有光泽，长约3 mm。花果期6—9月。

适宜生境与分布
中生植物。生于阔叶林区及草原区的山地、沟谷、河边；喜冷凉湿润气候，土壤以排水良好的砂质土壤为宜。分布于我国东北、华北、西北及南方地区。

资源状况
少见。

药用部位
全草或根及根茎。

药材性状
本品叶枯绿色，皱缩，展平后基生叶具长叶柄，叶片薄纸质，披针形至长圆形，长16~22 cm，宽1.5~4 cm，基部多楔形；茎生叶较小，叶柄较短，叶片多长披针形，先端急尖，基部圆形、截形或楔形，边缘波状皱褶，两面无毛；托叶鞘筒状，膜质。气微，味苦、涩。

功能主治
清热解毒，止血，通便，杀虫。用于鼻出血，功能性子宫出血，血小板减少性紫癜，慢性肝炎，肛门周围炎，大便秘结。外用于外痔，急性乳腺炎，黄水疮，疖肿，皮癣等。

用法用量
内服煎汤，15~25 g，鲜品25~50 g。外用适量，研末敷患处。

报春花科 Primulaceae

珍珠菜属 *Lysimachia*

虎尾草 *Lysimachia barystachys* Bunge
别名：狼尾花、重穗排草
蒙文名：宝拉根—苏乐
形态特征
多年生草本。根茎横走，红棕色，节上有红棕色鳞片。茎直立，高35~70 cm，单一或有短分枝，上部被密长柔毛。叶互生，条状倒披针形、披针形至矩圆状披针形，长

4~11 cm，宽 0.8~1.3 cm，先端尖，基部渐狭，边缘多少向外卷折，两面及边缘疏被短柔毛，通常无腺状斑点；无叶柄或近无柄。总状花序顶生，花密集，常向一侧弯曲成狼尾状，长 4~6 cm，果期伸直，长可达 25 cm；花轴及花梗均被长柔毛，花梗长 4~6 mm；苞片条形或条状披针形，长 6 mm；花萼近钟状，基部疏被柔毛，长约 3.5 mm，5 深裂，裂片矩圆形，长约 2.2 mm，边缘宽膜质，外缘呈小流苏状；花冠白色，裂片长卵形，长 5.5 mm，宽 1.5 mm，花冠筒长 1.2 mm；雄蕊 5，花丝等长，贴生于花冠上，长约 1.8 mm，基部宽扁，花药狭心形，先端尖，长 1 mm，背部着生；子房近球形，长 1 mm，直径 1.1 mm；花柱较短，直径约 0.6 mm，柱头膨大。蒴果近球形，直径约 2.5 mm，长 2 mm。种子多数，红棕色。花期 6—7 月。

适宜生境与分布

中生植物。生于草甸、山坡、路旁、灌丛间，垂直分布上限可达海拔 2 000 m。内蒙古兴安北部、兴安南部、燕山北部、呼锡高原、辽河平原、科尔沁、阴山等有分布。

资源状况

常见。

药用部位

全草。

采收加工

夏、秋二季采收，鲜用或晒干。

功能主治

活血调经，散瘀消肿，清热利尿。用于月经不调，痛经，带下，小便不利，水肿，咽喉肿痛，跌打损伤，痈疮肿毒。

用法用量

内服煎汤，3~9 g。外用适量，捣绒敷。

毛茛科 Ranunculaceae

乌头属 *Aconitum* L.

北乌头 *Aconitum kusnezoffii* Reichb.

别名：草乌、断肠草、蓝附子、五毒根

蒙文名：哈日—浩日素

形态特征

块根圆锥形或胡萝卜形，长 2.5~5 cm，直径 7~10 cm。茎高 65~150 cm，无毛，等距离生叶，通常分枝。茎下部叶有长柄，在开花时枯萎；茎中部叶有稍长柄或短柄；叶片纸质或近革质，五角形，长 9~16 cm，宽 10~20 cm，基部心形，3 全裂，中央全裂片菱形，渐尖，近羽状分裂，小裂片披针形，侧全裂片斜扇形，不等 2 深裂，表面疏被短曲毛，背面无毛；叶柄长为叶片的 1/3~2/3，无毛。顶生总状花序具花 9~22，通常与其下的腋生花序形成圆锥花序；花序轴和花梗无毛；下部苞片 3 裂，其他苞片长圆形或线形；下部花梗长 1.8~5 cm；小苞片生花梗中部或下部，线形或钻状线形，长 3.5~5 mm，宽 1 mm；萼片紫蓝色，外面有疏曲柔毛或几无毛，上萼片盔形或高盔形，高 1.5~2.5 cm，有短或长喙，下缘长约 1.8 cm，侧萼片长 1.4~2.7 cm，下萼片长圆形；花瓣无毛，瓣片宽 3~4 mm，唇长 3~5 mm，距长 1~4 mm，向后弯曲或近拳卷；雄蕊无毛，花丝全缘或有 2 小齿；心皮（4）~5，无毛。蓇葖果直，长 0.8~2 cm。种子长约 2.5 mm，扁椭圆球形，沿棱具狭翅，只在一面生横膜翅。7—9 月开花。

适宜生境与分布
生于海拔 400~800 m 的林缘、山坡、灌丛中及沟谷湿地。分布于我国山西、河北、内蒙古、辽宁、吉林、黑龙江等地。

资源状况
常见。

药用部位
干燥块根。

药材性状
本品呈不规则长圆锥形，略弯曲，长 2.5~5 cm，直径 0.6~1 cm。先端常有残茎和少数不定根残基，有的先端一侧有一枯萎的芽，另一侧有一圆形或扁圆形不定根残基。表面灰褐色或黑棕褐色，皱缩，有纵皱纹、点状须根痕及数个瘤状侧根。质硬，断面灰白色或暗灰色，有裂隙，形成层环纹多角形或类圆形，髓部较大或中空。气微，味辛辣、麻舌。

功能主治
祛风除湿，温经止痛。用于风寒湿痹，关节疼痛，心腹冷痛，寒疝作痛。

用法用量
内服煎汤，炮制后用，1.5~3 g，宜先煎、久煎。

铁线莲属 Clematis L.

棉团铁线莲 Clematis hexapetala Pall.

别名：山蓼、山棉花、依日绘

蒙文名：哈得衣日音—查干—额布斯

形态特征
多年生直立草本。茎高达 1 m，疏被柔毛。叶 1~2 回羽状全裂，裂片革质，线状披针形、线形或长椭圆形，长 1.5~10 cm，基部楔形，全缘，两面疏被柔毛或近无毛，网脉隆起；叶柄长 0.5~2 cm。花序顶生并腋生，具 3 至多花；苞片叶状或披针形；花梗长 1~7 cm；萼片 4~8，白色，平展，窄倒卵形，长 1~2.5 cm，被茸毛；雄蕊无毛，花药窄长圆形，长 2.6~3.2 mm，先端具小尖头。瘦果倒卵圆形，长 2.5~3.5 mm，被柔毛；宿存花柱长1.5~3 cm，羽毛状。花期6—8月，果期7—9月。

适宜生境与分布

旱中生植物。生于石质山坡及沙地柳丛中，也见于河谷草甸。分布于我国华北、西北。内蒙古兴安南部、燕山北部、阴山，以及乌兰察布市、鄂尔多斯市、阿拉善盟有分布。

资源状况

少见。

药用部位

全草或根、根茎。

采收加工

秋季采挖根及根茎，除去茎叶，洗净泥土，晒干，或切成段后晒干。

药材性状

本品根茎呈不规则圆柱形，横长；表面灰黄色至棕褐色，有隆起的节，两侧及下方着生有多数细长的根。根呈圆柱形，长5~8 cm，直径1~2 cm；表面棕褐色；质坚脆，易折断，木质部淡黄色，木心较小。气微，味微苦。

功能主治

中医：祛风湿，通经络，止痛。用于风湿关节痛，肢体麻木，筋脉拘挛，关节屈伸不利，骨鲠咽喉。

蒙医：破痞，助温，燥"希日乌素"，消肿，止泻，去腐，排脓。用于痞，积食，"希日乌素"症，水肿，寒泻，疮疡，肠痈。

用法用量

内服煎汤，6~9 g，治骨鲠咽喉可用至30 g；或入丸、散；或浸酒。外用适量，捣敷；或煎汤熏洗；或作发泡剂。

翠雀属 *Delphinium* L.

翠雀 *Delphinium grandiflorum* L.

别名：大花飞燕草、鸽子花、摇咀咀花

蒙文名：伯日—其其格

形态特征

多年生草本，高20~65 cm，全株被反曲的短柔毛。直根，暗褐色。茎直立，单一或分枝。基生叶与茎下部叶具长柄，柄长达10 cm，茎中上部叶叶柄较短，茎最上部叶近无柄；叶片圆肾形，长2~6 cm，宽4~8 cm，掌状3全裂，裂片再细裂，小裂片条形，宽0.5~2 mm。总状花序具花3~15，花梗上部具2条形或钻形小苞片，长3~4 mm；萼片5，蓝色、紫蓝色或粉紫色，椭圆形或卵形，长12~18 cm，宽0.6~1 cm，上萼片向后伸长成中空的距，距长1.7~2.3 cm，钻形，末端稍向下弯曲，外面密被白色短毛；花瓣2，瓣片小，白色，基部有距，伸入萼距中；退化雄蕊2，瓣片蓝色，宽倒卵形，里面中部有 1 小撮黄色髯毛及鸡冠状突起，基部有爪，爪具短突起；雄蕊多数，花丝下部加宽，花药深蓝色及紫黑色。蓇葖果 3，长 1.5～2 cm，宽 0.3～0.5 cm，密被短毛，具宿存花柱。种子多数，四面体形，具膜质翅。花期 7—8 月，果期 8—9 月。

适宜生境与分布
旱中生植物。生于森林草原、山地草原及典型草原带的草甸草原、砂质草原及灌丛中，也可生于山地草甸及河谷草甸中；喜凉爽、通风、日照充足的干燥环境和排水通畅的砂质土壤，耐旱、耐寒，喜光，忌炎热。分布于我国东北、华北、西南等地。

资源状况
少见。

药用部位
全草或根、种子。

采收加工
7—8 月采收全草，切段，晒干。秋、冬二季采收块根，洗去泥土，剪去须根，切片，晒干。

药材性状
本品根呈长圆柱形，长 2～7 cm，直径 1～3 mm；表面深棕色，有明显的横纹；折断面黄色。茎表面棕黄色，具棱，断面中空。叶皱缩，黄绿色，湿润展平后呈肾状五角形，长 0.8～1.4 cm，宽 0.7～2.3 cm，3 全裂，中央全裂片宽菱形，侧全裂片近扇形，1～2 回细裂，小裂片狭卵形；叶柄长。种子倒圆锥状四面体形。气微，味苦。

功能主治
中医：有毒。用于泻火止痛，杀虫；外用治牙痛，关节疼痛，疮痈溃疡，火虱。
蒙医：用于肠炎，腹泻。

用法用量
外用适量，煎汤含漱；或捣汁浸洗；或研末水调涂擦。

碱毛茛属 *Halerpestes* Green

黄戴戴 *Halerpestes ruthenica*（Jacq.） Ovcz.
别名：长叶碱毛茛、金戴戴
蒙文名：格乐—其其格

形态特征
多年生草本，高 10～25 cm。匍匐茎细长，节上生根长叶。叶全部基生，具长柄，柄长 2～14 cm，基部加宽成鞘，无毛或近无毛；叶片宽梯形或卵状梯形，长 1.2～4 cm，宽 0.7～2.5 cm，基部宽楔形、近截形、圆形或微心形，两侧常全缘，稀有牙齿，先端具 3（稀 5）圆齿，中央牙齿较大，两面无毛，近革质。花葶较粗而直，疏被柔毛，单一或上部分枝，具 1～3 花；苞片披针状条形，长约 1 cm，基部加宽，膜质，抱茎，着生于分枝处；花直径约 2 cm；萼片 5，淡绿色，膜质，狭卵形，长约 7 mm，外面有毛；花瓣 6~9，黄色，狭倒卵形，长约 10 mm，宽约 5 mm，基部狭窄，具短爪，有蜜槽，先端钝圆；花托圆柱形，被柔毛。聚合果球形或卵形，长约 1 cm，瘦果扁，斜倒卵形，长约 3 mm，具纵肋，先端有微弯的果喙。花期 5—6 月，果期 7 月。

适宜生境与分布

中生植物。生于各种低湿地草甸及轻度盐化草甸，为轻度耐盐的中生植物，可成为草甸优势物种，并常与水葫芦苗在同一群落中混生。内蒙古呼伦贝尔市、兴安盟、通辽市、赤峰市、锡林郭勒盟、乌兰察布市、呼和浩特市、包头市、鄂尔多斯市、阿拉善盟有分布。

资源状况

少见。

药用部位

全草。

采收加工

夏季花期采收，洗净，晒干。

功能主治

中医：利水消肿，祛风除湿。用于水肿，关节炎。

蒙医：清热，续断。用于骨热，咽喉病，关节筋脉酸痛，金伤。

用法用量

内服煎汤，2~5 g。

芍药属 *Paeonia* L.

芍药 *Paeonia lactiflora* Pall.

别名：木芍药、山芍药、草芍药

蒙文名：查娜—其其格

形态特征

多年生草本。根粗壮，分枝黑褐色。茎高 40~70 cm，无毛。下部茎生叶为 2 回三出复叶，上部茎生叶为三出复叶；小叶狭卵形、椭圆形或披针形，先端渐尖，基部楔形或偏斜，边缘具白色骨质细齿，两面无毛，背面沿叶脉疏生短柔毛。花数朵，生于茎顶和叶腋，有时仅先端 1 开放，而近先端叶腋处有发育不好的花芽，直径 8~11.5 cm；苞片 4~5，披针形，大小不等；萼片 4，宽卵形或近圆形，长 1~1.5 cm，宽 1~1.7 cm；花瓣 9~13，倒卵形，长 3.5~6 cm，宽 1.5~4.5 cm，白色，有时基部具深紫色斑块；花丝长 0.7~1.2 cm，黄色；花盘浅杯状，包裹心皮基部，先端裂片钝圆；心皮 4~5，无毛。蓇葖果长 2.5~3 cm，直径 1.2~1.5 cm，先端具喙。花期 5—6 月，果期 8 月。

适宜生境与分布

旱中生植物。生于海拔 480~2 300 m 的山地和石质丘陵的灌丛、林缘、山地草甸及草甸草原群落中。主要分布于我国内蒙古、辽宁、吉林、黑龙江、河北、陕西及甘肃等地。内蒙古大兴安岭、蒙古高原东部、科尔沁平原、辽河平原、赤峰丘陵、燕山北部、阴山等地有分布。

资源状况

常见。

药用部位

干燥根。

采收加工

春、秋二季采挖，除去根茎、须根及泥沙，晒干。

药材性状

本品呈圆柱形，稍弯曲，长5~40 cm，直径0.5~3 cm。表面棕褐色，粗糙，有纵沟和皱纹，并有须根痕和横长的皮孔样突起，有的外皮易脱落。质硬而脆，易折断，断面粉白色或粉红色，皮部窄，木质部放射状纹理明显，有的有裂隙。气微香，味微苦、酸、涩。

功能主治

清热凉血，散瘀止痛。用于热入营血，温毒发斑，吐血衄血，目赤肿痛，肝郁胁痛，经闭痛经，癥瘕腹痛，跌打损伤，痈肿疮疡。

用法用量

内服煎汤，6~12 g。

白头翁属 *Pulsatilla* Adans

白头翁 *Pulsatilla chinensis*（Bunge）Regel

别名：毛姑朵花、野丈人、胡王使者、白头公

蒙文名：伊日贵—其其格

形态特征

多年生草本，高15~50 cm，全株密被白色柔毛，早春时毛更密。根茎粗壮，具直根数条。基生叶数枚，叶片宽卵形，长4~14 cm，宽6~16 cm，3全裂，中全裂片有短柄或近无柄，宽卵形，3深裂，深裂片楔状倒卵形，全缘或有疏齿，上面无毛，下面被长柔毛；叶柄长5~20 cm，密被长柔毛。花葶1~2，被长柔毛；总苞3深裂，裂片又2~3深裂，小裂片全缘或先端具2~3齿，条形或披针形，里面无毛，外面密被长柔毛；花柄长2~5 cm，结果时长达20 cm；花直立，钟状；萼片蓝紫色，矩圆状卵形，长3~5 cm，宽1~2 cm，里面无毛，外面密被长伏毛；雄蕊长约为萼片之半。瘦果纺锤形，扁，长3~4 mm，被长柔毛，宿存花柱长4~6.5 cm，被开展的长柔毛，末端无毛。花期5—6月，果期6—7月。

适宜生境与分布

中生植物。生于山地林缘和草甸。分布于我国东北、华北、华中、华东等。内蒙古

呼伦贝尔市、兴安盟、通辽市、赤峰市有分布。

资源状况

少见。

药用部位

干燥根。

采收加工

春、秋二季采挖，除去泥沙，干燥。

药材性状

本品呈类圆柱形或圆锥形，稍扭曲，长 6~20 cm，直径 0.5~2 cm。表面黄棕色或棕褐色，具不规则纵皱纹或纵沟，皮部易脱落，露出黄色的木质部，有的有网状裂纹或裂隙，近根头处常有朽状凹洞。根头部稍膨大，有白色茸毛，有的可见鞘状叶柄残基。质硬而脆，断面皮部黄白色或淡黄棕色，木质部淡黄色。气微，味微苦、涩。

功能主治

中医：清热解毒，凉血止痢。用于热毒血痢，阴痒带下。

蒙医：破痞，燥"希日乌素"，消食，排脓祛瘸。用于食积，"希日乌素"症，黄水疮。

用法用量

内服煎汤，9~15 g；或入丸、散。

毛茛属 Ranunculus L.

石龙芮 Ranunculus sceleratus L.

别名：水堇、姜苔、水姜苔、黄花菜

蒙文名：乌热乐和格—其其格

形态特征

一年生草本，高约 30 cm。须根细长，呈束状，淡褐色。茎直立，无毛，稀上部疏被毛，中空，具纵槽，分枝，稍肉质。基生叶具长柄，柄长 4~8 cm，叶片肾形，长 2~3 cm，宽 3~4.5 cm，3~5 深裂，裂片楔形，再 2~3 浅裂，小裂片具牙齿，两面无毛；茎生叶与基生叶同形，叶柄较短，分裂或不分裂，裂片较狭。聚伞花序多花，花梗近无毛或微被毛，花直径约 7 mm；萼片 5，卵状椭圆形，长约 3 mm，膜质，反卷，外面被柔毛；花瓣 5，倒卵形，长约 4 mm，黄色；花托矩圆形，长约 7 mm，宽约 3 mm，被柔毛。聚合果矩圆形，长约 8 mm，宽约 5 mm；瘦果近圆形，长约 1 mm，两侧扁，无毛，果喙极短。花果期 7—9 月。

适宜生境与分布

湿生植物。生于沼泽草甸及草甸；喜热带、亚热带温暖潮湿气候，野生于水田边、溪边、潮湿地区，忌土壤干旱，在肥沃、富含腐殖质的土壤中生长良好；常见于河沟边及平原湿地。我国各地均有分布。

资源状况

少见。

药用部位

全草。

采收加工

开花末期 5 月左右采收,洗净,鲜用或阴干。

药材性状

本品长 10~30 cm,疏生短柔毛或无毛。基生叶及下部叶具长柄,叶片肾状圆形,棕绿色,长 0.7~3 cm,3 深裂,中央裂片 3 浅裂;茎上部叶变小。聚伞花序有多数小花,花托被毛;萼片 5,船形,外面被短柔毛;花瓣 5,狭倒卵形。聚合果矩圆形;瘦果小而极多,倒卵形,稍扁,长约 1 mm。气微,味苦、辛。

功能主治

消肿,拔毒,散结,截疟。外用于淋巴结结核,疟疾,蛇咬伤,慢性下肢溃疡。

用法用量

内服煎汤,干品 3~9 g;亦可炒研为散,每次 1~1.5 g。外用适量,捣敷;或煎膏涂患处及穴位。

唐松草属 Thalictrum L.

展枝唐松草 Thalictrum squarrosum Steph.

别名:叉枝唐松草、歧序唐松草、坚唐松草

蒙文名:萨格斯格日—查森—其其格

形态特征

多年生草本,植株全部无毛。根茎细长,自节生出长须根。茎高 60~600 cm,有细纵槽,通常自中部近二歧状分枝。基生叶在开花时枯萎;茎下部及中部叶有短柄,为 2 至 3 回羽状复叶,叶片长 8~18 cm,小叶坚纸质或薄革质,顶生小叶楔状倒卵形、宽倒卵形、长圆形或圆卵形,长 0.8~2 cm,宽 0.6~1.5 cm,先端急尖,基部楔形至圆形,通常 3 浅裂,裂片全缘或有 2~3 小齿,表面脉常稍下陷,背面有白粉,脉平或稍隆起,脉网稍明显,叶柄长 1~4 cm。花序圆锥状,近二歧状分枝;花梗细,长 1.5~3 cm,在结果时稍增长;萼片 4,淡黄绿色,狭卵形,长约 3 mm,宽约 0.8 mm,脱落;雄蕊 5~14,长 3~5 mm;花药长圆形,长约 2.2 mm,有短尖头,花丝丝形;心皮 1~3,无柄,柱头箭头状。瘦果狭倒卵球形或近纺锤形,稍斜,长 4~5.2 mm,有 8 粗纵肋,柱头长约 1.6 mm。花期 7—8 月,果期 8—9 月。

适宜生境与分布

旱生伴生植物。生于草原、砂质草原群落中。分布于我国东北、华北等地。内蒙古兴安盟、通辽市、乌兰察布市、鄂尔多斯市、阿拉善盟,以及燕山北部等地有分布。

资源状况

少见。

药用部位

全草。

采收加工

秋季采收,洗净泥土,晒干。

药材性状

本品根茎呈结节状;细根数十条,密生于根茎下,长 10~15 cm,直径 0.5~1 mm;表面浅棕色,外皮常脱落,脱落处黄色;质脆,易折断,断面略呈纤维性;气微,味苦。茎叶呈黄绿色,光滑无毛,纤细,多碎断;叶柄基部加宽,呈膜质鞘状;叶片近革质,卵形或广倒卵形,先端具 3 钝牙齿或全缘。味苦。

功能主治

清热利湿,解毒,利尿。用于黄疸,痢疾,咳喘,小便不利,目赤肿痛,热疮。

用法用量

内服煎汤,3~10 g。

鼠李科 Rhamnaceae

枣属 Ziziphus Mill.

酸枣 Ziziphus jujuba Mill. var. spinosa (Bunge) Hu ex H. F. Chow

别名:棘

蒙文名:哲日力格—查巴嘎

形态特征

灌木。树皮褐色或灰褐色;有长枝,短枝和无芽小枝(即新枝)比长枝光滑,紫红色或灰褐色,呈"之"字形曲折,具 2 托叶刺,长刺可达 3 cm,粗直,短刺下弯,长 4~6 mm;短枝短粗,矩状,自老枝发出;当年生小枝绿色,下垂,单生或 2~7 簇生于短枝上。叶较小,纸质,卵形、卵状椭圆形或卵状矩圆形,长 3~7 cm,宽 1.5~4 cm,先端钝或圆形,稀锐尖,具小尖头,基部稍不对称,近圆形,边缘具圆齿状锯齿,上面深绿色,无毛,下面浅绿色,无毛或仅沿脉多少被疏微毛,基出脉 3;叶柄长 1~6 mm,或在长枝上的可达 1 cm,无毛或有疏微毛;托叶刺纤细,后期常脱落。花黄绿色,两性,5 基数,无毛,具短总花梗,单生或 2~8 密集成腋生聚伞花序;花梗长 2~3 mm;萼片卵状三角形;花瓣倒卵圆形,基部有爪,与雄蕊等长;花盘厚,肉质,圆形,5 裂;子房下部藏于花盘内,与花盘合生,2 室,每室有 1 胚珠,花柱 2 半裂。核果小,近球形或短矩圆形,直径 0.7~1.2 cm,具薄的中果皮,成熟时红色,后变红紫色,味酸;核两端钝,2 室,具 1 或 2 枚种子,果梗长 2~5 mm。种子扁椭圆形,长约 1 cm，宽 0.8 cm。花期 6—7 月，果期 8—9 月。

适宜生境与分布

旱中生植物。生于海拔 1 000 m 以下的向阳干燥平原、丘陵及山谷等地。分布于我国东北、华北等地。

资源状况

常见。

药用部位

种子。

采收加工

秋末、冬初采收成熟果实，除去果肉和核壳，收集种子，晒干。

药材性状

本品呈扁圆形或扁椭圆形，长 5~9 mm，宽 5~7 mm，厚约 3 mm。表面紫红色或紫褐色，平滑有光泽，有的有裂纹；有的两面均呈圆隆状凸起，有的一面较平坦，中间有一隆起的纵线纹，另一面稍凸起；一端凹陷，可见线形种脐，另一端有细小凸起的合点。种皮较脆，胚乳白色，子叶 2，浅黄色，富油性。气微，味淡。

功能主治

养心补肝，宁心安神，敛汗，生津。用于虚烦不眠，惊悸多梦，体虚多汗，津伤口渴。

用法用量

内服煎汤，10~15 g。

蔷薇科 Rosaceae

龙牙草属 Agrimonia L.

龙芽草 Agrimonia pilosa Ldb.

别名：仙鹤草、黄龙尾

蒙文名：陶吉如—额布斯

形态特征

多年生草本。根多呈块茎状，周围长出若干侧根。根茎短，基部常有 1 至数个地下芽。茎高 30~120 cm，被疏柔毛及短柔毛，稀下部被稀疏长硬毛。叶为间断奇数羽状复叶，通常有小叶 3~4 对，稀 2 对，向上减少至 3 小叶；叶柄被稀疏柔毛或短柔毛；小叶片无柄或有短柄，倒卵形、倒卵状椭圆形或倒卵状披针形，长 1.5~5 cm，宽 1~2.5 cm，先端急尖至圆钝，稀渐尖，基部楔形至宽楔形，边缘有急尖至圆钝锯齿，上面被疏柔毛，稀脱落几无毛，下面通常脉上伏生疏柔毛，稀脱落几无毛，有显著腺点；托叶草质，绿色，镰形，稀卵形，先端急尖或渐尖，边缘有尖锐锯齿或裂片，稀全缘，茎下部托叶有时卵状披针形，常全缘。花序穗状总状顶生，分枝或不分枝；花序轴被柔毛；花梗长1~5 mm，被柔毛；苞片通常3深裂，裂片带形，小苞片对生，卵形，全缘或分裂；花直径6~9 mm；萼片5，三角卵形；花瓣黄色，长圆形；雄蕊5~8（15）；花柱2，丝状，柱头头状。果实倒卵状圆锥形，外面有10肋，被疏柔毛，先端有数层钩刺，幼时直立，成熟时靠合，连钩刺长7~8 mm，最宽处直径3~4 mm。花果期5—12月。

适宜生境与分布

中生植物。散生于林缘草甸、低湿地草甸、河边、路旁，主要见于落叶阔叶林地区，往南可进入常绿阔叶林北部。我国各地均有分布。内蒙古呼伦贝尔市、兴安盟、通辽市、锡林郭勒盟、赤峰市、乌兰察布市、巴彦淖尔市、呼和浩特市、包头市有分布。

资源状况

常见。

药用部位

地上部分、根、冬芽。

采收加工

夏、秋二季茎叶茂盛时采割地上部分，除去杂质，洗净泥土，鲜用或晒干，切段。深冬、早春采挖根，除去残茎及须根，掰下冬芽，洗净泥土，刮去外皮，分别晒干。

药材性状

本品全体被白色柔毛。茎下部圆柱形，红棕色，直径4~6 mm，上部方柱形，绿褐色，茎节明显；质硬，易折断，断面中空。单数羽状复叶互生，暗绿色，皱缩，易碎；叶片有大小2种，相间生于叶轴上；托叶2，抱茎。总状花序细长。气微，味微苦。

功能主治

全草收敛止血，益气补虚；用于各种出血证，中气不足，劳伤脱力，肺虚劳嗽等。根、冬芽驱虫；用于绦虫，阴道滴虫。

用法用量

内服煎汤，6~12 g。外用适量。

杏属 *Armeniaca* Mill.

山杏 *Armeniaca sibirica*（L.）Lam.

别名：野杏、苦杏仁、杏子

蒙文名：赫格仁—桂勒斯

形态特征

灌木或小乔木，高2~5 m。小枝无毛，稀幼时疏生柔毛。叶卵形或近圆形，长5~10 cm，先端长渐尖或尾尖，基部圆形或近心形，有细钝锯齿，两面无毛，稀下面脉腋具柔毛；叶柄长2~3.5 cm，无毛。花单生，直径1.5~2 cm，先叶开放；花梗长1~2 mm；花萼紫红色，萼筒钟形，基部微被柔毛或无毛，萼片长圆状椭圆形，先端尖，花后反折；花瓣近圆形或倒卵形，白色或粉红色；雄蕊与花瓣近等长。核果扁球形，直径1.5~2.5 cm，成熟时黄色或橘红色，有时具红晕，被柔毛；果肉较薄而干燥，成熟时沿腹缝线开裂，味酸涩，不可食；核扁球形，易与果肉分离，两侧扁，先端圆，基部一侧偏斜，不对称，较平滑，腹面宽而锐利。种仁味苦。花期5月，果期7—8月。

适宜生境与分布
中生乔木。多散生于向阳石质山坡，栽培或野生。分布于我国东北、华北、西北等地。内蒙古通辽市、赤峰市、锡林郭勒盟、乌兰察布市，以及大青山、乌拉山、蛮汗山有分布。

资源状况
常见。

药用部位
种子。

采收加工
6—7月果实成熟时采收，鲜用或晒干。

药材性状
本品呈扁心形，长1~1.9 cm，宽0.8~1.5 cm，厚0.5~0.8 cm。表面黄棕色至深棕色，一端尖，另一端钝圆，肥厚，左右不对称，尖端一侧有短线形种脐，圆端合点处向上具多数深棕色的脉纹。种皮薄，子叶2，乳白色，富油性。气微，味苦。

功能主治
中医：降气止咳平喘，润肠通便。用于咳嗽气喘，痰多不利。

蒙医：止咳，祛痰，平喘，燥"希日乌素"，生发。用于感冒，咳嗽，哮喘，"希日乌素"症，便秘，脱发。

用法用量
内服煎汤，5~10 g，生品入煎剂后下。

樱属 *Cerasus* Mill.

欧李 *Cerasus humilis*（Bunge） Sok.
别名：小李仁、欧梨、郁子

蒙文名：乌拉那

形态特征
灌木，高达1.5 m。小枝被短柔毛；冬芽疏被短柔毛或几无毛。叶倒卵状长圆形或倒卵状披针形，长2.5~5 cm，有单锯齿或重锯齿，上面无毛，下面浅绿色，无毛或被稀疏短柔毛，侧脉6~8对；叶柄长2~4 mm，无毛或被稀疏短柔毛；托叶线形，长5~6 mm，边缘有腺体。花单生或2~3簇生，花叶同放；花梗长0.5~1 cm，被稀疏短柔毛；萼筒长、宽均约3 mm，外面被稀疏柔毛，萼片三角状卵形；花瓣白色或粉红色，长圆形或倒卵形；花柱与雄蕊等长，无毛。核果近球形，成熟时红色或紫红色，直径

1.5~1.8 cm；核除背部两侧外无棱纹。花期5月，果期7—8月。

适宜生境与分布

中生小灌木或灌木。生于山地灌丛或林缘坡地，也见于固定沙丘；对土壤要求不严。分布于我国东北、华北、陕西及华东北部的落叶阔叶林地区。内蒙古兴安盟、通辽市、赤峰市、锡林郭勒盟、乌兰察布市有分布。

资源状况

少见。

药用部位

种仁。

采收加工

夏、秋二季采收成熟果实，除去果肉及核壳，取出种子，晒干。

药材性状

本品呈卵形，长5~8 mm，直径3~5 mm。表面黄白色或浅棕色，一端尖，另一端钝圆，尖端一侧有线形种脐，圆端中央有深色合点，自合点处向上具多条纵向维管束脉纹。种皮薄，子叶2，乳白色，富油性。气微，味微苦。

功能主治

润燥滑肠，下气利水。用于津枯肠燥，食积气滞，腹胀便秘，水肿，脚气，小便不利。

用法用量

内服煎汤，3~9 g；或入丸、散。

山楂属 *Crataegus* L.

山楂 *Crataegus pinnatifida* Bunge

别名：山里红、裂叶山楂

蒙文名：道老纳

形态特征

落叶乔木，高达6 m，树皮粗糙，暗灰色或灰褐色。刺长1~2 cm，有时无刺。小枝圆柱形，当年生枝紫褐色，无毛或近无毛，疏生皮孔，老枝灰褐色；冬芽三角卵形，先端圆钝，无毛，紫色。叶片宽卵形或三角状卵形，稀菱状卵形，长5~10 cm，宽4~7.5 cm，先端短渐尖，基部截形至宽楔形，通常两侧各有3~5羽状深裂片，裂片卵状披针形或带形，先端短渐尖，边缘有尖锐、稀疏、不规则重锯齿，上面暗绿色，有光泽，下面沿叶脉疏生短柔毛或在脉腋有髯毛，侧脉6~10对，有的达裂片先端，有的至裂片分裂处；叶柄长2~6 cm，无毛；托叶草质，镰形，边缘有锯齿。伞房花序具多花，直径4~6 cm，总花梗和花梗均被柔毛，花后脱落，减少，花梗长4~7 mm；苞片膜质，线状披针形，长6~8 mm，先端渐尖，边缘具腺齿，早落；花直径约1.5 cm；萼筒钟状，长4~5 mm，外面密被灰白色柔毛，萼片三角状卵形至披针形，先端渐尖，全缘，约与萼筒等长，内外两面均无毛，或在内面先端有髯毛；花瓣倒卵形或近圆形，长 7~8 mm，宽 5~6 mm，白色；雄蕊 20，短于花瓣，花药粉红色；花柱 3~5，基部被柔毛，柱头头状。果实近球形或梨形，直径 1~1.5 cm，深红色，有浅色斑点；小核 3~5，外面稍具棱，内面两侧平滑；萼片脱落很迟，先端留一圆形深洼。花期 5—6 月，果期 9—10 月。

适宜生境与分布
中生落叶阔叶乔木。生于森林区或森林草原区的山地沟谷。分布于我国黑龙江、吉林、辽宁、内蒙古、河北、河南、山西、陕西、山东、江苏。内蒙古呼伦贝尔市、兴安盟、通辽市、赤峰市、锡林郭勒盟东部及南部山地、乌兰察布市、呼和浩特市有分布。

资源状况
常见。

药用部位
果实、叶、根。

采收加工
秋季采摘成熟果实，切片，晒干。夏季采摘叶，晒干。春、秋二季采挖根，洗净泥土，晒干，切片。

药材性状
本品果实近球形，直径 1~1.5 cm；表面鲜红色至紫红色，有光泽，满布灰白色斑点，先端有宿存花萼，基部有果柄残痕。商品常加工成纵切或横切的 2~4 mm 厚的片，多卷曲或皱缩不平；果肉厚，深黄色至浅棕色，切面可见浅黄色种子 5~6，有的已脱落。质坚硬。气微清香，味酸、甜。

功能主治
中医：果实用于肉食积滞，脘腹胀满，泻痢腹痛，小儿消化不良，癥瘕，瘀血经闭，产后瘀血，疝气，心腹刺痛，高血压，高血脂症，冠心病。叶用于高血压。根用于食积，痢疾，风湿关节痛，咯血。

蒙医：用于血热，黄疸，腑"协日"症，发热烦渴，瘟疫，尿涩，胆陈热。

用法用量
果实内服煎汤，9~12 g；或入丸、散。叶适量，泡水代茶饮。根内服煎汤，9~15 g。

路边青属 Geum L.

路边青 Geum aleppicum Jacq.
别名：水杨梅、兰布政
蒙文名：高浩—图如

形态特征
多年生草本。须根簇生。茎直立，高 30~100 cm，被开展粗硬毛，稀几无毛。基生叶为大头羽状复叶,通常有小叶 2~6 对,连叶柄长 10~25 cm;叶柄被粗硬毛,小叶大小极不相等,顶生小叶最大,菱状广卵形或宽扁圆形,长 4~8 cm,宽 5~10 cm,先端急尖或圆钝,基部宽心形至宽楔形,边缘常浅裂,有不规则粗大锯齿,锯齿急尖或圆钝,两面绿色,疏生粗硬毛;茎生叶为羽状复叶,有时重复分裂,向上小叶逐渐减少,顶生小叶披针形或倒卵状披针形,先端常渐尖或短渐尖,基部楔形;茎生叶托叶大,绿色,叶状,卵形,边缘有不规则粗大锯齿。花序顶生,疏散排列,花梗被短柔毛或微硬毛;花直径 1~1.7 cm;花瓣黄色,几圆形,比萼片长;萼片卵状三角形,先端渐尖,副萼片狭小,披针形,先端渐尖,稀 2 裂,比萼片短 1 倍多,外面被短柔毛及长柔毛;花柱顶生,在上部 1/4 处扭曲,成熟后自扭曲处脱落,脱落部分下部被疏柔毛。聚合果倒卵球形;瘦果被长硬毛,花柱宿存部分无毛,先端有小钩;果托被短硬毛,长约 1 mm。花果期 7—10 月。

适宜生境与分布

中生植物。散生于林缘草甸、河滩沼泽草甸、河边;喜湿润。分布于我国东北、华北、西北、华中、西南地区。内蒙古呼伦贝尔市、兴安盟、通辽市、赤峰市、锡林郭勒盟、乌兰察布市、呼和浩特市、包头市有分布。

资源状况

常见。

药用部位

全草。

采收加工

夏、秋二季采收,除去杂质,洗净泥土,鲜用或晒干,切段。

药材性状

本品主根呈短圆柱形,棕褐色,有多数棕色细须根。茎呈圆柱形,表面黄绿色,基部黄棕色,有纵条纹;质硬而脆,易折断,断面中空。叶互生,有长柄,叶片多皱缩,淡绿色或绿褐色,两面具毛;质脆,易破碎。茎顶或枝端有花,花萼、花冠常脱落或不全。聚合瘦果近球形,直径 6~10 mm,宿存花柱灰黄色,先端有黄色或黄棕色长钩刺。气微香,叶味苦、涩,根味淡、涩、微辛。

功能主治

清热解毒,利尿,消肿止痛,解痉。用于跌打损伤,腰腿疼痛,疔疮,肿毒,痈疽发背,痢疾,小儿惊风,水肿等。

用法用量

内服煎汤,10~15 g。外用适量,鲜品捣敷;或研末调敷患处。

苹果属 *Malus* Mill.

山荆子 *Malus baccata* (L.) Borkh.

别名:山定子、林荆子

蒙文名：乌日勒

形态特征

乔木，高达 10~14 m。树冠广圆形；幼枝细弱，微屈曲，圆柱形，无毛，红褐色，老枝暗褐色；冬芽卵形，先端渐尖，鳞片边缘微具茸毛，红褐色。叶片椭圆形或卵形，长 3~8 cm，宽 2~3.5 cm，先端渐尖，稀尾状渐尖，基部楔形或圆形，边缘有细锐锯齿，嫩时稍有短柔毛或完全无毛；叶柄长 2~5 cm，幼时有短柔毛及少数腺体，不久即全部脱落，无毛；托叶膜质，披针形，长约 3 mm，全缘或有腺齿，早落。伞形花序具花 4~6，无总梗，集生在小枝先端，直径 5~7 cm；花梗细，长 1.5~4 cm，无毛；苞片膜质，线状披针形，边缘具腺齿，无毛，早落；花直径 3~3.5 cm；萼筒外面无毛，萼片披针形，先端渐尖，全缘，长 5~7 mm，外面无毛，内面被茸毛，长于萼筒；花瓣倒卵形，长 2~2.5 cm，先端圆钝，基部有短爪，白色；雄蕊 15~20，长短不等，约等于花瓣的 1/2；花柱 4 或 5，基部有长柔毛，较雄蕊长。果实近球形，直径 8~10 mm，红色或黄色，柄洼及萼洼稍微陷入，萼片脱落；果梗长 3~4 cm。花期 4—6 月，果期 9—10 月。

适宜生境与分布

中生落叶阔叶小乔木或乔木。喜肥沃、潮湿的土壤，常生于落叶阔叶林区河流两岸的谷地，为河岸杂木林的优势种；也生于山地林缘及森林草原带的沙地。分布于我国黑龙江、吉林、辽宁、内蒙古、山东、山西、河北、陕西、甘肃。内蒙古呼伦贝尔市、兴安盟、通辽市、赤峰市、锡林郭勒盟、乌兰察布市、巴彦淖尔市、呼和浩特市有分布。

资源状况

常见。

药用部位

果实。

采收加工

秋季果实成熟时采摘，晒干。

药材性状

本品呈规则扁球形，直径约 1 cm，先端有萼洼，稍凹陷，基部偶有果柄，果柄长 2~3 cm。表面红棕色，剖开后分 5 室，偶有扁三角形种子，内果皮稍革质，质较重。味酸、微涩。

功能主治

止泻痢。用于痢疾，吐泻。

用法用量

内服煎汤，15~30 g；或研末冲服。

委陵菜属 Potentilla L.

二裂委陵菜 Potentilla bifurca L.

别名：叉叶委陵菜

蒙文名：阿叉—托连—汤乃
形态特征

多年生草本或亚灌木。根圆柱形，纤细，木质。花茎直立或上升，高 5~20 cm，密被疏柔毛或微硬毛。羽状复叶有小叶 5~8 对，最上面 2~3 对小叶基部下延与叶轴汇合，连叶柄长 3~8 cm；叶柄密被疏柔毛或微硬毛，小叶片无柄，对生，稀互生，椭圆形或倒卵状椭圆形，长 0.5~1.5 cm，宽 0.4~0.8 cm，先端常 2 裂，稀 3 裂，基部楔形或宽楔形，两面绿色，伏生疏柔毛；下部叶托叶膜质，褐色，外面被微硬毛，稀脱落几无毛；上部叶托叶草质，绿色，卵状椭圆形，常全缘，稀有齿。近伞房状聚伞花序顶生，疏散；花直径 0.7~1 cm；萼片卵圆形，先端急尖，副萼片椭圆形，先端急尖或钝，比萼片短或近等长，外面被疏柔毛；花瓣黄色，倒卵形，先端圆钝，比萼片稍长；心皮沿腹部有稀疏柔毛；花柱侧生，棒形，基部较细，先端缢缩，柱头扩大。瘦果表面光滑。花果期 5—9 月。

适宜生境与分布

生于山坡草丛中。分布于我国辽宁、河北、吉林、内蒙古，以及西北地区。

资源状况

常见。

药用部位

全草。

采收加工

夏、秋二季采收，除去杂质，洗净泥土，切碎，晒干。

功能主治

止血，止痢。用于功能性子宫出血，产后出血过多，痢疾。

用法用量

内服煎汤，25~50 g。外用适量，鲜叶捣敷。

委陵菜 *Potentilla chinensis* Ser.

别名：翻白草、白头翁、蛤蟆草、天青地白

蒙文名：托连—汤乃

形态特征

多年生草本，高 30~60 cm。根肥大，木质化。茎丛生，直立或斜升，有白色柔毛。羽状复叶，基生叶有小叶 15~31，小叶矩圆状倒卵形或矩圆形，长 3~5 cm，宽约 1.5 cm，羽状深裂，裂片三角状披针形，下面密生白色绵毛，叶柄长约 1.5 cm，托叶和叶柄基部合生；叶轴有长柔毛；茎生叶与基生叶相似。聚伞花序顶生，总花梗和花梗有白色茸毛或柔毛；黄色，直径约 1 cm。瘦果卵球形，深褐色，有明显皱纹，聚生于有绵毛的花托上。花果期 7—9 月。

适宜生境与分布

生于山坡草地、沟谷、林缘、灌丛或疏林下。分布于我国黑龙江、吉林、辽宁、内蒙古、河北、河南、山东、山西、陕西、甘肃、青海、四川、安徽、江苏、江西、湖北等地。内蒙古兴安盟、通辽市、锡林郭勒盟、赤峰市、乌兰察布市、鄂尔多斯市有分布。

资源状况

十分常见。

药用部位

干燥全草。

采收加工

春季未抽茎时采收，除去泥沙，晒干。

药材性状

本品根呈圆柱形或类圆锥形，略扭曲，有的有分枝，长5～17 cm，直径0.5～1.5 cm；表面暗棕色或暗紫红色，有纵纹，粗皮易呈片状剥落；根颈部稍膨大；质硬，易折断，断面皮部薄，暗棕色，常与木质部分离，射线呈放射状排列。叶基生，单数羽状复叶，有柄；小叶15～31片，狭长椭圆形，边缘羽状深裂，下表面和叶柄均呈灰白色，密被灰白色茸毛。气微，味涩、微苦。

功能主治

清热解毒，凉血止痢。用于赤痢腹痛，久痢不止，痔疮出血，痈肿疮毒。

用法用量

内服煎汤，9～15 g。外用适量。

莓叶委陵菜 *Potentilla fragarioides* L.

别名：雉子筵

蒙文名：奥衣音—陶来音—汤乃

形态特征

多年生草本。花茎多数，丛生，上升或铺散，长达25 cm，被长柔毛。基生叶为羽状复叶，有小叶2～3对，连叶柄长5～22 cm，叶柄被疏柔毛，小叶有短柄或几无柄，小叶倒卵形、椭圆形或长椭圆形，长0.5～7 cm，边缘多数急尖或圆钝锯齿，近基部全缘，两面绿色，被平铺疏柔毛，下面沿脉较密，锯齿边缘有时密被缘毛；茎生叶常有3小叶，小叶与基生叶小叶相似或长圆形，先端有锯齿，下半部全缘，叶柄短或几无柄；基生叶托叶膜质，褐色，外面有稀疏长柔毛；茎生叶托叶草质，绿色，卵形，全缘，外被疏柔毛。伞房状聚伞花序顶生，多花，松散；花梗纤细，长1.5～2 cm，被疏柔毛；花直径1～1.7 cm；萼片三角状卵形，副萼片长圆状披针形，与萼片近等长或稍短；花瓣黄色，倒卵形，先端圆钝或微凹；花柱近顶生，上部大，基部小。瘦果近肾形，直径约1 mm，有脉纹。花期5—6月，果期6—7月。

适宜生境与分布

中生植物。生于山地林下、林缘、灌丛、林间草甸，也稀见于草甸化草原，一般为伴生种。分布于我国东北、华北、西北、华东、西南。内蒙古呼伦贝尔市、兴安盟、通辽市、锡林郭勒盟、乌兰察布市、呼和浩特市有分布。

资源状况

常见。

药用部位

全草。

采收加工

夏季采收,洗净,晒干。

药材性状

本品根茎呈短圆柱状或块状,有的略弯曲,长0.5~2 cm,直径0.3~1.5 cm;表面棕褐色,粗糙,周围着生多数须根或圆形根痕,先端有棕色叶基及芽,叶基边缘膜质,与芽均被淡黄色茸毛;质坚硬,断面皮部较薄,黄棕色至棕色,木质部导管群黄色,中心有髓。根细长,弯曲,长5~10 cm,直径1~4 mm,表面具纵沟纹;质脆,易折断,折断面略平整,黄棕色至棕色。无臭,味涩。

功能主治

益中气,补阴虚,止血。用于疝气,干血痨,崩漏,产后出血,子宫肌瘤出血。

用法用量

内服煎汤,9~15 g;或黄酒煎服。

金露梅 *Potentilla fruticosa* L.

别名:金老梅、金蜡梅、老鸹爪

蒙文名:阿拉坦—乌日啊拉格、哈日—奔麻

形态特征

灌木,高达2 m,多分枝。小枝红褐色,幼时被长柔毛。羽状复叶有5小叶,上面1对小叶基部下延,与叶轴汇合,叶柄被绢毛或疏柔毛;小叶长圆形、倒卵状长圆形或卵状披针形,长0.7~2 cm,边缘平或稍反卷,全缘,先端急尖或圆钝,基部楔形,两面疏被绢毛或柔毛或近无毛;托叶薄膜质,宽大,外面被长柔毛或脱落。花单生或数朵生于枝顶;花梗密被长柔毛或绢毛;花直径2.2~3 cm;萼片卵形,先端急尖至短渐尖,副萼片披针形至倒卵状披针形,先端渐尖至急尖,与萼片近等长,外面疏被绢毛;花瓣黄色,宽倒卵形;花柱近基生,棒状,基部稍细,先端缢缩,柱头扩大。瘦果近卵圆形,成熟时褐棕色,长约1.5 mm,外被长柔毛。花期6—8月,果期8—10月。

适宜生境与分布

较耐寒的中生灌木。生于山地、河谷、沼泽、灌丛,为建群种或伴生种,也常散生于落叶松林及云杉林下的灌木层中。分布于我国东北、华北、西南,以及黄土高原。内蒙古呼伦贝尔市、通辽市、赤峰市、锡林郭勒盟、乌兰察布市、阿拉善盟有分布。

资源状况

少见。

药用部位

花、叶。

采收加工

夏季花期采摘花序、叶,分别阴干。

功能主治

中医：花健脾化湿；用于消化不良，浮肿，赤白带下，乳腺炎。叶清暑，益脑清心，健胃消食，调经；用于中暑，眩晕，食滞，月经不调。

蒙医：消食，止咳，消肿，燥"希日乌素"；用于消化不良，咳嗽，水肿，"希日乌素"症，乳腺炎。

用法用量

中医：内服煎汤，6~10 g；或泡水代茶饮。

蒙医：多入丸、散。

蔷薇属 *Rosa* L.

玫瑰 *Rosa rugosa* Thunb.

别名：玫瑰花

蒙文名：萨日盖—其其格

形态特征

灌木，高 1~2 m。茎枝密被茸毛、腺毛及皮刺。羽状复叶互生，小叶 5~9，椭圆形至卵状椭圆形，边缘有细锯齿，下面被毛；叶柄生柔毛及刺；托叶附着于总叶柄处。花单生或数朵簇生，直径 6~8 cm；萼片 5，披针形，内面有绵毛；花瓣 5 或重瓣，紫红色至白色；雄蕊多数；雌蕊多数。果实扁球形，萼宿存。花期 5—8 月，果期 6—9 月。

适宜生境与分布

适合生长在潮湿、微酸、排水良好的花园壤土中，阳光充足，部分遮阴，但也适合一些贫瘠的土壤，包括沙地、黏土或砾石土壤。原产中国华北以及日本和朝鲜。我国各地均有栽培。

资源状况

常见。

药用部位

花。

采收加工

春末夏初花将开放时分批采摘，及时低温干燥。

药材性状

本品呈半球形或不规则团状，直径 0.7~1.5 cm。残留花梗被细柔毛，花托半球形，与花萼基部合生；萼片 5，披针形，黄绿色或棕绿色，被细柔毛；花瓣多皱缩，展平后宽卵形，呈覆瓦状排列，紫红色，有的黄棕色；雄蕊多数，黄褐色；花柱多数，柱头在花托口集成头状，略突出，短于雄蕊。体轻，质脆。气芳香、浓郁，味微苦、涩。

功能主治

行气解郁，和血，止痛。用于肝胃气痛，食少呕恶，月经不调，跌打伤痛。

用法用量

内服煎汤，3~6 g。

地榆属 *Sanguisorba* Linn.

地榆 *Sanguisorba officinalis* L.

别名：蒙古枣、黄瓜香

蒙文名：苏都—额布斯、呼仁—图如

形态特征

多年生草本，高达1.2 m。根粗壮，多呈纺锤形，稀呈圆柱形，表面棕褐色或紫褐色，有纵皱及横裂纹，横切面黄白色或紫红色。茎有棱，无毛或基部有稀疏腺毛。基生叶为羽状复叶，小叶4~6对；叶柄无毛或基部有稀疏腺毛；小叶有短柄，卵形或长圆状卵形，长1~7 cm，先端圆钝，稀急尖，基部心形或浅心形，有粗大圆钝、稀急尖锯齿，两面绿色，无毛；基生叶托叶膜质，褐色，外面无毛或被稀疏腺毛。穗状花序椭圆形、圆柱形或卵球形，直立，长1~3 cm，从花序先端向下开放，花序梗光滑或偶有稀疏腺毛；苞片膜质，披针形，比萼片短或近等长，背面及边缘有柔毛；萼片4，紫红色，椭圆形或宽卵形，背面被疏柔毛。瘦果包藏于宿存萼筒内，有4棱。花期7—8月，果期8—9月。

适宜生境与分布

生于草甸、林缘草甸、山坡草地、林下、灌丛或疏林下。分布于我国黑龙江、吉林、辽宁、内蒙古、河北、河南、山东、山西、甘肃、湖北、湖南、安徽、江苏、江西、浙江、四川、贵州、广西、广东等地。内蒙古呼伦贝尔市、兴安盟、通辽市、锡林郭勒盟、鄂尔多斯市、阿拉善盟有分布。

资源状况

常见。

药用部位

干燥根。

采收加工

春季将发芽时或秋季植株枯萎后采挖，除去须根，洗净，干燥；或趁鲜切片，干燥。

药材性状

本品呈不规则纺锤形或圆柱形，稍弯曲，长5~25 cm，直径0.5~2 cm。表面灰褐色至暗棕色，粗糙，有纵纹。质硬，断面较平坦，粉红色或淡黄色，木质部略呈放射状排列。气微，味微苦、涩。

功能主治

凉血止血，解毒敛疮。用于便血，痔血，血痢，崩漏，烫火伤，痈肿疮毒。

用法用量

内服煎汤，9~15 g。外用适量，研末涂敷患处。

花楸属 Sorbus L.

花楸树 Sorbus pohuashanensis（Hance）Hedl.

别名：山槐子、百华花楸、马加木

蒙文名：钦登—毛都

形态特征

乔木，高达8 m。小枝粗壮，圆柱形，灰褐色，嫩枝具茸毛，逐渐脱落，老时无毛；冬芽长、大，长圆状卵形，先端渐尖，具数枚红褐色鳞片，外面密被灰白色茸毛。奇数羽状复叶，连叶柄长12~20 cm，叶柄长2.5~5 cm；小叶片5~7对，间隔1~2.5 cm，基部和顶部的小叶片常稍小，卵状披针形或椭圆状披针形，长3~5 cm，宽1.4~1.8 cm，先端急尖或短渐尖，基部偏斜圆形，边缘有细锐锯齿，基部或中部以下近全缘，上面具稀疏茸毛或近无毛，下面苍白色，有稀疏或较密集茸毛，间或无毛，侧脉9~16对，在叶边缘稍弯曲，下面中脉显著凸起。复伞房花序具多数密集花，总花梗和花梗均密被白色茸毛，成长时逐渐脱落；花梗长3~4 mm；花直径6~8 mm；萼筒钟状，外面有茸毛或近无毛，内面有茸毛，萼片三角形，先端急尖，内外两面均具茸毛；花瓣宽卵形或近圆形，长3.5~5 mm，宽3~4 mm，先端圆钝，白色，内面微具短柔毛；雄蕊20，几与花瓣等长；花柱3，基部具短柔毛，较雄蕊短。果实近球形，直径6~8 mm，红色或橘红色，具宿存闭合萼片。花期6月，果期9—10月。

适宜生境与分布

喜湿润土壤，多沿溪涧山谷的阴坡生长；常生于海拔900~2 500 m的山坡或山谷杂木林内。分布于我国黑龙江、吉林、辽宁、内蒙古、河北、山西、甘肃、山东。内蒙古呼伦贝尔市、兴安盟、通辽市、锡林郭勒盟、赤峰市、乌兰察布市、呼和浩特市有分布。

资源状况

少见。

药用部位

果实、茎、茎皮。

采收加工

秋季采收成熟果实，鲜用或晒干。春季采收茎及茎皮，晒干。

药材性状

本品梨果近球形，长6~8 mm，橙色或红色，具皱纹，先端有残存花被。中部横切片具浅黄色果核数枚。气微弱，味酸、苦。

功能主治

果实健胃补虚。用于胃炎，维生素A、维生素C缺乏症。茎、茎皮清肺止咳；用于肺结核，哮喘，咳嗽。

用法用量

内服煎汤，果实 50~200 g，茎、茎皮 15~25 g。

绣线菊属 *Spiraea* L.

土庄绣线菊 *Spiraea pubescens* Turcz.

别名：柔毛绣线菊、土庄花

蒙文名：哈登—切

形态特征

灌木，高达 2 m。小枝稍弯曲，嫩时被短柔毛，老时无毛；冬芽具短柔毛，外被数枚鳞片。叶菱状卵形或椭圆形，长 2~4.5 cm，先端急尖，基部宽楔形，中部以上有粗齿或缺刻状锯齿，有时 3 裂，两面被短柔毛；叶柄长 2~4 mm，被短柔毛。伞形花序具花序梗，有 15~20 花；花梗长 0.7~1.2 cm，无毛；苞片线形，被柔毛；花直径 5~7 mm；花萼外面无毛，萼片卵状三角形；花瓣卵形、宽倒卵形或近圆形，长、宽均为 2~3.5 mm，白色；雄蕊 25~30，约与花瓣等长；花盘环形，具 10 裂片，裂片先端稍凹陷；子房无毛或腹部及基部有短柔毛，花柱短于雄蕊。蓇葖果开张，腹缝线微被短柔毛，宿存花柱顶生，宿存萼片直立。花期 5—6 月，果期 7—8 月。

适宜生境与分布

中生灌木。多生于山地林缘及灌丛，也见于草原带的沙地，有时可成为优势种，一般零星生长。分布于我国黑龙江、吉林、辽宁、内蒙古、河北、河南、山西、甘肃、陕西、山东、安徽、湖北。内蒙古呼伦贝尔市、兴安盟、赤峰市、锡林郭勒盟、呼和浩特市、包头市有分布。奈曼旗青龙山镇等地有分布。

资源状况

常见。

药用部位

茎髓。

采收加工

秋季采收，取地上茎，截段，趁鲜取出茎髓，理直，晒干。

功能主治

利尿，消肿。用于小便不利，水肿。

用法用量

内服煎汤，10~15 g。

三裂绣线菊 *Spiraea trilobata* L.

别名：三桠绣球、三裂叶绣线菊

蒙文名：哈日—塔比勒千纳

形态特征

灌木。小枝无毛；冬芽无毛，外被数枚鳞片。叶近圆形，长 1.7~3 cm，先端钝，常 3 裂，基部圆或近心形，稀楔形，中部以上具少数钝圆齿，两面无毛，基脉 3~5。伞形花序具花序梗，无毛；花梗长 0.8~1.3 cm，无毛；苞片线形或倒披针形，上部深裂成细裂片；花直径 6~8 mm；花萼无毛，萼片三角形；花瓣宽倒卵形，先端常微凹，长、宽均为 2.5~4 mm；雄蕊 18~20，比花瓣短；花盘约有 10 个大小不等的裂片，裂片先端微凹；子房被柔毛，花柱比雄蕊短。蓇葖果开张，沿腹缝线微被短柔毛或无毛，宿存花柱顶生，具宿存萼片。花期 5—7 月，果期 7—9 月。

适宜生境与分布

中生灌木。多生于石质山坡，为山地灌丛的建群种。分布于我国黑龙江、辽宁、内蒙古、山东、山西、河北、河南、甘肃、陕西、安徽等地。内蒙古赤峰市、锡林郭勒盟、乌兰察布市、鄂尔多斯市、呼和浩特市、包头市、通辽市有分布。

资源状况

少见。

药用部位

叶、果实。

采收加工

夏、秋二季采收成熟果实。

功能主治

活血祛瘀，消肿止痛。用于疮痈肿毒，咽喉肿痛。

用法用量

内服煎汤，10~15 g。

茜草科 Rubiaceae

拉拉藤属 *Galium* Linn.

蓬子菜 *Galium verum* L.

别名：松叶草、疗毒蒿

蒙文名：乌润都勒

形态特征

多年生草本，高达 45 cm。茎有 4 棱，被柔毛或秕糠状毛。叶纸质，6~10 轮生，线形，长 15~30 mm，宽 1~1.5 mm，先端短尖，边缘常卷成管状，上面无毛，下面有柔毛，稍苍白色，干后常黑色，具 1 脉；无柄。聚伞花序顶生和腋生，多花，常在枝顶组成圆锥状花序，长达 15 cm，直径达 12 cm，花序梗密被柔毛；花稠密；花梗有疏柔毛或无毛，长 1~2.5 mm；萼筒无毛；花冠黄色，辐状，无毛，直径约 3 mm，裂片卵形或长圆形,长约 1.5 mm。果爿双生,近球状,直径约 2 mm,无毛。花期 7 月,果期 8—9 月。

适宜生境与分布

中生植物。生于草甸草原、杂类草草甸、山地林缘及灌丛中,常成为草甸草原的优势植物之一。分布于我国东北、华北、西北及长江流域各地。内蒙古呼伦贝尔市、兴安盟、通辽市、锡林郭勒盟、乌兰察布市、巴彦淖尔市、阿拉善盟有分布。奈曼旗南部山区有分布。

资源状况

常见。

药用部位

全草。

采收加工

夏、秋二季采收,鲜用或晒干。

功能主治

活血祛瘀,解毒止痒,利尿,通经。用于疮痈肿毒,跌打损伤,经闭,腹水,蛇咬伤,风疹瘙痒。

用法用量

内服煎汤,10~15 g。外用适量,捣敷;或熬成熟膏涂。

茜草属 *Rubia* Linn

茜草 *Rubia cordifolia* L.

别名:红丝线、粘粘草

蒙文名:那郎海—额布斯、玛日纳

形态特征

草质攀缘藤本。根茎和其节上的须根均呈红色。茎数至多条,有 4 棱,棱有倒生皮刺,多分枝。叶 4 轮生,纸质,披针形或长圆状披针形,长 0.7~3.5 cm,先端渐尖或钝尖,基部心形,边缘有皮刺,两面粗糙,脉有小皮刺,基出脉 3,稀外侧有 1 对很小的基出脉;叶柄长 1~2.5 cm,有倒生皮刺。聚伞花序腋生和顶生,多 4 分枝,有花十余朵至数十朵;花序梗和分枝有小皮刺;花冠淡黄色,干后淡褐色,裂片近卵形,微伸展,长 1.3~1.5 mm,无毛。果实球形,直径 4~5 mm,成熟时橘黄色。花期 7—8 月,果期 9 月。

适宜生境与分布

生于向阳岩石缝、山地林下、林缘、灌丛中、河岸林下。我国除新疆以外,各地均有分布。奈曼旗白音昌乡等地有分布。

资源状况

常见。

药用部位
干燥根及根茎。

采收加工
春、秋二季采挖，除去泥沙，干燥。

药材性状
本品根茎呈结节状，丛生粗细不等的根。根呈圆柱形，略弯曲，长 10~25 cm，直径 0.2~1 cm；表面红棕色或暗棕色，具细纵皱纹和少数细根痕；皮部脱落处呈黄红色。质脆，易折断，断面平坦，皮部狭，紫红色，木质部宽广，浅黄红色，导管孔多数。气微，味微苦，久嚼刺舌。

功能主治
凉血，祛瘀，止血，通经。用于吐血，衄血，崩漏，外伤出血，瘀阻经闭，关节痹痛，跌仆肿痛。

用法用量
内服煎汤，6~10 g；或入丸、散。外用适量，研末敷；或煎汤洗患处。

芸香科 Rutaceae

拟芸香属 *Haplophyllum* A. Juss.

北芸香 *Haplophyllum dauricum* (L.) G. Don

别名：草芸香、假芸香、单叶芸香

蒙文名：呼吉—额布苏

形态特征
多年生宿根草本。茎的地下部分颇粗壮，木质，地上部分的茎枝甚多，密集成束状或松散，小枝细长，长 10~20 cm，初时被短细毛且散生油点。叶狭披针形至线形，长 5~20 mm，宽 1~5 mm，两端尖；位于枝下部的叶片较小，通常倒披针形或倒卵形，灰绿色，厚纸质，油点甚多，中脉不明显，几无叶柄。伞房状聚伞花序，顶生，通常多花，很少为 3 花的聚伞花序；苞片细小，线形；萼片 5，基部合生，长约 1 mm，边缘被短柔毛；花瓣 5，黄色，边缘薄膜质，淡黄色或白色，长圆形，长 6~8 mm，散生半透明颇大的油点；雄蕊 10，与花瓣等长或较短，花丝中部以下增宽，宽阔部分的边缘被短毛，内面被短柔毛；花药长椭圆形，药隔先端有大而稍凸起的油点 1；子房球形而略伸长，3 室，稀 2 或 4 室，花柱细长，柱头略增大。成熟果实自顶部开裂，在果柄处分离而脱落，每分果瓣有 2 种子。种子肾形，褐黑色，长 2~2.5 mm，厚 1~15 mm。花期 6—7 月，果期 8—9 月。

适宜生境与分布
旱生植物。生于草原和森林草原地区，也见于荒漠草原区的山地，为草原群落的伴生种。分布于我国东北、华北、西北。内蒙古兴安盟、呼伦贝尔市、赤峰市、乌兰察布市、巴彦淖尔市、鄂尔多斯市有分布。奈曼旗土城子乡等地有分布。

资源状况

常见。

药用部位

全草。

采收加工

秋季采收，洗净，鲜用或晒干。

功能主治

清热解毒，散瘀止痛。用于感冒，发热，牙痛，月经不调，小儿湿疹。外用于疮疖肿毒，跌打损伤。

用法用量

内服煎汤，15~30 g。或浸酒，9~15 g。

无患子科 Sapindaceae

文冠果属 *Xanthoceras* Bunge

文冠果 *Xanthoceras sorbifolium* Bunge

别名：木瓜、文冠树

蒙文名：沙日—僧登

形态特征

落叶灌木或小乔木。小枝粗壮，褐红色。小叶 4~8 对，披针形或近卵形，两侧稍不对称，先端渐尖，基部楔形，边缘有锐利锯齿，顶生小叶通常 3 深裂。花序先叶抽出或与叶同时抽出，两性花的花序顶生，雄花序腋生，直立；花瓣白色，基部紫红色或黄色，有清晰的脉纹；子房被灰色茸毛。蒴果。种子黑色而有光泽。花期 4—5 月，果期 7—8 月。

适宜生境与分布

中生植物。生于山坡。分布于我国江苏、山东、山西、陕西、河南、河北、甘肃、辽宁、吉林、内蒙古等地。内蒙古赤峰市、乌兰察布市、阿拉善盟有分布。奈曼旗全旗均有分布。

资源状况

常见。

药用部位

木材、枝叶。

采收加工

春、夏二季采收，剥去外皮，取木材截段，劈成小块，晒干备用；或取鲜枝叶切碎，熬膏用。

药材性状

本品木材呈不规则的块片状；表面红棕色或黄褐色；横断面红棕色，有同心性环纹。枝条多呈细圆柱形；表面黄白色或黄绿色；断面有年轮环纹，外侧黄白色，内部红棕色。质坚硬。气微，味甘、涩、苦。

功能主治

中医：祛风湿。用于风湿痹痛。

蒙医：木材（蒙药名：霞日—森登）燥黄水，清热，消肿，止痛；用于游痛症，痛风症，热性黄水病，麻风病，青腿病，皮肤瘙痒，癣，脱发，黄水疮，风湿性心脏病，关节疼痛，淋巴结肿大等。

用法用量

中医：内服煎汤，3~9 g；或制成流浸膏服用。外用适量，熬膏敷患处。

蒙医：内服煎汤，单用 1.5~3 g；或者入丸、散、油或膏剂。

玄参科 Scrophulariaceae

大黄花属 *Cymbaria* L.

达乌里芯芭 *Cymbaria dahurica* L.

别名：芯芭、兴安芯芭、芯玛芭、大黄花

蒙文名：阿拉坦—艾给

形态特征

多年生草本，高 6~23 cm，密被白色绢毛，使植体呈银灰白色。根茎垂直或俯卧向下，少有地平伸展者，多少弯曲，表面片状剥落，向上常变多头而有宿存之隔年枯茎。茎多条自根茎分枝顶部发出，也偶自横行根茎的节上发出，成丛，基部为紧密的鳞片所覆盖，弯曲上升或直立，老时基部木质化。叶对生，无柄，线形至线状披针形，全缘或偶有稍分裂，具 2~3 裂片，通常长 10~20 mm，宽 2~3 mm，位于茎基部者较短，向上较细长，可达 23 mm，先端渐尖，末端有 1 小刺状尖头，两面均被白色丝状柔毛，尤以下面为多。总状花序顶生，花少数，每茎 1~4，单生于苞腋，直立或斜伸，具长 2~5 mm 的短梗；梗与萼管基部连接处有小苞片 2，小苞片长 11~20 mm，宽 2~4 mm，线形或披针形，全缘，或有时较宽，开裂而具 1~2 小齿，被毛，通常于萼管基部紧贴，有时多少分离，而在其间有长 0.5~1 mm 的节间；萼下部筒状，外部密被丝状柔毛，内面有短柔毛，通常有脉 11，管长 5~10 mm，上部具 5 线形或锥形萼齿，先端渐尖，有 1 小尖头，各齿近相等，长 9~20 mm，两面均被紧密柔毛，萼齿间常有 1~2 附加小齿；

花冠黄色，长 30~45 mm，二唇形，外被白色柔毛，内面有腺点，下唇 3 裂，在其两裂口后面有褶襞 2，通至管的中部，喉部有长柔毛 1 撮，裂片长椭圆形，先端钝或略尖，中裂较两侧裂略长，通常长 10~16 mm，宽 7~13 mm，上唇先端 2 裂，略弯向前方；雄蕊 4，二强，微露于花冠喉部，前方 1 对较长，均着生于花管靠近子房上部处的内面，着生处凸起，质地坚韧，密生长柔毛，花丝基部被毛，花药背着，药室 2，纵裂，长倒卵形，长 4~4.5 mm，宽 1 mm，先端渐细，成 1 小尖头，有时可长达 1 mm，顶部钝圆，多少分离，被长柔毛；子房长圆形，花柱细长，自上唇先端伸出，弯向前方，柱头头状。蒴果革质，长卵圆形，长 10~13 mm，宽 8~9 mm，先端有嘴。种子卵形，长 3~4 mm，宽 2~2.5 mm，一面较扁平，另一面微圆凸，而略带三棱形，周围有狭翅 1 环。花期 6—8 月，果期 7—9 月。

适宜生境与分布

生于草原、荒漠草原及山地草原上。分布于我国北京、内蒙古、河南、黑龙江、湖北等地。奈曼旗巴嘎波日和苏木有分布。

资源状况

常见。

药用部位

全草。

采收加工

5—8 月采收带花全草，除去泥沙等杂质，阴干。

药材性状

本品根呈细长圆锥形，弯曲，长 4~10 cm，直径 1.5~2.5 mm；表面褐色，外皮易剥落；质坚，易折断，断面平坦，黄白色。茎呈圆柱形，长 10~15 cm，直径 1~3 mm，密被白色柔毛。叶对生，无柄，多皱缩破碎，完整叶条形至条状披针形，全缘，被灰白色茸毛。花皱缩成喇叭状，长 4~6 cm，上部直径达 1 cm，表面棕黄色，密被丝状毛；花萼齿间常有 1~2 附加子齿；花冠二唇形，上唇 2 裂，下唇 3 裂；二强雄蕊。蒴果革质，长卵形。气特异，味微苦。

功能主治

祛风除湿，利尿，止血。用于风湿痹痛，月经过多，吐血，衄血，便血，外伤出血，肾炎水肿，黄水疮。

用法用量

内服煎汤，3~9 g；研末，1.5~3 g。外用适量，煎汤洗。

柳穿鱼属 *Linaria* Mill

柳穿鱼 *Linaria vulgaris* Mill.

别名：小金鱼草

蒙文名：浩宁—扎吉鲁细、东日斯力瓦—善巴

形态特征

多年生草本，高 20~80 cm，茎叶无毛。茎直立，常在上部分枝。叶通常多数而互生，少下部的轮生，上部的互生，更少全部叶都成 4 轮生的；叶片条形，常单脉，少 3 脉，长 0.2~1 cm，宽 2~10 mm。总状花序，花期短而花密集，果期伸长而果疏离，花序轴及花梗无毛或有少数短腺毛；苞片条形至狭披针形，超过花梗，花梗长 2~8 mm；花萼裂片披针形，长约 4 mm，宽 1~1.5 mm，外面无毛，内面多少被腺毛；花冠黄色，除去距长 10~15 mm，上唇长于下唇，裂片长 2 mm，卵形，下唇侧裂片卵圆形，宽 3~4 mm，中裂片舌状，距稍弯曲，长 10~15 mm。蒴果卵球状，长约 8 mm。种子盘状，边缘有宽翅，成熟时中央常有瘤状突起。花期 7—8 月，果期 8—9 月。

适宜生境与分布

旱中生植物。生于山地草甸、沙地及路边。分布于我国东北、华北，以及山东、河南、江苏、陕西、甘肃。内蒙古兴安北部、兴安南部、岭西、岭东、呼锡高原、赤峰丘陵、科尔沁草原、阴山、阴南丘陵等有分布。奈曼旗巴嘎波日和苏木等地有分布。

资源状况

少见。

药用部位

全草。

采收加工

夏、秋二季采收，切段，阴干。

功能主治

中医：清热解毒，利尿。用于黄疸，小便不利，感冒头痛，痔疮，皮肤病，烫火伤。蒙医：清热解毒，消肿，利胆退黄。用于瘟疫，黄疸，烫伤，伏热。

用法用量

内服煎汤，10~15 g；或研粉。外用适量，研粉调敷；或煎汤熏洗。

松蒿属 *Phtheirospermum* Bunge ex Fisch. et Mey.

松蒿 *Phtheirospermum japonicum* （Thunb.） Kanitz

别名：小盐灶草

蒙文名：扎拉哈格图—额布斯

形态特征

一年生草本，高达 1 m，但有时高仅 5 cm 即开花，植株被腺毛。茎直立或弯曲而后上升，通常多分枝。叶长三角状卵形，长 1.5~5.5 cm，近基部的羽状全裂，向上则为羽状深裂；小裂片长卵形或卵圆形，多少歪斜，边缘具重锯齿或深裂，长 0.4~1 cm；叶柄长 0.5~1.2 cm，边缘有窄翅。花长 2~7 mm；花萼长 0.4~1 cm，萼齿 5，披针形，长 2~6 mm，羽状浅裂至深裂，裂齿先端锐尖；花冠紫红色或淡紫红色，长 0.8~2.5 cm，外面被柔毛，上唇裂片三角状卵形，下唇裂片先端圆钝；花丝基部疏被长柔毛。蒴果长 0.6~1 cm。种子卵圆形，扁平。

适宜生境与分布

中生植物。生于山地灌丛及沟谷草甸。我国除新疆、青海以外，各地均有分布。内蒙古兴安盟、通辽市、赤峰市、呼和浩特市、包头市有分布。奈曼旗新镇等地有分布。

资源状况

常见。

药用部位

全草。

采收加工

夏季采收，鲜用或晒干。

药材性状

本品长 30~60 cm。茎直立，上部多分枝，具腺毛，有黏性。叶对生，多皱缩而破碎，完整叶片三角状卵形，长 3~5 cm，宽 2~3.5 cm，羽状深裂，两侧裂片长圆形，先端裂片较大，卵圆形，边缘具细锯齿，叶两面均有腺毛。穗状花序顶生；花萼钟状，长约 6 mm，5 裂；花冠淡红紫色。味微辛。

功能主治

清热利湿。用于湿热黄疸，水肿，风热感冒，口疮，鼻炎。

用法用量

内服煎汤，15~30 g。外用适量，煎汤洗；或研末调敷。

地黄属 Rehmannia Libosch. ex Fisch. et Mey.

地黄 Rehmannia glutinosa（Gaetn.） Libosch. ex Fisch. et Mey.

别名：生地黄、生地

蒙文名：霍如波钦—其其格

形态特征

多年生草本，高 10~30 cm，密被灰白色多细胞长柔毛和腺毛。根茎肉质，鲜时黄色，在栽培条件下直径可达 5.5 cm。茎紫红色。叶通常在茎基部集成莲座状，向上则强烈缩小成苞片，或逐渐缩小而在茎上互生；叶片卵形至长椭圆形，上面绿色，下面略带紫色或紫红色，长 2~13 cm，宽 1~6 cm，边缘具不规则圆齿或钝锯齿以至牙齿；基部渐狭成柄，叶脉在上面凹陷，在下面隆起。花具长 0.5~3 cm 的梗，梗细弱，弯曲而后上升，在茎顶部略排列成总状花序，或几全部单生叶腋而分散在茎上；花萼长 1~1.5 cm，密被多细胞长柔毛和白色长毛，具 10 条隆起的脉，萼齿 5，矩圆状披针形、卵状披针形或多少三角形，长 0.5~0.6 cm，宽 0.2~0.3 cm，稀前方 2 各又开裂而使萼齿总数达 7；花冠长 3~4.5 cm，花冠筒多少弯曲，外面紫红色，被多细胞长柔毛，花冠裂片 5，先端钝或微凹，内面黄紫色，外面紫红色，两面均被多细胞长柔毛，长 5~7 mm，宽 4~10 mm；雄蕊 4，药室矩圆形，长 2.5 mm，宽 1.5 mm，基部叉开，而使 2

药室常排成一直线；子房幼时 2 室,老时因隔膜撕裂而成 1 室,无毛,花柱顶部扩大成 2 片状柱头。蒴果卵形至长卵形,长 1~1.5 cm。花果期 4—7 月。

适宜生境与分布

旱中生杂类草。生于林间、坡地；喜光,适合肥沃的砂质土壤。分布于我国辽宁、山西、河北、北京、天津、陕西、甘肃、内蒙古等地。内蒙古燕山北部、阴山、阴南丘陵、贺兰山等地有分布。奈曼旗全旗均有分布。

资源状况

常见。

药用部位

新鲜或干燥块根。

采收加工

早地黄宜在寒露时节采收,晚地黄宜在霜降时节采收,但均须叶片逐渐枯萎、停止生长时进行采挖。采挖方法为：先在地黄地的一头用铁锹开一条 25 cm 深的沟,将地上部分铲去,再逐渐挖出地黄,刨挖时要做到不丢、不折、不损伤。晾晒后,除去泥土,大小分开。鲜地黄应及时加工,加工的方法为烘干。

药材性状

鲜地黄本品呈纺锤形或条状,长 8~24 cm,直径 2~5.5 cm。外皮薄,表面浅红黄色,具弯曲的纵皱纹、芽痕、横长皮孔样突起及不规则疤痕。肉质,易断,断面皮部淡黄白色,可见橘红色油点,木质部黄白色,导管呈放射状排列。气微,味微甜、微苦。

生地黄本品多呈不规则团块状或长圆形,中间膨大,两端稍细,有的细小,长条状,稍扁而扭曲,长 6~12 cm,直径 2~5.5 cm。表面棕黑色或棕灰色,极皱缩,具不规则的横曲纹。体重,质较软而韧,不易折断,断面棕黑色或乌黑色,有光泽,具黏性。气微,味微甜。

功能主治

鲜地黄清热,生津,凉血。用于高热烦渴,咽喉肿痛,吐血,尿血,衄血。

生地黄清热,生津,润燥,凉血,止血。用于阴虚发热,津伤口渴,咽喉肿痛,血热吐血,衄血,便血,尿血,便秘。

熟地黄滋阴补肾,补血调经。用于肾虚,头晕耳鸣,腰膝酸软,潮热,盗汗,遗精,功能性子宫出血,消渴。

用法用量

鲜地黄　内服煎汤,12~30 g。
生地黄　内服煎汤,10~15 g。

阴行草属 *Siphonostegia*

阴行草 *Siphonostegia chinensis* Benth.

别名：五毒草、北刘寄奴、金钟茵陈

蒙文名：沙日—敖如乐—琪琪格

形态特征

一年生草本，高 30~70 cm，全株密被锈色短毛。根有分枝，短而弯曲。茎圆柱形，直立，上部多分枝，稍具棱角，茎上部带淡红色。叶对生；无柄或具短柄；叶片 2 回羽状全裂，条形或条状披针形，长约 8 mm，宽 1~2 mm。花对生于茎枝上部，呈疏总状花序；花梗极短，有 1 对小苞片，线形；萼筒长 1~1.5 cm，有 10 条显著的主脉，萼齿 5，长为萼筒的 1/4~1/3；花冠上唇红紫色，下唇黄色，长 2~2.5 cm，筒部伸直，上唇镰状弯曲，稍圆，背部密被长纤毛，下唇先端 3 裂，褶襞高拢成瓣状，外被短柔毛；雄蕊 4，二强，花丝基部被毛，下部与花冠筒合生；花柱先端稍粗而弯曲。蒴果宽卵圆形，先端稍扁斜，包于宿存萼内。种子黑色，细小。气微，味淡。花期 7—8 月，果期 8—10 月。

适宜生境与分布

生于山坡、丘陵及草地上。我国各地均有分布。内蒙古呼伦贝尔市、兴安盟、通辽市、赤峰市等地有分布。奈曼旗南部山区有分布。

资源状况

少见。

药用部位

干燥全草。

采收加工

立秋至白露采收，除去杂质，晒干。

药材性状

本品长 30~70 cm，全体被短毛。根短而弯曲，稍有分枝。茎呈圆柱形，有棱，有的上部有分枝，表面棕褐色或黑棕色；质脆，易折断，断面黄白色，中空或有白色髓。叶对生，多脱落破碎，完整者羽状深裂，黑绿色。总状花序顶生，花有短梗；花萼长筒状，黄棕色至黑棕色，有明显 10 纵棱，先端 5 裂，花冠棕黄色，多脱落。蒴果狭卵状椭圆形，较萼稍短，棕黑色。种子细小。气微，味淡。

功能主治

活血祛瘀，通经止痛，凉血，止血，清热利湿。用于跌打损伤，外伤出血，瘀血经闭，月经不调，产后瘀痛，癥瘕积聚，血痢，血淋，湿热黄疸，水肿腹胀，带下过多。

用法用量

内服煎汤，6~9 g。

婆婆纳属 Veronica L.

细叶婆婆纳 Veronica linariifolia Pall. ex Link

别名：细叶穗花、那林—侵达干

蒙文名：聂仁—前德根

形态特征

多年生草本。根茎短。茎直立，单生，少2枝丛生，常不分枝，高30~80 cm，通常有白色而多卷曲的柔毛。叶全部互生或下部的对生，条形至条状长椭圆形，长2~6 cm，宽0.2~1 cm，下端全缘而中上端边缘有三角状锯齿，极少整片叶全缘，两面无毛或被白色柔毛。总状花序单生或数枝复出，长穗状；花梗长2~4 mm，被柔毛；花冠蓝色、紫色，少白色，长5~6 mm，筒部长约2 mm，后方裂片卵圆形，其余3卵形；花丝无毛，伸出花冠。蒴果长2~3.5 mm，宽2~3.5 mm。花期7—8月，果期8—9月。

适宜生境与分布

旱中生植物。生于山坡草地、灌丛间。分布于我国东北，以及内蒙古。内蒙古呼伦贝尔市、兴安盟、通辽市、赤峰市、锡林郭勒盟、乌兰察布市、呼和浩特市、包头市、鄂尔多斯市有分布。奈曼旗新镇等地有分布。

资源状况

常见。

药用部位

全草。

采收加工

夏、秋二季采收，除去残根及杂质，洗净泥土，晒干，切段。

功能主治

祛风湿，解毒止痛。用于风湿关节痛。

用法用量

内服煎汤，3~5 g。外用适量，煎汤洗患处。

茄科 Solanaceae

曼陀罗属 *Datura* Linn.

洋金花 *Datura metel* L.

别名：闹洋花、枫茄花、风茄花、曼陀罗花

蒙文名：曼德乐图—其其格

形态特征

一年生草本，高0.5~2 m，全体近无毛。茎基部木质化，上部呈二歧分枝，幼枝略带紫色。单叶互生，上部常近对生状；叶片卵形至长卵形，先端尖，基部不对称，全缘或微波状。花单生；花萼筒状，黄绿色，先端5裂，宿存；花冠漏斗状，白色，有5角棱，各角棱直达裂片尖端；雄蕊5，贴生于花冠筒；雌蕊1，子房球形，2室，柱头棒状。蒴果近球形，成熟时先端裂开。种子宽三角形，扁平，淡褐色。花期5—9月，果期6—10月。

适宜生境与分布

生于荒地、旱地、宅旁、向阳山坡、林缘、草地。我国各地均有栽培。奈曼旗治安镇等地有分布。

资源状况

常见。

药用部位

干燥花。

采收加工

夏、秋二季花初开时采收,晒干或低温干燥。

药材性状

本品多皱缩成条状,完整者长9~15 cm。花萼呈筒状,长为花冠的2/5,灰绿色或灰黄色,先端5裂,基部具纵脉纹5,表面微有茸毛;花冠呈喇叭状,淡黄色或黄棕色,先端5浅裂,裂片有短尖,短尖下有明显的纵脉纹3,两裂片之间微凹;雄蕊5,花丝贴生于花冠筒内,长为花冠的3/4;雌蕊1,柱头棒状。烘干品质柔韧,气特异;晒干品质脆,气微,味微苦。

功能主治

平喘止咳,解痉定痛。用于哮喘咳嗽,脘腹冷痛,风湿痹痛,小儿慢惊;外科用于麻醉。

用法用量

0.3~0.6 g,宜入丸、散;也可作卷烟分次燃吸(1日量不超过1.5 g)。外用适量。

枸杞属 *Lycium* L.

枸杞 *Lycium chinense* Mill.

别名:狗奶子

蒙文名:旭仁—温吉拉嘎

形态特征

灌木或小乔木,高0.8~2.5 m。茎直立,上部分枝细长,先端软弱,常略下垂,短枝刺状,长1~4 cm。在长枝下半部的叶常2~3簇生,形大,在短枝或长枝顶的叶互生,形小,狭披针形或披针形,先端尖,基部楔形,稍下延,全缘。花单生或数朵簇生;花梗细,长1.5~2 cm;花萼杯状,2~3裂,裂片先端边缘具纤毛;花冠漏斗状,筒部长8~10 mm,中下部变狭,5裂,反卷,粉红色后变白色;雄蕊5,着生于花冠中部,花丝基部具簇生白色柔毛;雌蕊1,子房上位,2室。浆果倒卵形至卵形,橘红色或红色。种子略扁肾形。花期6—8月,果期7—9月。

适宜生境与分布

生于河岸、山地、灌溉农田的地埂或水渠旁。内蒙古西部地区广为栽培,乌兰察布市、鄂尔多斯市、阿拉善盟,以及阴南丘陵、阴南平原有分布。奈曼旗巴嘎波日和苏木等地有栽培。

资源状况

十分常见。

药用部位

成熟果实。

采收加工

6—11月果实陆续变红成熟时，分批采收，阴干。

药材性状

本品呈类纺锤形或椭圆形，长6~20 mm，直径3~10 mm。表面红色或暗红色，先端有小突起状的花柱痕，基部有白色的果梗痕。果皮柔韧，皱缩；果肉肉质，柔润。种子20~50，类肾形，扁而翘，长1.5~1.9 mm，宽1~1.7 mm，表面浅黄色或棕黄色。气微，味甜。

功能主治

滋补肝肾，益精明目。用于虚劳精亏，腰膝酸痛，眩晕耳鸣，阳痿遗精，内热消渴，血虚萎黄，目昏不明。

用法用量

内服煎汤，10~20 g；或熬膏、浸酒；或入丸、散。

茄属 *Solanum* L.

龙葵 *Solanum nigrum* L.

别名：天茄子

蒙文名：淖海—乌珠莫

形态特征

一年生直立草本，高0.25~1 m。茎无棱或棱不明显，绿色或紫色，近无毛或被微柔毛。叶卵形，长2.5~10 cm，宽1.5~5.5 cm，先端短尖，基部楔形至阔楔形而下延至叶柄，全缘或每边具不规则的波状粗齿，光滑或两面均被稀疏短柔毛，叶脉每边5~6毛齿；叶柄长1~2 cm。蝎尾状花序腋外生，由3~10朵花组成，总花梗长1~2.5 cm，花梗长5 mm，近无毛或具短柔毛；花萼小，浅杯状，直径1.5~2 mm，齿卵圆形，先端圆，基部两齿间连接处成角度；花冠白色，花冠筒隐于萼内，长不及1 mm，冠檐长约2.5 mm，5深裂，裂片卵圆形，长约2 mm；花丝短，花药黄色，长约1.2 mm，约为花丝长的4倍，顶孔向内；子房卵形，直径约0.5 mm，花柱长约1.5 mm，中部以下被白色茸毛，柱头小，头状。浆果球形，直径约8 mm，成熟时黑色。种子多数，近卵形。花期7—9月，果期8—10月。

适宜生境与分布

中生杂草。生于路旁、村边、水沟边。我国各地均有分布。内蒙古乌兰察布市、鄂尔多斯市、呼和浩特市、包头市等地有分布。奈曼旗巴嘎波日和苏木等地有分布。

资源状况

十分常见。

药用部位

地上部分。

采收加工

夏、秋二季采收,鲜用或晒干。

药材性状

本品茎呈圆柱形,多分枝,长 30~70 cm,直径 2~10 mm;表面黄绿色,具纵皱纹;质硬而脆,断面黄白色,中空。叶皱缩或破碎,完整者呈卵形或椭圆形,长 2~10 cm,宽 2~5.5 cm,先端锐尖或钝,全缘或有不规则波状锯齿,暗绿色,两面光滑或疏被短柔毛;叶柄长 0.3~2 cm。花、果少见,聚伞花序蝎尾状,腋外生,具花 3~10,花萼棕褐色,花冠棕黄色。浆果球形,黑色或绿色,皱缩。种子多数,棕色。气微,味淡。

功能主治

清热解毒,利尿消肿,活血散瘀,化痰止咳。用于感冒发热,咳嗽气喘,咽喉肿痛,痢疾,肾炎浮肿,热淋,痈疮疔毒,乳痈,高血压。外用于毒蛇咬伤,皮肤湿疹。

用法用量

内服煎汤,15~30 g。外用适量,捣碎,酒服。

青杞 *Solanum septemlobum* Bunge

别名:蜀羊泉、野枸杞、野茄子、红葵

蒙文名:烘—和日烟—尼都

形态特征

直立草本或灌木。茎具棱角,被白色具节弯卷的短柔毛至近无毛。叶互生,卵形,长 3~7 cm,宽 2~5 cm,先端钝,基部楔形,通常 7 裂,有时 5~6 裂或上部的近全缘,裂片卵状长圆形至披针形,全缘或具尖齿,两面均疏被短柔毛,在中脉、侧脉及边缘上较密;叶柄长 1~2 cm,被有与茎相似的毛被。二歧聚伞花序,顶生或腋外生,总花梗长 1~2.5 cm,具微柔毛或近无毛,花梗纤细,长 5~8 mm,基部具关节;花萼小,杯状,直径约 2 mm,外面被疏柔毛,5 裂,萼齿三角形,长不及 1 mm;花冠青紫色,直径约 1 cm,花冠筒隐于萼内,长约 1 mm,冠檐长约 7 mm,先端 5 深裂,裂片长圆形,长约 5 mm,开放时常向外反折;花丝长不及 1 mm,花药黄色,长圆形,长约 4 mm,顶孔向内;子房卵形,直径约 1.5 mm,花柱丝状,长约 7 mm,柱头头状,绿色。浆果近球状,成熟时红色,直径约 8 mm。种子扁圆形,直径 2~3 mm。花期 7—8 月,果期 8—9 月。

适宜生境与分布

中生杂类草。生于路旁、林下及水边。内蒙古各地均有分布。奈曼旗巴嘎波日和苏木等地有分布。

资源状况

常见。

药用部位
全草。
采收加工
夏、秋二季采收，洗净，切段，鲜用或晒干。
功能主治
清热解毒，消肿止痛。用于咽喉肿痛，头昏目赤，皮肤瘙痒。
用法用量
内服煎汤，15~30 g。外用适量，捣敷；或煎汤熏洗。

柽柳科 Tamaricaceae

柽柳属 Tamarix L.

柽柳 Tamarix chinensis Lour.

别名：三春柳、山川柳
蒙文名：苏海
形态特征
乔木或灌木，高3~8 m。老枝直立，暗褐红色，光亮；幼枝稠密细弱，常开展而下垂，红紫色或暗紫红色，有光泽；嫩枝繁密纤细，悬垂。叶鲜绿色，从去年生木质化生长枝上生出的绿色营养枝上的叶长圆状披针形或长卵形，长1.5~1.8 mm，稍开展，先端尖，基部背面有龙骨状隆起，常呈薄膜质；上部绿色营养枝上的叶钻形或卵状披针形，半贴生，先端渐尖而内弯，基部变窄，长1~3 mm，背面有龙骨状突起。每年开花2~3次。春季开花：总状花序侧生于上年生木质化的小枝上，长3~6 cm，宽0.5~0.7 cm，花大而少，较稀疏而纤弱点垂，小枝也下倾；有短总花梗或近无梗，梗生有少数苞叶或无；苞片线状长圆形或长圆形，渐尖，与花梗等长或稍长；花梗纤细，较萼短；花5出；萼片5，狭长卵形，具短尖头，略全缘，外面2，背面具隆脊，长0.75~1.25 mm，较花瓣略短；花瓣5，粉红色，通常卵状椭圆形或椭圆状倒卵形，稀倒卵形，长约2 mm，较花萼微长，果时宿存；花盘5裂，裂片先端圆或微凹，紫红色，肉质；雄蕊5，长于或略长于花瓣，花丝着生于花盘裂片间，自其下方近边缘处生出；子房圆锥状瓶形；花柱3，棍棒状，长约为子房之半。夏、秋季开花：总状花序长3~5 cm，较春生者细，生于当年生幼枝先端，组成顶生大圆锥花序，疏松而通常下弯；花5出，较春季者略小，密生；苞片绿色，草质，较春季花的苞片狭细，较花梗长，线形至线状锥形或狭三角形，渐尖，向下变狭，基部背面有隆起，全缘；花萼三角状卵形；花瓣粉红色，直而略外斜，远比花萼长；花盘5裂，或每裂片再2裂成10裂片状；雄蕊5，长等于花瓣或为其2倍，花药钝，花丝着生于花盘主裂片间，自其边缘和略下方生出；花柱棍棒状，长等于子房的2/5~3/4。蒴果圆锥形。花期4—9月。

适宜生境与分布

生于河流冲积平原、海滨、滩头、潮湿盐碱地和沙荒地。我国除西藏、新疆、青海、甘肃外,各地均有分布。内蒙古乌兰察布市、包头市、巴彦淖尔市、鄂尔多斯市和阿拉善盟有分布。奈曼旗奈曼西湖、舍力虎附近有分布。

资源状况

常见。

药用部位

干燥细嫩枝、叶。

采收加工

夏季花未开时采收,阴干。

药材性状

本品枝呈细圆柱形,直径 0.5~1.5 mm;表面灰绿色;有多数互生的鳞片状小叶;质脆,易折断;稍粗的枝表面红褐色,叶片常脱落而残留凸起的叶基;断面黄白色,中心有髓。气微,味淡。以嫩枝叶、色绿、无老梗者为佳。

功能主治

中医:发表透疹,解毒,利尿,祛风湿。用于感冒,麻疹不透,风疹身痒,小便不利,风湿关节痛。

蒙医:清热,解毒,透疹,燥"希日乌素"。用于毒热,肉毒症,血热,陈热,伏热,"希日乌素"症,麻疹不透,皮肤瘙痒。

用法用量

中医:内服煎汤,10~15 g,或研末冲服。外用适量,煎汤擦洗。

蒙医:内服煎汤,1.5~3 g;或入丸、散。

瑞香科 Thymelaeaceae

狼毒属 *Stellera* Linn.

狼毒 *Stellera chamaejasme* L.

别名:断肠草、小狼毒、棉大戟

蒙文名:塔日奴

形态特征

多年生草本。高 20~30 cm。根茎木质,粗壮,圆形柱,不分枝或分枝,表面棕色,内面淡黄色。茎直立,从生,不分枝,纤细,绿色,有时带紫色,无毛,草质,基部木质化,有时具棕色鳞片。叶散生,稀对生或近轮生,薄纸质,披针形或长圆状披针形,稀长圆形,长 12~28 mm,宽 3~10 mm,先端渐尖或急尖,稀钝形,基部圆形至钝形或楔形,上面淡绿色至灰绿色,全缘,不反卷或微反卷,中脉在上面扁平,在下面隆起,侧脉 4~6

对，第 2 对直伸直达叶片的 2/3，两面匀明显；叶柄短，长约 11 mm，基部具关节，上面扁平或微具浅沟。花白色、黄色至带紫色，芳香，多花的头状花序顶生，圆球形；具绿色叶状总苞片；无花梗；萼筒细瘦，长 9~11 mm。具明显纵脉，基部略膨大，无毛，裂片 5，卵状长圆形，长 2~4 mm，宽约 2 mm，先端圆形，稀截形，常具紫色网状脉纹；雄蕊 10，2 轮，下轮着生于萼筒的中部以上，上轮着生于萼筒的喉部，花药微伸出，花丝极短，花药黄色，线状椭圆形，长约 1.5 mm；花盘一侧发达，线形，长约 1.8 mm，宽约 2 mm，先端微 2 裂；子房椭圆形，几无柄，长约 2 mm，直径 1.2 mm，上部被淡黄色丝状柔毛，花柱短，柱头头状，先端微被黄色柔毛。果实圆锥形，长 5 mm，直径约 2 mm，上部或顶部有灰白色柔毛，为宿存的萼筒所包围。花期 4—6 月，果期 7—9 月。

适宜生境与分布

旱生植物。广泛分布于草原区，为草原群落的伴生种。分布于我国东北、华北、西北、西南地区。内蒙古兴安盟、呼伦贝尔市、赤峰市、锡林郭勒盟、通辽市有分布。奈曼旗新镇等地有分布。

资源状况

常见。

药用部位

根。

采收加工

春、秋二季采挖，洗净，切片，晒干。

药材性状

本品呈圆锥形至长圆柱形，稍扭曲，长 7~30 cm，直径 2~7 cm；根头部留有地上茎残基；外表红棕色至棕褐色，有纵皱及横生的细长皮孔，有时残留细根。栓皮剥落后，露出柔软的纤维。体轻，质韧，不易折断，断面中心木质部黄白色，外圈韧皮部白色，呈绵毛样纤维状。气微，味淡，嚼之发黏。

功能主治

散结，杀虫。外用于淋巴结结核，皮癣。

用法用量

熬膏外敷。有大毒，多外用；体弱者及孕妇忌用。

榆科 Ulmaceae

朴属 *Celtis* L.

黑弹树 *Celtis bungeana* Bl.

别名：小叶朴、黑弹朴、棒棒木

蒙文名：宝日木都

形态特征

落叶乔木，高达 10 m。树皮灰色或暗灰色；当年生小枝淡棕色，老后色较深，无毛，散生椭圆形皮孔；上年生小枝灰褐色；冬芽棕色或暗棕色，鳞片无毛。叶厚纸质，狭卵形、长圆形、卵状椭圆形至卵形，长 3~7 cm，宽 2~4 cm，基部宽楔形至近圆形，稍偏斜至几乎不偏斜，先端尖至渐尖，中部以上疏具不规则浅齿，有时一侧近全缘，无毛；叶柄淡黄色，长 5~15 mm，上面有沟槽，幼时槽中有短毛，老后脱净；萌发枝上的叶形变异较大，先端可具尾尖且有糙毛。果实单生叶腋；果柄较细软，无毛，长 10~25 mm，果实成熟时蓝黑色，近球形，直径 6~8 mm；核近球形，肋不明显，表面极大部分近平滑或略具网孔状凹陷，直径 4~5 mm。花期 4—5 月，果期 10—11 月。

适宜生境与分布

生于路旁、山坡、灌丛或林边；喜光，稍耐阴、耐寒，喜深厚湿润的中性黏质土壤。分布于我国东北南部、华北、华中、华东、西南及西北等地。奈曼旗南部山区有分布。

资源状况

少见。

药用部位

根皮。

采收加工

全年均可剥取，晒干或刮去粗皮晒干。

药材性状

本品呈灰色，平滑。茎枝呈圆柱状，灰褐色，有光泽；断面色白，纹理致密；质坚硬。气微香，味微苦。

功能主治

祛痰，止咳，平喘。用于咳嗽痰喘，老年慢性支气管炎。

用法用量

内服煎汤，15~50 g。

荨麻科 Urticaceae

荨麻属 *Urtica* L.

麻叶荨麻 *Urtica cannabina* L.

别名：蝎子草、火麻草、焮麻

蒙文名：哈拉盖

形态特征

多年生草本，全株被柔毛和螫毛，具匍匐根茎。茎直立，高 100~200 cm，丛生，通常不分枝，具纵棱和槽。叶片五角形，长 4~13 cm，宽 3.5~13 cm，裂片再成缺刻状羽状深裂或羽状缺刻，小裂片边缘具疏生缺刻状锯齿，最下部的小裂片外侧边缘具1长尖齿，各裂片先端小裂片细长，条状披针形，叶片上面深绿色，叶脉凹入，疏生短伏毛或近无毛，密生小颗粒状钟乳体，下面淡绿色，叶脉稍隆起，被短伏毛或疏生螯毛；叶柄长1.5~8 cm；托叶披针形或宽条形，离生，长7~10 mm。花单性，雌雄同株或异株，同株者雄花序生于下方；穗状聚伞花序丛生于茎上部叶腋间，分枝，长达12 cm，具密生花簇；苞片膜质，透明，卵圆形；雄花直径约2 mm，花被4深裂，裂片宽椭圆状卵形，长1.5 mm，先端尖而略呈盔状，雄蕊4，花丝扁，长于花被裂片，花药椭圆形，黄色，退化子房杯状，浅黄色；雌花花被4中裂，裂片椭圆形，背生2裂片花后增大，宽椭圆形，较瘦果长，包着瘦果，侧生2裂片小。瘦果宽椭圆状卵形或宽卵形，长1.5~2 mm，稍扁，光滑，具少数褐色斑点。花期7—8月，果期8—9月。

适宜生境与分布

野生、中生杂草。生于干燥山坡、丘陵坡地、沙丘坡地、山野路旁。分布于我国东北、华北、西北，以及四川等地。

资源状况

少见。

药用部位

全草。

采收加工

秋季采挖根，除去须根，洗净泥土，晒干备用。夏季采收叶，阴干备用。

药材性状

本品呈绿色至红紫色，有钝棱，疏生螯毛和短柔毛，节上有对生叶。叶绿色，皱缩易碎。花序穗状，皱缩，数个腋生，具短总梗。瘦果密集，宽卵形，稍扁，长约1.5 mm。味苦、辛。

功能主治

中医：祛风，化瘀，解毒，温胃。用于风湿，胃寒，糖尿病，痦症，产后抽风，小儿惊风，荨麻疹，虫蛇咬伤。

蒙医：除"希日乌素"，解毒，镇"赫依"，温胃，破痦。用于腰腿及关节疼痛，虫咬伤。

用法用量

内服煎汤，5~15 g。外用适量，煎汤洗；或捣烂敷患处。

败酱科 Valerianaceae

败酱属 Patrinia Juss.

墓头回 Patrinia heterophylla Bunge

别名：异叶败酱

蒙文名：奥恩道—斯日给勒克—其其格

形态特征

多年生草本。基生叶丛生，长3~8 cm，具圆齿状或糙齿状缺刻，不裂或羽状分裂至全裂，具1~5对侧裂片，裂片卵形或线状披针形，顶裂片卵形或卵状披针形，具长柄；茎生叶对生，茎下部叶2~6对，羽状全裂，顶裂片长7~9 cm，宽5~6 cm，先端渐尖或长渐尖；茎中部叶常具1~2对侧裂片，顶裂片最大，具圆齿，疏被短糙毛，叶柄长1 cm；茎上部叶较窄，近无柄。伞房状聚伞花序被短糙毛或微糙毛；萼齿长0.1~0.3 mm；花冠钟形，花冠筒长1.8~2.4 mm，基部一侧具浅囊肿，裂片卵形或卵状椭圆形，长0.8~1.8 mm；雄蕊4，伸出，花丝近蜜囊者长3~3.6 mm，余者长1.9~3 mm。瘦果长圆形或倒卵圆形，先端平截，翅状果苞干膜质，先端钝圆，有时极浅3裂，或仅一侧有1浅裂，长5.5~6.2 mm，宽4.5~5.5 mm，网脉常具2~3主脉。花期7—9月，果期8—10月。

适宜生境与分布

石生中旱生植物。生于山地岩缝、草丛、路边、砂质坡或土坡。分布于我国辽宁、内蒙古、河北、山西、山东、河南、陕西、宁夏、甘肃、青海、安徽、浙江等地。内蒙古赤峰市、乌兰察布市，以及乌拉山、蛮汗山、大青山有分布。奈曼旗青龙山镇等地有分布。

资源状况

少见。

药用部位

根茎和根。

采收加工

秋季采挖，除去枝叶、杂质，洗净，鲜用或晒干。

药材性状

本品根呈圆柱形，有分枝。表面黄褐色，有细纵皱纹及圆点状的支根痕，有时有瘤状突起。质硬，折断面黄白色，呈破裂状，横切面射线细。

功能主治

清热燥湿，止带，止血，截疟。用于宫颈糜烂，赤白带下，崩漏，血痢，疟疾。

用法用量

内服煎汤，9~15 g。外用适量，捣敷。

岩败酱 *Patrinia rupestris*（Pall.）Juss.

别名：鹿酱、败酱草、野苦菜

蒙文名：哈登—斯日给勒克—其其格

形态特征

多年生草本，高0.6~1 m。茎丛生，连同花序梗被糙毛。基生叶花时枯萎，倒卵状长圆形、长圆形、卵形或倒卵形，长2~6 cm，羽状浅裂、深裂至全裂或不裂而有缺刻状钝齿，顶生裂片常具缺刻状钝齿或浅裂至深裂，叶柄长2~4 cm或几无；茎生叶长圆形或椭圆形，长 3~7 cm，1 回羽状深裂或全裂，具 3~6 对侧裂片，裂片全缘或疏具缺刻状钝齿，顶裂片与侧裂片常全裂成 3 线形裂片或羽状分裂，叶柄短；上部叶无柄。花密生，伞房状聚伞花序具 3~7 枝对生分枝，最下分枝处总苞片羽状全裂，具 3~5 对线形裂片，上部分枝总苞叶线形或具 1~2 对侧裂片；萼齿平截、波状或卵圆形，长 0.1~0.2 mm；花冠黄色，漏斗状钟形，长 2.5~4 mm，直径 3~5.5 mm，花冠筒长 1.8~2 mm，基部一侧有浅囊肿，花冠裂片长 1.2~2 mm；近蜜囊 2 花丝，长 3~4 mm，下部有柔毛，另 2 花丝稍短，无毛。瘦果倒卵圆柱状，长 2.4~2.6 mm，果柄长 0.5~1 mm，与下面增大的干膜质苞片贴生；果苞先端有时 3 浅裂或 3 微裂，长 3.5~5 mm，网脉具 3 主脉。花期 7—8 月，果期 8—9 月。

适宜生境与分布

砾石生中旱生植物。多生于草原带、森林草原带的石质丘陵顶部及砾石质草原群落中。分布于我国黑龙江、吉林、辽宁、内蒙古、河北、山西。内蒙古兴安北部、兴安南部、呼锡高原等地有分布。奈曼旗青龙山镇等地有分布。

资源状况

常见。

药用部位

全草。

采收加工

夏季采收，切段，晒干。

药材性状

本品长 20~40 cm。茎 2 至多数丛生，稀单一。叶羽状深裂至全裂，无毛，裂片 4~9，线状披针形，全缘或有缺刻状钝齿。聚伞花序排成顶生的伞房花序；花黄色。蒴果具膜质圆翅。

功能主治

清热解毒，活血，排脓。用于泄泻，痢疾，肠痈，肝炎。

用法用量

内服煎汤，9~15 g。

马鞭草科 Verbenaceae

牡荆属 *Vitex* L.

荆条 *Vitex negundo* L. var. *heterophylla*（Franch.）Rehd.

别名：荆条子、刻叶黄荆

蒙文名：希日—推邦

形态特征

灌木，高1~2 m。幼枝四方形，老枝圆筒形，幼时有微柔毛。掌状复叶具小叶5，有时3，矩圆状卵形至披针形，长3~7 cm，宽0.7~2.5 cm，先端渐尖，基部楔形，边缘有缺刻状锯齿，浅裂至羽状深裂，上面绿色、光滑，下面有灰色茸毛；叶柄长1.5~5 cm。顶生圆锥花序，长8~12 cm，花小，蓝紫色，具短梗；花冠二唇形，长8~10 mm；花萼钟状，长约2 mm，先端具5齿，外被柔毛；雄蕊4，二强，伸出花冠；子房上位，4室，柱头先端2裂。核果直径3~4 mm，包于宿存花萼内。花期7—8月，果期9月。

适宜生境与分布

中生植物。多生于山地阳坡及林缘，为我国华北山地中生灌丛的建群种或优势种。分布于我国辽宁、内蒙古、河北、山西、山东、河南、安徽、陕西、甘肃、四川等地。内蒙古赤峰市、乌兰察布市及鄂尔多斯市等地有分布。奈曼旗南部山区有分布。

资源状况

常见。

药用部位

全草。

采收加工

全年均可采收，以夏、秋二季采收为好，根、茎洗净，切段，晒干，叶、果实阴干，叶也可鲜用。

功能主治

清热止咳，化痰截疟。用于支气管炎，疟疾，肝炎。

用法用量

内服煎汤，3~15 g；或提取挥发油制成胶丸。

堇菜科 Violaceae

堇菜属 *Viola* L.

早开堇菜 *Viola prionantha* Bunge

别名：尖瓣堇菜、早花地丁

蒙文名：赫日车斯图—尼勒—其其格

形态特征

多年生草本，无地上茎，高达10~20 cm。根茎垂直。叶多数，均基生，叶在花期长圆状卵形、卵状披针形或窄卵形，长1~4.5 cm，基部微心形、平截或宽楔形，稍下延，幼叶两侧常向内卷折，密生细圆齿，两面无毛或被细毛，果期叶增大，呈三角状卵形，基部常宽心形；叶柄较粗，上部有窄翅；托叶苍白色或淡绿色，干后呈膜质，托叶

2/3 与叶柄合生，离生部分线状披针形，疏生细齿。花紫堇色或紫色，喉部色淡、有紫色条纹，直径 1.2~1.6 cm；花梗高于叶，近中部有 2 线形小苞片；萼片披针形或卵状披针形，长 6~8 mm，具白色膜质边缘，基部附属物末端具不整齐牙齿或近全缘；上瓣倒卵形，无须毛，长 0.8~1.1 cm，向上反曲，侧瓣长圆状倒卵形，内面基部常有须毛或近无毛，下瓣连距长 1.4~2.1 cm，距粗管状，末端微向上弯；柱头顶部平或微凹，两侧及后方圆或具窄缘边，前方具不明显短喙，喙端具较窄的柱头孔。蒴果长椭圆形，无毛。花果期 5—9 月。

适宜生境与分布
中生植物。生于山坡、草地、荒地、路旁、沟边、庭园、林缘等处。分布于我国东北、华北、西北，以及湖北。内蒙古呼伦贝尔市、兴安盟、赤峰市、呼和浩特市、包头市、巴彦淖尔市有分布。奈曼旗巴嘎波日和苏木等地有分布。

资源状况
常见。

药用部位
全草。

采收加工
春、夏二季果实成熟时采收，洗净泥土，晒干。

功能主治
中医：用于痈疽疔疮，黄疸，痢疾，泄泻，麻疹，热毒目赤，咽喉肿痛，烫火伤，毒蛇咬伤。

蒙医：清热，解毒。用于"协日"病，黄疸，"赫依"热，肝火，胆热。

用法用量
中医：内服煎汤，15~30 g；或入丸、散。外用适量，鲜品捣烂敷患处。

蒙医：内服煎汤，单用 1.5~3 g；或入丸、散。

紫花地丁 *Viola yedoensis* Makino

别名：辽堇菜、光瓣堇菜

蒙文名：宝日—尼勒—其其格

形态特征
多年生草本，无地上茎，花期高 3~10 cm，果期高可达 15 cm。根茎较短，垂直，主根较粗，白色至黄褐色，直伸。托叶膜质，通常 1/2~2/3 与叶柄合生，上端分离部分条状披针形或披针形，有睫毛；叶柄具窄翅，上部翅较宽，被短柔毛或无毛，长 1.5~5 cm，果期可超过 10 cm；叶片矩圆形、卵状矩圆形、矩圆状披针形或卵状披针形，长 1~3 cm，宽 0.5~1 cm，先端钝，基部截形、钝圆或楔形，边缘具浅圆齿，两面散生或密生短柔毛，或仅脉上有毛或无毛，果期叶大，先端钝或稍尖，基部常呈微心形。花梗超出叶或略等于叶，被短柔毛或近无毛；苞片生于花梗中部附近；萼片卵状披针形，先端稍尖，少有短毛；花瓣紫堇色或紫色，倒卵形或矩圆状倒卵形，侧瓣无须毛或稍有须毛，下瓣连距长 5~18 mm，距细，长 4~7 mm，末端微向上弯或直；子房无毛，花柱棍棒状，基部膝曲，向上部渐粗，柱头顶面略平，两侧及后方有薄边，前方具短喙。蒴果椭圆形，长6~8 mm，无毛。花果期5—9月。

适宜生境与分布

生于路边、丘陵、山坡草地、林缘、草甸、草地、灌丛及林缘等处。分布于我国东北、华北、西北、华东，以及云南等地。内蒙古呼伦贝尔市、兴安盟、赤峰市、乌兰察布市、呼和浩特市、包头市有分布。奈曼旗青龙山镇等地有分布。

资源状况

常见。

药用部位

干燥全草。

采收加工

春、秋二季采收，除去杂质，晒干。

药材性状

本品多皱缩成团。主根长圆锥形，直径1~3 mm；淡黄棕色，有细纵皱纹。叶基生，灰绿色，展平后叶片呈披针形或卵状披针形，长1.5~6 cm，宽1~2 cm；先端钝，基部截形或稍心形，边缘具钝锯齿，两面有毛；叶柄细，长2~6 cm，上部具明显狭翅。花茎纤细；花瓣5，紫堇色或淡棕色；花距细管状。蒴果椭圆形或3裂。种子多数，淡棕色。气微，味微苦而稍黏。

功能主治

清热解毒，凉血消肿。用于疔疮肿毒，痈疽发背，丹毒，毒蛇咬伤。

用法用量

内服煎汤，15~30 g。

葡萄科 Vitaceae

蛇葡萄属 *Ampelopsis* A. Rich. ex Michx.

葎叶蛇葡萄 *Ampelopsis humulifolia* Bunge

别名：葎叶白蔹、小接骨丹

蒙文名：塔布拉吉—毛盖—乌吉母

形态特征

木质藤本。小枝圆柱形，有纵棱纹，无毛。卷须二叉分枝，相隔2节间断与叶对生。叶为单叶，3~5浅裂或中裂，稀混生不裂者，长6~12 cm，宽5~10 cm，心状五角形或肾状五角形，先端渐尖，基部心形，基缺先端凹成圆形，边缘有粗锯齿，通常齿尖，上面绿色，无毛，下面粉绿色，无毛或沿脉被疏柔毛；叶柄长3~5 cm，无毛或有时被疏柔毛；托叶早落。多歧聚伞花序与叶对生；花序梗长3~6 cm，无毛或被稀疏柔毛；花梗长 2~3 mm，伏生短柔毛；花蕾卵圆形，高 1.5~2 mm，先端圆形；花萼碟形，边缘呈波状，外面无毛；花瓣 5，卵状椭圆形，高 1.3~1.8 mm，外面无毛；雄蕊 5，花药卵圆形，长、宽近相等；花盘明显，波状浅裂；子房下部与花盘合生，花柱明显，柱头不扩大。果实近球形，长 0.6~10 cm，有种子 2~4。种子倒卵圆形，先端近圆形，基部有短喙，种脐在背种子面中部向上渐狭，呈带状长卵形，顶部种脊突出，腹部中棱脊突出，两侧洼穴呈椭圆形，从下部向上斜展达种子上部 1/3 处。花期 6—7 月，果期 8—9 月。

适宜生境与分布

中生植物。生于山沟、山坡林缘。分布于我国吉林、辽宁、内蒙古、河北、山东、河南、山西、陕西、甘肃。内蒙古赤峰市、乌兰察布市等有分布。奈曼旗南部山区有分布。

资源状况

常见。

药用部位

根皮。

采收加工

秋季挖取根部，洗净泥土，剥取根皮，鲜用或晒干。

功能主治

活血散瘀，去腐生肌，接骨止痛，祛风除湿。用于跌打损伤，骨折，疮疖肿痛，风湿痹痛。

用法用量

内服煎汤，9~15 g；或研末。外用适量，捣敷。

蒺藜科 Zygophyllaceae

蒺藜属 Tribulus L.

蒺藜 Tribulus terrester L.

别名：白蒺藜、刺蒺藜

蒙文名：亚曼—章古

形态特征

一年生草本，全株被绢丝状柔毛。茎通常由基部分枝，平卧地面，具棱条，长可达 1 m。托叶披针形，形小而尖，长约 3 mm；叶为偶数羽状复叶，对生，一长一短，长叶长 3~5 cm，宽 1.5~2 cm，通常具 6~8 对小叶，短叶长 1~2 cm，具 3~5 对小叶；小叶对生，长圆形，长 4~15 mm，先端尖或钝，表面无毛或仅沿中脉有丝状毛，背面被白色伏生的丝状毛。花淡黄色，小型，整齐，单生于短叶的叶腋；花梗长 4~10 mm，有时达 20 mm；花萼 5，卵状披针形，渐尖，长约 4 mm，背面有毛，宿存；花瓣 5，倒卵形，先端略呈截形，与萼片互生；雄蕊 10，着生于花盘基部，基部有鳞片状腺体；子房具 5 棱。果实为离果，五角形或球形，由 5 个呈星状排列的果瓣组成，每果瓣具长、短棘刺各 1 对，背面有短硬毛及瘤状突起。花期 5—8 月，果期 6—9 月。

适宜生境与分布

生于荒丘、田边、田间、居民点附近，也见于荒漠区石质残丘坡地及干河床边。我国各地均有分布。奈曼旗全旗均有分布。

资源状况

十分常见。

药用部位

干燥成熟果实。

采收加工

秋季果实成熟时采割植株，晒干，打下果实，除去杂质。

药材性状

本品由 5 分果瓣组成，呈放射状排列，直径 7~12 mm。常裂为单一的分果瓣，分果瓣呈斧状，长 3~6 mm；背部黄绿色，隆起，有纵棱和多数小刺，并有对称的长刺和短刺各 1 对，两侧面粗糙，有网纹，灰白色。质坚硬。气微，味苦、辛。

功能主治

中医：平肝解郁，活血祛风，明目，止痒。用于头痛眩晕，胸胁胀痛，乳闭乳痈，目赤翳障，风疹瘙痒。

蒙医：补肾，祛寒，利尿，消肿，强壮。用于肾寒腰痛，耳鸣，尿频，水肿，浮肿，尿闭，痛风，阳痿，遗精，久病体虚。

用法用量

内服煎汤，6~10 g；或入丸、散。

单子叶植物 Monocotyledons

泽泻科 Alismataceae

泽泻属 *Alisma* Linn.

泽泻 *Alisma plantago-aquatica* L.

别名：水泽、如意花

蒙文名：沃森—图如

形态特征

多年生水生或沼生草本。地下有块茎，球形，外皮褐色，密生多数须根；直径 1~3.5 cm，或更大。叶通常多数；沉水叶条形或披针形；挺水叶宽披针形、椭圆形至卵形，长 2~11 cm，宽 1.3~7 cm，先端渐尖，稀急尖，基部宽楔形、浅心形，叶脉通常 5，叶柄长 1.5~30 cm，基部渐宽，边缘膜质。花葶高 70~100 cm，或更高；花序长 15~50 cm，或更长，具 3~8 轮分枝，每轮 3~9；花两性，外轮花被片广卵形，通常具 7 脉，边缘膜质，内轮花被片近圆形，远大于外轮花被片，边缘具不规则粗齿，白色、粉红色或浅紫色。瘦果椭圆形或近矩圆形，长约 2.5 mm，宽约 1.5 mm，背部具 1~2 不明显浅沟，下部平；果喙自腹侧伸出，喙基部凸起，膜质。种子紫褐色，具突起。花期 6—7 月，果期 7—9 月。

适宜生境与分布

生于水塘边、沼泽地浅水处。分布于我国黑龙江、吉林、辽宁、内蒙古、河北、山东、山西、陕西、湖北、广西、贵州、四川、云南、新疆。内蒙古兴安盟，以及岭东和岭西有分布。奈曼旗巴嘎波日和苏木等地有分布。

资源状况

常见。

药用部位

干燥块茎。

采收加工

冬季茎叶开始枯萎时采挖，洗净，干燥，除去须根和粗皮。

药材性状

本品呈类球形、椭圆形或卵圆形，长 2~7 cm，直径 2~6 cm。表面淡黄色至淡黄棕色，有不规则的横向环状浅沟纹和多数细小凸起的须根痕，底部有的有瘤状芽痕。质坚实，断面黄白色，粉性，有多数细孔。气微，味微苦。

功能主治

利水渗湿，泻热，化浊降脂。用于小便不利，水肿胀满，泄泻尿少，痰饮眩晕，热淋涩痛，高脂血症。

用法用量

内服煎汤，6~10 g。

石蒜科 Amaryllidaceae

葱属 Allium L.

碱韭 *Allium polyrhizum* Turcz. ex Regel

别名：紫花韭、多根葱

蒙文名：塔干那

形态特征

多年生草本，植株呈丛状。鳞茎成丛地紧密簇生，圆柱状，外皮黄褐色，破裂成纤维状，呈近网状，紧密或松散。叶半圆柱状，边缘具细糙齿，稀光滑，比花葶短，宽 0.25~1 mm。花葶圆柱状，高 7~35 cm，下部被叶鞘；总苞 2~3 裂，宿存；伞形花序半球状，具多而密集的花；小花梗近等长，从与花被片等长至比其长 1 倍，基部具小苞片，稀无小苞片；花紫红色或淡紫红色，稀白色；花被片长 3~8.5 mm，宽 1.3~4 mm，外轮呈狭卵形至卵形，内轮呈矩圆形至矩圆状狭卵形，稍长；花丝等长、近等长或略长于花被片，基部 1/6~1/2 合生成筒状，合生处 1/3~1/2 与花被片贴生，内轮分离处基部扩大，扩大处每侧各具 1 锐齿，极少无齿，外轮锥形；子房卵形，腹缝线基部深绿色，不具凹陷的蜜穴；花柱长于子房。花果期 6—8 月。

适宜生境与分布

生于海拔 1 000~3 700 m 的向阳山坡或草地上。分布于我国内蒙古、新疆、青海、甘肃、宁夏、陕西、山西、河北、辽宁、吉林、黑龙江。奈曼旗巴嘎波日和苏木等地有分布。

资源状况

常见。

药用部位

全草或种子。

功能主治

解毒消肿，化瘀，健胃。用于食积腹胀，消化不良，风寒湿痹，痈疖肿毒，皮肤炭疽等。

用法用量

内服煎汤，5~10 g，鲜品 30~60 g；或入丸、散。外用适量，捣敷。

野韭 *Allium ramosum* L.

别名：哲日勒格—高戈得

蒙文名：塔干那

形态特征

多年生草本。具横生的粗壮根茎，略倾斜。鳞茎近圆柱状，外皮暗黄色至黄褐色，破裂成纤维状、网状或近网状。叶三棱状条形，背面具呈龙骨状隆起的纵棱，中空，短于花序，宽 1.5~8 mm，沿叶缘和纵棱具细糙齿或光滑。花葶圆柱状，具纵棱，有时棱不明显，高 25~60 cm，下部被叶鞘；总苞单侧开裂至 2 裂，宿存；伞形花序半球状或近球状，多花；小花梗近等长，比花被片长 2~4 倍，基部除具小苞片外常在数枚小花梗的基部又为一共同的苞片所包围；花白色，稀淡红色；花被片具红色中脉，内轮矩圆状倒卵形，先端具短尖头或钝圆，长 5.5~9 mm，宽 1.8~3.1 mm，外轮常与内轮等长但较窄，矩圆状卵形至矩圆状披针形，先端具短尖头；花丝等长，为花被片长的 1/2~3/4，基部合生并与花被片贴生，合生部分高 0.5~1 mm，分离部分狭三角形，内轮稍宽；子房倒圆锥状球形，具3圆棱，外壁具细的疣状突起。花果期7—9月。

适宜生境

中旱生植物。生于草原砾石质坡地、草甸草原、草原化草甸等群落中。分布于我国黑龙江、吉林、辽宁、内蒙古、河北、山东、山西、陕西、宁夏、甘肃、青海、新疆等。内蒙古呼伦贝尔市、赤峰市、锡林郭勒盟、呼和浩特市、乌兰察布市、阿拉善盟等地有分布。奈曼旗大沁他拉镇等地有分布。

资源状况

常见。

药用部位

种子。

采收加工

秋季采收，晒干。

药材性状

本品呈半圆形或半卵圆形，略扁，长2~4 mm，宽1.5~3 mm。表面黑色，一面凸起，粗糙，有细密的网状皱纹；另一面微凹，皱纹不甚明显。先端钝，基部稍尖，有点状凸起的种脐。质硬。气特异，味微辛。

功能主治

温补肝肾，壮阳固精。用于肝肾亏虚，腰膝酸痛，阳痿遗精，遗尿尿频，白浊带下。

用法用量

内服煎汤，5~10 g；或入丸、散。外用适量，捣敷。

山韭 *Allium senescens* L.

别名：山葱、岩葱

蒙文名：昂给日

形态特征

具粗壮的横生根茎。鳞茎单生或数枚聚生，近狭卵状圆柱形或近圆锥状，直径0.5~2.5 cm，外皮灰黑色至黑色，膜质，不破裂，内皮白色，有时带红色。叶狭条形至宽条形，肥厚，基部近半圆柱状，上部扁平，有时略呈镰状弯曲，短于或稍长于花葶，宽2~10 mm，先端钝圆，叶缘和纵脉有时具极细的糙齿。花葶圆柱状，常具2纵棱，有时纵棱变成窄翅而使花葶成为二棱柱状，高度变化很大，有的不到10 cm，而有的则可高达65 cm，直径1~5 mm，下部被叶鞘；总苞2裂，宿存；伞形花序半球状至近球状，具多而稍密集的花；小花梗近等长，比花被片长2~4倍，稀更短，基部具小苞片，稀无小苞片；花紫红色至淡紫色；花被片长3.2~6 mm，宽1.6~2.5 mm，内轮矩圆状卵形至卵形，先端钝圆并常具不规则的小齿，外轮卵形，舟状，略短；花丝等长，从比花被片略长至为其长的1.5倍，仅基部合生并与花被片贴生，内轮扩大成披针状狭三角形，外轮锥形；子房倒卵状球形至近球状，基部无凹陷的蜜穴；花柱伸出花被外。花果期8—10月。

适宜生境与分布

中旱生植物。生于草原、草甸草原或砾石质山坡上,为草甸草原及草原伴生种。分布于我国黑龙江、吉林、辽宁、内蒙古、河北、河南、山西、甘肃、新疆。内蒙古呼伦贝尔市、兴安盟、通辽市、赤峰市、锡林郭勒盟、乌兰察布市、呼和浩特市、巴彦淖尔市、包头市有分布。奈曼旗章古朝台苏木等地有分布。

资源状况

常见。

药用部位

全草。

采收加工

夏、秋二季采收,洗净,鲜用。

功能主治

益肾补虚。用于阴虚内热。

用法用量

内服煎汤,10~15 g;或煮作羹。

辉韭 *Allium strictum* Schrader

别名:辉葱、条纹葱

蒙文名:乌木黑—松根

形态特征

鳞茎单生或2聚生,近圆柱状,直径0.5~1.5 cm,外皮黄褐色或灰褐色,网状。叶线形,中空,短于花葶,宽2~5 mm,叶缘光滑或具细糙齿。花葶圆柱状,高达77 cm,1/3~1/2被疏离叶鞘;总苞2裂,宿存;伞形花序球状或半球状,多花密集。花梗近等长,长为花被片的1.5~3倍,稀近等长,具小苞片;花淡紫色或淡紫红色;内轮花被片长圆形或椭圆形,长4~5 mm,外轮花被片长圆状卵形,长3.8~4.8 mm;花丝等长,等于至稍长于花被片,基部合生并与花被片贴生,内轮基部扩大,其扩大部分长小于宽,两侧具短齿,稀具长齿或无齿,有时齿端具2~4不规则齿,外轮锥形;子房倒卵圆形,腹缝线基部具凹陷蜜穴,花柱稍伸出花被,柱头近头状。花果期7—8月。

适宜生境与分布

中生植物。生于山地林下、林缘、沟边、低湿地上。分布于我国黑龙江、吉林、内蒙古、宁夏、甘肃、新疆等地。内蒙古呼伦贝尔市、锡林郭勒盟、赤峰市、呼和浩特市、包头市、巴彦淖尔市有分布。奈曼旗义隆永镇等地有分布。

资源状况

常见。

药用部位

全草或种子。

采收加工

8—9月采收全草,抖净泥土,鲜用。果实成熟时采收种子,除去杂质,晒干。

功能主治

发汗解表，温中祛寒。用于感冒风寒，寒热无汗，中寒腹痛，泄泻。

用法用量

内服煎汤，6~12 g。

莎草科 Cyperaceae

莎草属 *Cyperus* L.

水莎草 *Cyperus serotinus* Rottb.

别名：三轮草、状元花、喂香壶

蒙文名：少日乃

形态特征

多年生草本，散生。根茎长。秆高35~100 cm，粗壮，扁三棱形，平滑。叶片少，短于秆或有时长于秆，宽3~10 mm，平滑，基部折合，上面平张，背面中肋呈龙骨状凸起。苞片3，少4，叶状，较花序长1倍或更长，最宽处宽8 mm；复出长侧枝聚伞花序具4~7第1次辐射枝；辐射枝向外展开，长短不等，最长达16 cm，每1辐射枝上具1~3穗状花序，每穗状花序具5~17小穗；花序轴被疏短硬毛；小穗排列稍松，近平展，披针形或线状披针形，长8~20 mm，宽约3 mm，具花10~34；小穗轴具白色透明的翅；鳞片初期排列紧密，后期较松，纸质，宽卵形，先端钝或圆，有时微缺，长2.5 mm，背面中肋绿色，两侧红褐色或暗红褐色，边缘黄白色透明，具5~7脉；雄蕊3，花药线形，药隔暗红色；花柱很短，柱头2，细长，具暗红色斑纹。小坚果椭圆形或倒卵形，平凸状，长约为鳞片的4/5，棕色，稍有光泽，具凸起的细点。花果期7—10月。

适宜生境与分布

生于沼泽或湿土地。分布于我国东北、华北，以及山东、江苏等地。奈曼旗青龙山镇等地有分布。

资源状况

常见。

药用部位

块茎。

采收加工

夏、秋二季采收，洗净，晒干。

功能主治

止咳，破血，通经，行气，消积，止痛。用于慢性支气管炎，癥瘕积聚，产后瘀阻腹痛，消化不良，闭经及一切气血瘀滞，胸腹肋疼痛。

用法用量

内服煎汤，15~30 g。

薯蓣科 Dioscoreaceae

薯蓣属 *Dioscorea* L.

穿龙薯蓣 *Dioscorea nipponica* Makino

别名：金刚骨、穿地龙

蒙文名：乌赫日—奥日秧古

形态特征

根茎横走，常分枝，坚硬，直径 1~2 cm，外皮黄褐色，薄片状剥离，内部白色。茎缠绕，左旋，圆柱形，具沟纹，坚韧，直径 2~4 mm。单叶互生；叶片宽卵形至卵形，长 5~15 cm，宽 5~12 cm，茎下部叶近圆形，茎上部叶卵状三角形，茎下部及中部叶 5~7 浅裂至半裂，茎上部叶 3 半裂，中裂片明显长于侧裂片，裂片全缘，先端渐尖，绿色，下面色较浅，两面具短硬毛，下面毛较密，掌状叶脉 8~15，支脉网状；柄较长，上面中央具深沟。雌雄异株。雄花序穗状，生于叶腋，具多数花；雄花钟状，长 2~3 mm；花被 6 裂；雄蕊 6，着生于花被片的中央，花药内藏，无退化雌蕊。雌花序穗状，生于叶腋，常下垂，具多数花；雌花管状，长 4~7 mm；花被 6 裂，裂片披针形；雌蕊柱头 3 裂，裂片再 2 裂，无退化雄蕊。蒴果宽倒卵形，长 1~2 cm，宽约 1.5 cm，具 3 宽翅，先端具宿存花被片。种子周围有不等宽的薄膜状翅，上方为长方形。花期 6—7 月，果期 7—8 月。

适宜生境与分布

多年生中生草本。分布于我国东北、华北、西北、华东、华中。内蒙古通辽市、赤峰市、锡林郭勒盟、乌兰察布市、呼和浩特市、包头市有分布。奈曼旗青龙山镇等地有分布。

资源状况

常见。

药用部位

根茎。

采收加工

春、秋二季采挖，洗净，除去须根和外皮，晒干。

药材性状

本品呈类圆柱形，稍弯曲，长 15~20 cm，直径 1.5 cm。表面黄白色或棕黄色，有不规则纵沟、刺状残根及偏于一侧的凸起的茎痕。质坚硬，断面平坦，白色或黄白色，散有淡棕色维管束小点。气微，味苦、涩。

功能主治

祛风除湿，舒筋通络，活血止痛，止咳平喘。用于风湿痹痛，关节肿胀，疼痛麻木，跌打损伤，闪腰岔气，咳嗽气喘。

用法用量

内服煎汤，6~9 g，鲜品30~45 g；或浸酒。外用适量，鲜品捣敷。

鸢尾科 Iridaceae

鸢尾属 *Iris* L.

野鸢尾 *Iris dichotoma* Pall.

别名：二歧鸢尾、白射干

蒙文名：查干—海其—额布斯

形态特征

植株高40~100 cm。根茎粗壮，具多数黄褐色须根。茎直立，多分枝，分枝处具1苞片；苞片披针形，长3~10 cm，绿色，边缘膜质；茎圆柱形，直径2~5 mm，光滑。叶基生，6~8，排列于一个平面上，呈扇状；叶片剑形，长20~30 cm，宽1.5~3 cm，绿色，基部套褶状，边缘白色，膜质，两面光滑，具多数纵脉；总苞干膜质，宽卵形，长1~2 cm。聚伞花序具花3~15；花梗较长，约4 cm；花白色或淡紫红色，具紫褐色斑纹；外轮花被片矩圆形，薄片状，具紫褐色斑点，爪部边缘具黄褐色纵条纹，内轮花被片明显短于外轮，瓣片矩圆形或椭圆形，具紫色网纹，爪部具沟槽；雄蕊3，贴生于外轮花被片基部，花药基底着生；花柱分枝3，花瓣状，卵形，基部联合，柱头具2齿。蒴果圆柱形，长3.5~5 cm，具棱。种子暗褐色，椭圆形，两端翅状。花期7月，果期8—9月。

适宜生境与分布

多年生中旱生草本。生于草原及山地林缘或灌丛，为草原、草甸草原及山地草原常见杂草。分布于我国东北、华北、西北。内蒙古呼伦贝尔市、兴安盟、通辽市、赤峰市、锡林郭勒盟、乌兰察布市、鄂尔多斯市、阿拉善盟、呼和浩特市、包头市有分布。奈曼旗新镇等地有分布。

资源状况

常见。

药用部位

全草或根茎。

采收加工

夏季采收全草，除去杂质，洗净泥土，晒干，切段。春、秋二季采挖根茎，除去茎叶及杂质，洗净泥土，晒干，切片。

功能主治

清热解毒,活血止痛,止咳。用于咽喉肿痛,痄腮,齿龈肿痛,肝炎,肝脾肿大,胃痛,支气管炎,跌打损伤,乳痈。外用于水田皮炎。

用法用量

内服煎汤,3~6 g;或入丸、散。外用适量,煎汤洗;或捣敷患处。

马蔺 *Iris lactea* Pall. var. *chinensis*(Fisch.) Koidz.

别名:马莲

蒙文名:查黑勒德根—乌热(热米布如)

形态特征

多年生密丛草本。根茎粗壮,木质,斜伸,外包有大量致密的红紫色折断的老叶残留叶鞘及毛发状的纤维;须根粗而长,黄白色,少分枝。叶基生,坚韧,灰绿色,条形或狭剑形,长约 50 cm,宽 0.4~0.6 cm,先端渐尖,基部鞘状,带红紫色,无明显的中脉。花茎光滑,高 3~10 cm;苞片 3~5,草质,绿色,边缘白色,披针形,长 4.5~10 cm,宽 0.8~1.6 cm,先端渐尖或长渐尖,内包含有 2~4 花;花乳白色,直径 5~6 cm;花梗长 4~7 cm;花被管甚短,长约 3 mm,外花被裂片倒披针形,长 4.5~6.5 cm,宽 0.8~1.2 cm,先端钝或急尖,爪部楔形,内花被裂片狭倒披针形,长 4.2~4.5 cm,宽 0.5~0.7 cm,爪部狭楔形;雄蕊长 2.5~3.2 cm,花药黄色,花丝白色;子房纺锤形,长 3~4.5 cm。蒴果长椭圆状柱形,长 4~6 cm,直径 1~1.4 cm,先端有短喙。种子为不规则的多面体,棕褐色,略有光泽。花期 5 月,果期 6—7 月。

适宜生境与分布

多年生中生草本。生于河滩、盐碱滩地,为盐化草甸建群种。分布于我国东北、华北、西北,以及安徽、江苏、浙江、湖北、湖南、四川、西藏。内蒙古各地均有分布。奈曼旗章古台、苏木等地有分布。

资源状况

常见。

药用部位

种子、花、根。

采收加工

夏、秋二季采收,晒干或鲜用。

药材性状

本品种子为扁平或不规则卵形的多面体,长约 5 mm,宽 3~4 mm。表面红棕色至黑棕色,基部有黄棕色或淡黄色的种脐,先端有合点,略凸起。质坚硬,切断面胚乳肥厚,灰白色,角质性;胚位于种脐的一端,白色,细小弯曲。气微弱,味淡。以赤褐色、饱满、纯净者为佳。

功能主治

中医:种子凉血止血,清热利湿;用于急性黄疸型肝炎,吐血,衄血,崩漏,带下,小便不利,泻痢,疝痛,痈疮肿毒,外伤出血。花清热解毒,止血,利尿;用于咽喉肿痛，吐血，咯血，小便不利，淋病，痈疮疖肿。根清热解毒；用于咽喉肿痛，传染性肝炎，痔疮，牙痛。

蒙医：杀虫，止痛，解毒，消食，解痉，退黄，治伤，生肌，排脓，燥"希日乌素"。用于霍乱，蛲虫病，虫牙，皮肤痒，虫积腹痛，热毒疮疡，烫伤，脓疮，黄疸型肝炎，胁痛，口苦等。

用法用量

中医：内服煎汤，3~9 g；或绞汁。外用适量，煎汤熏洗。

蒙医：多配方用，入丸、散。外用羊脂或獾油调和敷患部，每日1次。

百合科 Liliaceae Juss.

知母属 Anemarrhena Bunge

知母 Anemarrhena asphodeloides Bunge

别名：连母、野蓼、蒜瓣子草、地参

蒙文名：托连—芒给日

形态特征

多年生草本，全株无毛。根茎横生，粗壮，密被许多黄褐色纤维状残叶基，下面生有肉质须根。叶基生，丛出，线形，长15~60 cm，宽1.5~11 mm，上面绿色，下面深绿色，无毛。花葶直立，不分枝，高50~120 cm，下部具披针形退化叶，上部疏生鳞片状小苞片；花2~6朵成一簇，散生在花葶上部呈总状花序，长20~40 cm；花黄白色，干后略带紫色，多于夜间开放，具短梗；花被片6，基部稍联合，2轮排列，长圆形，长5~8 mm，宽1~1.5 mm，先端稍内摺，边缘较薄，具3条淡绿色纵脉纹，长10~15 mm，直径5~7 mm，成熟时沿腹缝线上方开裂为3裂片，每裂片内常具1种子；发育雄蕊3，着生于内轮花被片近中部，花药黄色，退化雄蕊3，着生于外轮花被片近基部，不具花药；雌蕊1，子房长卵形，3室。种子长卵形，黑色，具3棱，一端尖，长7~10 mm。花期5—8月，果期7—9月。

适宜生境与分布

生于向阳干燥的沙地、山坡、丘陵草丛或草原地带；耐寒、耐旱，常成群生长。分布于我国东北、华北，以及山东、江苏等地。奈曼旗南部山区有分布。

资源状况

常见。

药用部位

干燥根茎。

采收加工

春、秋二季采挖，除去枯叶和须根，抖掉泥土。晒干或烘干为"毛知母"；趁鲜剥去外皮，晒干为"知母肉"。

药材性状

本品呈扁圆长条状，微弯曲，偶有分枝，长 3~15 cm，直径 0.8~1.5 cm。一端有浅黄色的茎叶残痕，习称"金包头"。表面黄棕色至棕色，上面有 1 凹沟，具紧密排列的环状节，节上密生黄棕色的残存叶基，下面略凸起，有纵皱纹及凹点状根痕或须根痕及残茎。除去外皮者表面黄白色，有的残留少数毛须状叶基及凹点状根痕。质坚硬，易折断。断面黄白色，颗粒状。气微，味微甜、略苦，嚼之带黏性。以条粗、质硬、断面色白黄者为佳。

功能主治

清热泻火，滋阴润燥。用于外感热病，高热烦渴，肺热燥咳，骨蒸潮热，内热消渴，肠燥便秘。

用法用量

内服煎汤，6~12 g。

天门冬属 *Asparagus* L.

兴安天门冬 *Asparagus dauricus* Fisch. ex Link.

别名：山天冬

蒙文名：兴安乃—和日音—努都

形态特征

直立草本，高达 70 cm。根细长，直径约 2 mm。茎和分枝有条纹，有时幼枝具软骨质齿；叶状枝 1~6 成簇，常斜立，和分枝成锐角，稀兼有平展和下倾，稍扁圆柱形，微有几条不明显钝棱，长 1~4 cm，直径约 0.6 mm，伸直或稍弧曲，有时有软骨质齿；鳞叶基部无刺。花 2 腋生，黄绿色；雄花花梗长 3~5 mm，和花被近等长，关节生于近中部；花丝大部贴生花被片，离生部分为花药的 1/2，雌花花被长约 1.5 mm，短于花梗，花梗关节生于上部。浆果直径 6~7 mm，具 2~6 种子。花期 6—7 月，果期 7—8 月。

适宜生境与分布

中旱生植物。生于林缘、草甸化草原、草原及干燥的石质山坡等。分布于我国黑龙江、吉林、辽宁、内蒙古、河北、山西、陕西、山东、江苏等地。内蒙古呼伦贝尔市、兴安盟、赤峰市、锡林郭勒盟、乌兰察布市、鄂尔多斯市有分布。奈曼旗全旗均有分布。

资源状况

常见。

药用部位

块根。

采收加工

秋、冬二季采挖，但以冬季采者质量较好。挖出后洗净泥土，除去须根，按大小分开，入沸水中煮或蒸至外皮易剥落时为度。捞出浸入清水中，趁热除去外皮，洗净，微火烘干或用硫黄熏后再烘干。

药材性状
本品呈长圆状纺锤形，中部肥满，两端渐细而钝，长 6~20 cm，中部直径 0.5~2 cm。表面黄白色或浅黄棕色，呈油润半透明状，有时有细纵纹或纵沟，偶有未除净的黄棕色外皮。干透者质坚硬而脆，未干透者质柔软，有黏性，断面蜡质样，黄白色，半透明，中间有不透明白心。气微，味甘、微苦。以肥满、致密、黄白色、半透明者为佳。条瘦长、色黄褐、不明亮者质次。

功能主治
清热利尿，止血，止咳。用于小便不利，淋沥涩痛，尿血，支气管炎，咯血。

用法用量
内服煎汤，6~15 g；或熬膏；或入丸、散。外用适量，鲜品捣敷；或捣烂绞汁涂。

萱草属 *Hemerocallis* L.

黄花菜 *Hemerocallis citrina* Baroni
别名：金针菜

蒙文名：伊德根—沙日—其其格

形态特征
植株一般较高大。根近肉质，中下部常有纺锤状膨大。叶 7~20，长 50~130 cm，宽 0.6~2.5 cm。花葶长短不一，一般稍长于叶，基部三棱形，上部多少圆柱形，有分枝；苞片披针形，下面的长可达 3~10 cm，自下向上渐短，宽 0.3~0.6 cm；花梗较短，通常长不到 1 cm；花多，可达 100 朵或更多；花被淡黄色，有时在花蕾时先端带黑紫色，花被管长 3~5 cm，花被裂片长 7~12 cm，内 3 宽 2~3 cm。蒴果钝三棱状椭圆形，长 3~5 cm。种子约 20 颗，黑色，有棱，从开花到种子成熟需 40~60 d。花果期 7—9 月。

适宜生境与分布
中生植物。生于林缘及谷地。分布于我国内蒙古、山东、河北、河南、陕西、甘肃、湖北、四川。内蒙古鄂尔多斯市、包头市、呼和浩特市、乌兰察布市等地有少量栽培。奈曼旗大沁他拉镇等地有分布。

资源状况
常见。

药用部位
花蕾、根。

采收加工
秋季采收，鲜用或晒干。

药材性状
本品花呈弯曲的条状。表面黄棕色或淡棕色，湿润展开后花呈喇叭状，花被管较长，先端 5 瓣裂，雄蕊 6。有的花基部具细而硬的花梗。质韧。气微香，味鲜、微甜。

功能主治

清热利水，凉血止血，利湿解毒。花用于胃炎，肝炎，胸膈烦热，神经衰弱，痔疮便血。根用于小便不利，淋病，带下，衄血，尿血，便血，崩漏，肝炎，乳痈，劳伤腰痛。

用法用量

内服煎汤，6~9 g。外用适量，捣敷；或煎汤洗；或研粉撒敷。

百合属 *Lilium* L.

山丹 *Lilium pumilum* DC.

别名：细叶百合、卷莲花、灯伞花、散莲伞

蒙文名：萨日阿楞

形态特征

多年生草本。茎高 15~60 cm，有小乳头状突起，有的带紫色条纹。地下鳞茎白色，卵形或圆锥形，高 2.5~4.5 cm，直径 2~3 cm；鳞片矩圆形或长卵形，长 2~3.5 cm，宽 1~1.5 cm，白色。叶散生于茎中部，条形，长 35~90 mm，宽 1.5~3 mm，中脉在下面突出，边缘有乳头状突起。花单生或数朵排成总状花序，鲜红色，通常无斑点，有时有少数斑点，下垂；花被片反卷，长 4~4.5 cm，宽 0.8~1.1 cm，蜜腺两边有乳头状突起；花丝长 1.2~2.5 cm，无毛，花药长椭圆形，长约 1 cm，黄色，花粉近红色；子房圆柱形，长 0.8~1 cm，花柱稍长于子房或长 1 倍多，长 1.2~1.6 cm，柱头膨大，直径 5 mm，3 裂。蒴果矩圆形，长 2 cm，宽 1.2~1.8 cm。花期 7—8 月，果期 9—10 月。

适宜生境与分布

生长在山坡、丘陵、草地、灌丛或林间隙地，多散生。分布在我国东北、华北、西北等地。内蒙古呼伦贝尔市、兴安盟、赤峰市、通辽市、阿拉善盟、包头市、呼和浩特市等有分布。

资源状况

常见。

药用部位

肉质鳞叶。

采收加工

秋季采挖，除去地上部分，洗净，剥取鳞叶，置沸水中略烫，干燥。

药材性状

本品呈长椭圆形，长 2~5 cm，宽 1~2 cm，中部厚 1.3~4 mm。表面黄色至淡棕黄色，有的微带紫色，有数条纵直平行的维管束。先端稍尖，基部较宽，边缘薄，微波状，略向内弯曲。质硬而脆，断面较平坦，角质样。气微，味微苦。

功能主治

养阴润肺，清心安神。用于阴虚燥咳，劳嗽咯血，虚烦惊悸，失眠多梦，精神恍惚。
用法用量
内服煎汤，6~12 g。

黄精属 *Polygonatum* Mill.

玉竹 *Polygonatum odoratum*（Mill.） Dure
别名：萎蕤、铃铛菜
蒙文名：毛浩日—查干
形态特征
多年生草本。根茎圆柱形，直径 0.5~1.4 cm。茎高达 50 cm，具叶 7~12。叶互生，椭圆形或卵状长圆形，长 5~12 cm，宽 3~6 cm，先端尖，下面带灰白色，下面脉上平滑或乳头状粗糙。花序具花 1~4（栽培植株可多至 8），无苞片或有线状披针形苞片；花被黄绿色或白色。浆果成熟时蓝黑色，直径 0.7~1 cm，具种子 7~9。花期 6 月，果期 7—8 月。
适宜生境与分布
生于典型草原、草甸草原、山地砾石草原、荒山坡。分布于我国黑龙江、吉林、辽宁、内蒙古、河北、河南、山东、山西、甘肃、青海、安徽、江苏、浙江、江西、湖北、湖南、广西等地。内蒙古呼伦贝尔市、通辽市、赤峰市、锡林郭勒盟、呼和浩特市有分布。奈曼旗新镇等地有分布。
资源状况
常见。
药用部位
干燥根茎。
采收加工
秋季采挖，除去须根，洗净，晒至柔软后，反复揉搓、晾晒至无硬心，晒干；或蒸透后，揉至半透明，晒干。
药材性状
本品呈长圆柱形，略扁，少有分枝，长 4~18 cm，直径 0.3~1.4 cm。表面黄白色或淡黄棕色，半透明，具纵皱纹和微隆起的环节，有白色圆点状的须根痕和圆盘状茎痕。质硬而脆或稍软，易折断，断面角质样或显颗粒性。气微，味甘，嚼之发黏。
功能主治
养阴润燥，生津止渴。用于肺胃阴伤，燥热咳嗽，咽干口渴，内热消渴。外用于跌打损伤。
用法用量
内服熬膏，6~12 g；或浸酒；或入丸、散。外用适量，鲜品捣敷；或熬膏涂。

黄精 *Polygonatum sibiricum* Delar. ex Redoute

别名：大黄精、鸡头黄精、姜形黄精

蒙文名：查干—霍日

形态特征

根茎肥厚，横生，圆柱形，一头粗，一头细，直径0.5~1 cm，有少数须根，黄白色。茎高30~90 cm。叶无柄，4~6轮生，平滑无毛，条状披针形，长5~10 cm，宽0.4~1.4 cm，先端拳卷或弯曲呈钩形。花腋生，常有2~4，呈伞形状，总花梗长5~25 mm，花梗长2~9 mm，下垂；花梗基部有苞片，膜质，白色，条状披针形，长2~4 mm；花被白色至淡黄色稍带绿色，长9~13 mm，先端裂片长约3 mm，花被筒中部稍缢缩；花丝很短，贴生于花被筒上部，花药长2~2.5 mm；子房长约3 mm，花柱长4~5 mm。浆果直径3~5 mm，成熟时黑色，有种子2~4。花期5—6月，果期7—8月。

适宜生境与分布

生于海拔800~2 800 m的林下、灌丛和山坡阴处。分布于我国东北、华北、西北、华东等地。内蒙古呼伦贝尔市、兴安盟、锡林郭勒盟、通辽市、乌兰察布市等地有分布。奈曼旗新镇有分布。

资源状况

少见。

药用部位

干燥根茎。

采收加工

春、秋二季采挖，除去须根，洗净，置沸水中略烫或蒸至透心，干燥。

药材性状

本品呈肥厚肉质的结节块状，结节长可达10 cm以上，宽3~6 cm，厚2~3 cm。表面淡黄色至黄棕色，具环节，有皱纹及须根痕，结节上侧茎痕呈圆盘状，圆周凹入，中部突出。质硬而韧，不易折断，断面角质，淡黄色至黄棕色。气微，味甜，嚼之有黏性。

功能主治

补气养阴，健脾，润肺，益肾。用于脾胃气虚，体倦乏力，胃阴不足，口干食少，肺虚燥咳，劳嗽咯血，精血不足，腰膝酸软，须发早白，内热消渴。

用法用量

内服煎汤，9~15 g。

绵枣儿属 *Scilla* L.

绵枣儿 *Scilla scilloides* (Lindl.) Druce

别名：石枣儿、老鸦葱

蒙文名：乌和日—芒给日

形态特征

多年生草本。鳞茎卵形或近球形，高 2~5 cm，宽 1~3 cm，鳞茎皮黑褐色。基生叶 2~5，叶片狭带状，长 15~40 cm，宽 0.2~0.9 cm，平滑。花葶通常比叶长，总状花序长 2~20 cm；花小，直径 4~5 mm，紫红色、粉红色至白色，在花梗先端脱落；花梗长 5~12 mm，基部有 1~2 较小苞片；花被片 6，近椭圆形，长 2.5~4 mm，宽约 1.2 mm，基部稍合生成盘状；雄蕊 6，稍短于花被，花丝近披针形，边缘和背面常具小乳突，基部稍合生，子房卵状球形，基部有短柄，表面有小乳突，3 室，花柱长约为子房的 1/2。蒴果近倒卵形，长 3~6 mm，宽 2~4 mm。种子 1~3，黑色，长圆状狭倒卵形，长 2.5~5 mm。花果期 7—11 月。

适宜生境与分布

生于海拔 2 600 m 以下的山坡、草地、路旁或林缘。分布于我国东北、华北、华东、华中，以及广东、四川、云南等地。奈曼旗新镇等地有分布。

资源状况

常见。

药用部位

全草或鳞茎、根。

采收加工

6—7 月采收，洗净，鲜用或晒干。

药材性状

本品鳞茎呈长卵形，长 2~3 cm，直径 5~15 mm，先端渐尖，叶基残留，基部鳞茎盘明显，其上残留黄白色或棕色须根或须根断痕，鳞茎外部为数层鲜黄色膜质鳞叶，内部为白色叠生的肉质鳞片，富有黏性。气微，味微辣。以新鲜、饱满、不烂者为佳。

功能主治

强心利尿，消肿止痛，解毒。用于跌打损伤，腰腿疼痛，筋骨痛，牙痛，心性水肿。外用于痈疽，乳腺炎，毒蛇咬伤。

用法用量

内服煎汤，3~9 g。外用适量，捣敷。

兰科 Orchidaceae

绶草属 *Spiranthes* Rich.

绶草 *Spiranthes sinensis*（Pers.） Ames

别名：敖朗黑伯、盘龙参、扭扭兰

蒙文名：宝力格—额布斯

形态特征

植株高 15~40 cm。根数条簇生,指状,肉质。茎直立,纤细,上部具苞片状小叶,先端长渐尖。近基部生叶 3~5,叶条状披针形或条形,长 2~12 cm,宽 0.2~0.8 cm,先端钝、急尖或近渐尖。总状花序具多数密生的花,似穗状,长 2~11 cm,直径 0.5~1 cm,螺旋状扭曲,花序轴被腺毛;苞片卵形;花小,淡红色、紫红色或粉色;中萼片狭椭圆形或卵状披针形,长约 5 mm,宽约 1.5 mm,先端钝,具 1~3 脉,侧萼片披针形,与中萼片近等长但较狭,先端尾状,具脉 3~5;花瓣狭矩圆形,与中萼片近等长但较薄且窄,先端钝;唇瓣矩圆状卵形,略内卷成舟状,与萼片近等长,宽 2.5~3.5 mm,先端圆形,基部具爪,长约 0.5 mm,上部边缘啮齿状、强烈皱波状,中部以下全缘,中部或多或少缢缩,内面中部以上具短柔毛,基部两侧各具 1 胼胝体;蕊柱长 2~3 mm;花药长约 1 mm,先端急尖;花粉块较大;蕊喙裂片狭长,渐尖,长约 1 mm;柱头较大,呈马蹄形,子房卵形,扭转,长 4~5 mm,具腺毛。蒴果具 3 棱,长约 5 mm。花期 7—8 月。

适宜生境与分布

中生湿中生植物。生于沼泽化草甸或林缘草甸。我国各地均有分布。内蒙古呼伦贝尔市、兴安盟、赤峰市、锡林郭勒盟、鄂尔多斯市有分布。奈曼旗青龙山镇等地有分布。

资源状况

常见。

药用部位

全草或块根。

功能主治

补脾润肺,清热凉血。用于病后体虚,神经衰弱,咳嗽吐血,咽喉肿痛,小儿夏季热,糖尿病,带下。外用于毒蛇咬伤。

用法用量

内服煎汤,9~15 g,鲜全草 15~30 g。外用适量,鲜品捣敷。

禾本科 Poaceae

看麦娘属 *Alopecurus* Linn.

看麦娘 *Alopecurus aequalis* Sobol.

别名:道旁谷

蒙文名:乌纳根—苏勒

形态特征

一年生草本。秆少数丛生,高 15~45 cm,光滑。叶鞘无毛,短于节间,叶舌长 2~

6 mm，膜质；叶片长3~11 cm，宽0.1~0.6 cm，上面脉疏被微刺毛，下面粗糙。圆锥花序灰绿色，细条状圆柱形，长2~7 cm，宽0.3~0.5 cm。小穗椭圆形或卵状长圆形，长2~3 mm；颖近基部联合，脊被纤毛，侧脉下部被毛。外稃膜质，等于或稍长于颖，先端钝，芒自稃体下部1/4处伸出，长1.5~3.5 mm，内藏或稍外露；花药橙黄色，长0.5~0.8 mm。颖果长约1 mm。花果期7—9月。

适宜生境与分布

生于河滩、潮湿低地草甸、田边。我国各地均有分布。内蒙古呼伦贝尔市、兴安盟、通辽市、赤峰市、锡林郭勒盟、乌兰察布市、呼和浩特市，以及大青山有分布。奈曼旗大沁他拉镇等地有分布。

资源状况

常见。

药用部位

全草。

采收加工

春、夏二季采收，晒干或鲜用。

功能主治

利水消肿，解毒。用于水肿，水痘。外用于小儿腹泻，消化不良。

用法用量

内服煎汤，30~60 g。外用适量，捣敷；或煎汤洗。

马唐属 *Digitaria*

止血马唐 *Digitaria ischaemum*（Schreb.） Schreb. ex Muhl.

别名：哈日—巴西棍—塔布格

蒙文名：哈日—西巴棍—塔布格

形态特征

一年生草本。秆直立或基部倾斜，高15~40 cm，下部常有毛。叶鞘具脊，无毛或疏生柔毛；叶舌长约0.6 mm；叶片扁平，线状披针形，长5~12 cm，宽0.4~0.8 cm，先端渐尖，基部近圆形，多少生长柔毛。总状花序长2~9 cm，小穗长2~2.2 mm，宽约1 mm，2~3着生于各节；第1颖不存在；第2颖具3~5脉，等长或稍短于小穗；第1外稃具5~7脉，与小穗等长，脉间及边缘具细柱状棒毛与柔毛，第2外稃成熟后紫褐色，长约2 mm，有光泽。花果期6—11月。

适宜生境与分布

中生植物。生于田野、路边、沙地。我国各地均有分布。内蒙古各地均有分布。奈曼旗义隆永镇等地有分布。

资源状况

常见。

药用部位

全草。

采收加工

5月采收。

药材性状

本品长40~100 cm。秆分枝,下部节上生根。完整叶片条状披针形,长8~12 cm,宽0.5~0.8 cm,先端渐尖或短尖,基部钝圆,两面无毛或疏生柔毛,叶鞘疏松抱茎,无毛或疏生柔毛。

功能主治

用于血热妄行的出血证,如鼻衄、咯血、呕血、便血、尿血、痔血、崩漏等。

用法用量

内服煎汤,9~15 g。

芦苇属 *Phragmites*

芦苇 *Phragmites australis*（Cav.）Trin. ex Steud

别名：苇子

蒙文名：沙克索日嘎

形态特征

多年生草本。秆高1~3 m,地下根茎粗壮,根横走。茎具20节或更多,最长节间位于下部第4~6节,长20~40 cm,节下被蜡粉。叶鞘下部者短于上部者,长于节间；叶舌边缘密生1圈长约1 mm的纤毛,两侧缘毛长3~5 mm,易脱落；叶片长30 cm,宽2 cm。圆锥花序长20~40 cm,宽约10 cm,分枝多数,长5~20 cm,着生稠密下垂的小穗。颖果长约1.5 mm。花果期7—9月。

适宜生境与分布

生于河流、湖泊、池沼和低湿地。我国各地均有分布。内蒙古各地均有分布。奈曼旗新镇、孟家段水库等地分布较多。

资源状况

常见。

药用部位

干燥根茎。

采收加工

全年均可采挖,除去芽、须根及膜状叶,鲜用或晒干。

药材性状

本品呈长圆柱形,有的略扁,长短不一,直径1~2 cm。表面黄白色,有光泽,外皮疏松可剥离,节呈环状,有残根和芽痕。体轻,质韧,不易折断,切断面黄白色,中空,壁厚1~2 mm,有小孔排列成环。气微,味甘。

功能主治

清热泻火，生津止渴，除烦，止呕，利尿。用于热病烦渴，肺热咳嗽，肺痈吐脓，胃热呕哕，热淋涩痛。

用法用量

内服煎汤，15～30 g，鲜品加倍；或捣汁。外用适量，烧存性，研末吹鼻。

狗尾草属 *Setaria* P. Beauv.

金色狗尾草 *Setaria glauca*（L.） Beauv.

别名：金狗尾、狗尾草、狗尾巴

蒙文名：沙日—乌仁—苏勒

形态特征

一年生草本，单生或丛生。秆直立或基部倾斜膝曲，近地面节可生根，高 20～90 cm，光滑无毛，仅花序下面稍粗糙。叶鞘下部扁压具脊，上部圆形，光滑无毛，边缘薄膜质，光滑无纤毛；叶舌具 1 圈长约 1 mm 的纤毛；叶片线状披针形或狭披针形，长 5～40 cm，宽 0.2～1 cm，先端长渐尖，基部钝圆，上面粗糙，下面光滑，近基部疏生长柔毛。圆锥花序紧密呈圆柱状或狭圆锥状，长 3～17 cm，宽 0.4～0.8 cm（刚毛除外），直立，主轴具短细柔毛，刚毛金黄色或稍带褐色，粗糙，长 4～8 mm，先端尖，通常在 1 簇中仅具 1 个发育的小穗，第 1 颖宽卵形或卵形，长为小穗的 1/3～1/2，先端尖，具 3 脉；第 2 颖宽卵形，长为小穗的 1/2～2/3，先端稍钝，具 5～7 脉；第 1 小花雄性或中性，第 1 外稃与小穗等长或微短，具 5 脉，其内稃膜质，等长且等宽于第 2 小花，具 2 脉，通常含 3 雄蕊或无；第 2 小花两性，外稃革质，等长于第 1 外稃，先端尖，成熟时背部极隆起，具明显的横皱纹；鳞被楔形；花柱基部联合；叶上表皮脉间均为无波纹或微波纹、有角棱、壁薄的长细胞，下表皮脉间均为有波纹、壁较厚的长细胞，并有短细胞。花果期 6—10 月。

适宜生境与分布

中生杂草。生于田野、路边、荒地、山坡等处。我国各地均有分布。奈曼旗土城子镇等地有分布。

资源状况

常见。

药用部位

全草或果实。

采收加工

夏、秋二季采收，晒干。

功能主治

祛风明目，清热除湿，利尿，消肿排脓。

用法用量

内服煎汤，9~15 g。

狗尾草 *Setaria viridis* （L.） Beauv.

别名：毛莠莠、光明草

蒙文名：乌仁—苏勒

形态特征

一年生草本。根为须状，高大植株具支持根。秆直立或基部膝曲，高 10~100 cm，基部直径达 3~7 mm。叶鞘松弛，无毛或疏具柔毛或疣毛，边缘具较长的密绵毛状纤毛；叶舌极短，叶缘有长 1~2 mm 的纤毛；叶片扁平，长三角状狭披针形或线状披针形，先端长渐尖或渐尖，基部钝圆形，几呈截状或渐窄，长 4~30 cm，宽 0.2~1.8 cm，通常无毛或疏被疣毛，边缘粗糙。圆锥花序紧密成圆柱状或基部稍疏离，直立或稍弯垂，主轴被较长柔毛，长 2~15 cm，宽 0.4~1.3 cm，刚毛长 4~12 mm，粗糙或微粗糙，直或稍扭曲，通常绿色或褐黄色至紫红色或紫色；小穗 2~5 簇生于主轴上或更多的小穗着生在短小枝上，椭圆形，先端钝，长 2~2.5 mm，铅绿色；第 1 颖卵形、宽卵形，长约为小穗的 1/3，先端钝或稍尖，具 3 脉；第 2 颖几与小穗等长，椭圆形，具 5~7 脉；第 1 外稃与小穗等长，具 5~7 脉，先端钝，其内稃短小狭窄；第 2 外稃椭圆形，先端钝，具细点状皱纹，边缘内卷，狭窄；鳞被楔形，先端微凹；花柱基分离；叶上、下表皮脉间均为微波纹或无波纹的、壁较薄的长细胞。颖果灰白色。花果期 5—10 月。

适宜生境

生于荒野、道旁。我国大部分地区均有分布。奈曼旗青龙山镇等地有分布。

资源状况

常见。

药用部位

全草或根、种子、花穗。

采收加工

秋季采收，分别晒干。

功能主治

祛风明目，清热利尿。用于风热感冒，沙眼，目赤疼痛，黄疸肝炎，小便不利。外用于颈淋巴结结核。

用法用量

中医：全草内服煎汤，6~12 g，鲜品可用 30~60 g。外用适量，煎汤洗；或捣敷。种子内服煎汤，9~15 g；或研末。外用适量，炒焦研末，调敷。

蒙医：多入丸，散。

第二篇
主栽品种栽培技术

第二篇

市场营销环境分析

第一章 苍术栽培技术

苍术为常用中药材，为菊科植物茅苍术 Atractylodes lancea（Thunb.）DC. 或北苍术 Alraclylocles chinensis（DC.）Koidz 的根茎。苍术具燥湿健脾、祛风、散寒、明目等功效。用于治疗脘腹胀满、泄泻、水肿、脚气痿蹩、风湿痹痛、风寒感冒、雀目夜盲等症（中华人民共和国药典，2020）。茅苍术主要分布于河南、江苏、湖北、安徽、浙江、江西等省（张成才，2024）；北苍术主要分布于黑龙江、吉林、辽宁、内蒙古、河北、山西、陕西、甘肃、宁夏、青海等地（祁心，2024）。本栽培技术主要针对北苍术。

一、形态特征（略）

二、生物学特性

北苍术多生长在森林、草原地带的阳坡、半阴坡灌木丛群落中。土壤多为表土层疏松、肥沃、渗透性良好的暗棕壤或沙壤土。喜冷凉、光照充足、昼夜温差较大的气候条件，耐寒性强，但怕强光和高温（成彦武，2023）。

种子特性：北苍术种子属短命型，室温下储藏，寿命只有6个月，隔年种子不能使用；低温保存可延长种子寿命，在0~4 ℃低温条件下储藏1年，种子发芽率可保持在80%以上。北苍术种子属低温萌发类型，最低萌发温度为5~8 ℃，最适温度为10~15 ℃，高于25 ℃种子萌发受到抑制，超过45 ℃种子几乎全部霉烂。由于苍术种子为低萌发类型，生产中秋播优于春播（关强，1992）。

生育特性：种子萌发出土时为2枚真叶，下胚轴膨大，逐渐形成根茎，随着植株的生长，叶片增多增大，枯萎前，一年生苗莲座状，根茎鲜重3~6 g；二年生植株开始形成地上茎，根茎扁圆形，长2~2.8 cm，根茎上生长1~5个更新芽，鲜重10~15 g；3年生植株开始抽薹开花，根茎增粗长，鲜重达25 g左右。种子繁殖生长3~4年收获药材商品。

三、栽培技术

（一）繁殖技术

1. 种子繁殖

在4月下旬育苗，苗床选择向阳地为好，播种前，先施基肥再耕，细耙整平，作成宽 1 m 的畦，进行条播或撒播。条播在畦面横向开沟，沟距 20~25 cm、沟深为 3 cm，把种子均匀撒于沟中，然后覆土。撒播直接在畦面上均匀撒上种子，覆土 2~3 cm。用种量 45~60 kg/hm²，播后都应在上面盖一层稻草，经常浇水保持土壤湿度，苗长出后去掉盖草。苗高 3 cm 左右时进行间苗，10 cm 左右即可定植，以株行距 15 cm×30 cm 进行，栽后覆土压紧并浇水。一般在阴雨天或午后定植易成活。

2. 无性繁殖

生产上主要采取分株繁殖。即于 4 月连根挖取老苗，去掉泥土，将根茎切成若干小块，每小块带 1~3 个芽，然后栽于大田。当苗长到高 3 cm 左右时进行间苗，当苗长至 10 cm 左右再移栽定植。

（二）选地整地

苍术种植选择土层深厚、排水良好、疏松肥沃、阳光充足的壤土、砂质壤土或腐殖质壤土作床（张丽微，2022），施农家肥 30 000 kg/hm²，耙细、整平后一般采用大垄高床技术。

（三）田间管理技术

1. 间苗定苗

苍术直播苗高 5~6 cm 时间苗，苗高 10~15 cm 时按株距 15~20 cm、行距 25 cm 定苗，穴播每穴留壮苗 2~3 株，移栽的每公顷苗数一般在 180 000~225 000 株。

2. 中耕除草

苍术幼苗期要勤除草和适当浅松土，移栽后每年应进行 3~4 次中耕除草，通常每两个月松土 1 次，可于培土的同时进行追肥。

3. 适时浇水

苍术在出苗前后要经常保持土壤湿润以利出苗和幼苗生长，早春土壤解冻后立即浇水保苗，天旱土干时要及时浇水，一般植株长成后不再浇水。

4. 合理追肥

苍术幼苗期施腐熟清淡人畜粪水 30 000 kg/hm²，6—7 月追施腐熟人粪尿 37 500~45 000 kg/hm²，加施过磷酸钙 225 kg/hm²，10 月在行间开沟追施腐熟厩肥或堆肥，施后浇水覆土。

5. 摘蕾留种

苍术商品田于现蕾期及时摘除花蕾，使养分集中供地下根茎生长。留种田选择疏松肥沃的土地、健壮无病的种栽，适当进行疏花疏蕾，培育优良种子种苗。

（四）病虫害防治

1. 根腐病

病症：5 月、6 月发病，造成根部腐烂，吸收水分和养分的功能逐渐减弱，最后全株死亡。

防治措施：①注意开沟排水，发展病株立即拔除。②用退菌特50%可湿性粉剂1 000倍液，或1%石灰水落浇浇灌；也可用50%甲基硫菌灵800倍液喷射。

2. 蚜虫

症状：苍术在整个生长发育过程中（尤以春夏季最为严重），均易受蚜虫为害。多以成虫、若虫吸食叶片和嫩梢汁液，严重时可使茎叶发黄，影响生长发育。

防治措施：①及时除去枯枝落叶，深埋或烧毁。②在发生期可用50%杀螟松1 000~2 000倍液，或50%抗蚜威可湿性粉剂3 000倍液，或2.5%灭扫利乳剂3 000倍液喷洒，每7 d 1次，连续进行，直至无虫害。③用1∶1∶10烟草石灰水防治。

3. 地老虎

症状：低龄幼虫取食子叶、嫩叶，中老龄幼虫取食植物近土面的嫩茎，使植株枯死。

防治措施：①可用2.5%溴氰菊酯乳油或50%辛硫磷兑水灌根。②50%辛硫磷乳油拌细沙土撒施。

四、收获与加工

北苍术于秋后采挖为宜。茅苍术挖出后，去掉地上部分，抖去根茎上的泥土，晒干后撞去须泥或晒至八九成干时用微火燎掉毛须即可。北苍术挖出后，除去茎叶和泥土，晒至四五成干时装入筐内，撞掉部分须根，表皮呈黑褐色，晒至六七成干时，再撞1次，以去掉全部老皮，晒至全干又撞1次，使表皮呈金黄褐色即成（容路生，2020）。

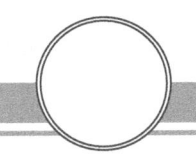

第二章　赤芍栽培技术

赤芍，为毛茛科植物芍药（*Paeonia Lactiflora* Pall.）或川赤芍（*Paeonia Veitchii* Lynch）的干燥根。春、秋二季采挖，除去根茎、须根及泥沙，晒干。苦，微寒。其性酸敛阴柔，具有养阴、行瘀、止痛、凉血、消肿。主治：治瘀滞经闭、疝瘕积聚、腹痛、胁痛、衄血、血痢、肠风下血、目赤、痈肿、跌扑损伤。赤芍是著名野生道地中药材，应用历史悠久，用量较大、用途广泛且需求较为刚性，每年都有相当数量的出口（黄璐琦，2017）。

一、植株形态特征（略）

二、生物学特性

（一）对环境条件的要求

野生芍药多集中生长于北方海拔500~1 500 m的山地和草原。土壤为棕色森林土、暗棕色森林土、灰色森林土及草原草甸土。常见于山坡、沟旁、阔叶杂木林下、林缘和灌木丛间，或草木繁茂的固定沙丘及典型草原的天然植物群落中。川赤芍集中生长在青藏高原的边缘地带，海拔3 000~3 500 m的山原和峡谷地。土壤多为高原棕壤和暗棕壤。深山高原地区的植被较好，因而形成了川赤芍生长的适宜区。

赤芍是典型的温带植物，适宜温暖气候条件，在年均气温14.5 ℃、7月均温27.8 ℃条件下生长良好。赤芍耐热又耐寒，可耐受的夏季最高温度为42.1 ℃，可耐受的冬季最低温度为-46.5 ℃，在我国北方可露地栽培越冬。

赤芍喜光照，其植株在一年当中随着气候节律的变化，而产生生长期和休眠期的交替变化。其中以休眠期的春化阶段和生长期的光照阶段最为关键。赤芍的春化阶段，要求0 ℃以下低温、经过40 d左右才能完成。然后混合芽方可萌动生长。赤芍属长日照植物，花芽要在长日照下发育开花，混合芽萌发后，若光照时间不足或在短日照条件下通常只长叶不开花或开花异常。

赤芍适宜湿润的气候条件，耐干旱，因此不需多灌溉，但缺水时花朵瘦小、花色不艳。对植株生长发育不利。

赤芍是深根系作物，要求土层厚、疏松且排水良好的砂质壤土，在黏土和沙土中生长较差，以中性或微酸性土壤为宜，土壤含氮量不宜过高，以防止枝叶徒长，生长期适当增施磷钾肥，以促使枝叶生长。

（二）生长发育特性

赤芍种子为上胚轴休眠类型（宋焕芝，2011），秋季采种后1周内进行播种，当年生根，再经过一段低温打破上胚轴休眠，第2年春天破土出苗。赤芍是宿根。每年3月萌发出土，4—6月为生长发育旺盛时期，花期5月，果期6—8月，8月中旬地上部分开始休眠，是赤芍苷含量最高时期（秦立金，2020；张秀丽，2013）。

三、栽培技术

(一) 育苗

1. 选地整地

选择地势高,土层深厚、疏松、排水良好、中性或碱性砂质壤土或绵砂土水浇地。耕翻以秋季为好,深度30~45 cm,结合深翻每公顷施腐熟细碎的厩肥45 000 kg以上,或生物有机肥6 000~7 500 kg或15:15:15的三元硫酸钾型复合肥450 kg加60 kg辛硫磷颗粒混匀后施用。春季将土壤耙细整平,做宽1.5 m、高15~20 cm的畦,畦间距35 cm。

2. 播种

当年9月中下旬用刚采下的成熟种子进行条播,方法是顺畦面方向开5~7 cm浅沟,将种子均匀撒入沟中,覆土5 cm左右,稍镇压。播种后用微喷带进行喷灌,20 cm土层浇透即可,以保证种子发芽水分。

3. 播后管理

越冬前在畦面铺2~3 cm厚厩肥或土杂肥,以保安全越冬。第2年4月开始出苗,视土壤墒情适当浇水。其间做好中耕除草工作,苗高10 cm时用50%的多菌灵可湿性粉剂600~800倍液喷雾预防病害。5—6月追施15:15:15的三元硫酸钾型复合肥450 kg/hm² 1次,越冬前最好上盖厩肥。第3年春季作种苗进行移栽。

4. 起苗

第3年4月中下旬起苗。面积小时可人工起苗,面积大时也可用机械起苗,先割去地上枯茎,再用药材收刨机起苗,抖去泥土,剔除有病斑、分杈和机械破损的种苗。起获的种苗按长短进行分类,并打成小捆备栽。如果不能立即移栽,可选通风阴凉干燥处,用潮湿的河沙层积储藏。选择根条形、无分杈、光滑无病斑、无锈病、无机械损伤的作种苗。

(二) 移栽

1. 选地整地

选择地势较高、土层深厚、土质疏松、肥沃、排水良好、向阳的中性或微酸性沙质壤土。整地前灌1次透水,土壤耕翻30 cm左右,结合整地施入腐熟有机肥30 000~45 000 kg/hm²,或生物有机肥6 000~7 500 kg/hm²或15:15:15的三元硫酸钾型复合肥450 kg/hm²加60 kg/hm²辛硫磷颗粒混匀后施用,整平耙细。

2. 定植

华北地区4月初至5月上旬可进行栽种,人工栽植方法:按行距50 cm、株距30 cm,两人配合栽植,一人用铁锹深入土壤,然后向前轻推下锹把,留出一个可以放进苗的缝隙,另一人把苗头朝上将苗竖立放入缝隙中,深度以芽头到土面5 cm为宜,抽出铁锹,合拢缝隙,并用脚踩实。

3. 定植后管理

（1）中耕除草

定植后，前两年幼苗矮小，如不及时除草易成草荒。栽后一般半个月左右红芽露出，应立即中耕除草，此时的赤芍根纤细，扎根不深，不宜深锄。5月、6月各中耕除草1次。以后每年视情况进行中耕除草2~3次。

（2）培土、灌溉

每年入冬前在清理枯枝残叶的同时，应培土1次，以防止越冬芽露出地面枯死。在夏季高温干燥时期，也应适当培土抗旱。有条件的地区，可以灌溉。多雨季节要及时排水。

（3）摘蕾

现蕾后及时摘除花蕾，集中养分供根部生长发育。留种的植株可适当去掉部分花蕾，使种子充实饱满。

（4）间作

栽后第1年和第2年可适当在赤芍空间栽种红小豆、大豆、芝麻等，以降低夏季地表温度，又能收获粮食。

（5）追肥

第1年施基肥以外，在7月追施15∶15∶15的三元硫酸钾型复合肥450 kg/hm^2。以后每年7月中旬追施复合肥1次，每年喷施根茎药材专用叶面肥4~5次。

（三）病虫害防治

1. 白粉病

症状：初侵染产生的分生孢子通过气流传播，可频繁再侵染。一般在6月初、气温20 ℃以上为初发期，随着气温的升高，7—8月为盛发期。发病初期叶片两面均可产生近圆形的白色小粉斑，后逐渐扩大可连片呈边缘不明显的白粉斑，甚至布满整叶。后期叶片两面及叶柄、茎秆都可受害，产生有污白色霉斑，并散生黑色小粒点，为病原菌有性世代的闭囊壳。

防治措施：①选用抗（耐）病品种。②秋末及时将地上部分剪除并清理烧毁，花后及时疏枝，剪除残花，发病较轻时及时摘除病叶并烧毁，保持田园卫生。③与非寄主作物轮作2~3年，以减少菌源。④田间不宜栽植过密，注意通风透光，适时灌溉，雨后及时排水，防止湿气滞留。⑤增施磷、钾肥，提高植株抗病力。⑥发病期喷洒25%粉锈宁800~1 000倍液、62.25%仙生600倍液、50%甲基硫菌灵800倍液或50%硫黄悬浮剂300倍液等药剂，视病情喷1~3次。

2. 锈病

症状：5月上旬开始发病，并产生夏孢子，不断侵染蔓延。后期形成冬孢子，萌发后可侵染松属植物。以为害叶片为主，受害叶片正面初期产生圆形、椭圆形或不规则黄绿色小点，叶片背面相应部位产生黄褐色夏孢子堆。后期病斑灰褐色，产生褐色冬孢子堆。严重发病可造成叶片早期大量枯死。

防治措施：①及时彻底清除病残体，集中烧毁，减少侵染源。②在园圃周围避免以松属植物作为隔离树种或周围杜绝种植该种植物。③在发病初期喷 0.3~0.4°Bé 石硫合剂或 97%敌锈钠 400 倍液效果良好。

3. 灰霉病

症状：低温高湿条件下发病严重，一年具有春、秋两个发病高峰期，分别为 3—4 月和 9—10 月，气温达 8~23 ℃、相对湿度 90%以上利于发病。偏施氮肥、排水不良、光照不足及连作地块可加重灰霉病发生。茎、叶、花均可受害，一般花后发生严重。叶尖、叶缘产生近圆形或不规则形水渍状病斑，褐色、紫褐色至灰色，不规则轮纹状。潮湿时，叶背具灰色霉层。茎部病斑梭形，紫褐色；花部受害易变褐软腐，造成花瓣腐烂，引起植株顶枝枯萎等。若茎、叶、花三部位同时发病，可致芍药严重减产，甚至绝收。

防治措施：①发病后，清除被害枝叶，集中烧毁或深埋。②采取轮作或选用无病种芽，平时应加强田间管理，及时排水，保持通风透光。③易发病期和发病初期用 1∶1∶100 波尔多液喷洒植株，每隔 10~14 d 喷 1 次，连续进行 3~4 次。

4. 炭疽病

症状：在 8—9 月高温多雨时发病严重。以为害叶片为主，叶柄及茎均可受害。叶片病斑初为长圆形，后扩大成黑褐色不规则的大型病斑，表面略下陷。湿度大时病斑表面出现粉红色黏稠孢子堆，严重时病叶下垂。茎部发病与叶片相似，严重时会引起倒伏。

防治措施：①冬季清理田园，烧毁残枝病叶。②栽种块根、芦头时用 1∶1∶150 波尔多液或 50%硫菌灵可湿性粉剂 1 000 倍液浸种 10 min，晾干后栽。③发病初期立即剪除病叶并喷药防治，可用 80%代森锌或 50%退菌特、多菌灵、甲基硫菌灵可湿性粉剂 800~1 000 倍液喷洒，10 d 喷 1 次，喷洒 3 次。④及时中耕放湿、追施磷钾肥及叶面喷湿农人液肥或 TA 增产粉。

5. 虫害

主要有蚜虫、叶螨、蝼蛄、小地老虎、蛴螬、金针虫等为害根部。防治地下害虫方法：可用辛硫磷 30 kg/hm²，制成毒土，结合整地撒入土中毒杀。

四、采收与加工

（一）采收

有性繁殖的赤芍 4~5 年收获。用芽头繁殖的 3~4 年收获。8—9 月采挖，不宜过早或过迟，否则会影响产量和质量。方法：选择晴天，先将地上茎叶割去，挖出根部。将根茎部分带芽切下，再分成小块作为栽植用的种栽，放入室内或窖内用沙子埋上，保管。根另行加工成商品。

（二）加工

赤芍根挖出后，应尽快洗去根及根茎上附着的泥土等杂质，切下芍根进一步加工。

可采用不锈钢网筐人工流水冲洗方法或者采用高压水枪清洗。并人工挑除夹杂于其中的枯枝,并剔除破损、虫害、腐烂变质的部分。去掉根茎及须根等杂质,切去头尾,修平。经修剪好的芪根,理直弯曲,进行晾晒或烘至半干,按大小捆成小把,以免干后弯曲。之后晒或烘至足干,储藏于通风干燥阴凉处,防虫蛀霉变即可(万群芳,2016)。

第三章 蒙古黄芪栽培技术

黄芪有两种原植物,即蒙古黄芪[Astragalus membranaceus var. mongholicus (Bunge) P. K. Hsiao]或膜荚黄芪[Astragalus membranaceus (Fisch.) Bge.],均为豆科黄芪属多年生草本植物,一般以根入药,为植物和中药材的统称,别名棉芪、黄耆、独椹、蜀脂、百本、百药棉黄参、血参等。黄芪性微温,味甘,具有补气固表、利尿、拔毒排脓、生肌等功能。现代医学研究表明,黄芪具有提高免疫、抗衰老、抗应激、抗心肌缺血、抗肾炎、抗肝炎、拭胃溃疡、抗骨质疏松、中枢镇静、镇痛、促智及治疗高血压、糖尿病等作用(蒋微,2019)。黄芪还用于治疗消化道肿瘤、肝癌、肺癌、妇科肿瘤等各种肿瘤有气虚表现者(姜辉,2020)。

蒙古黄芪分布于黑龙江、吉林、河北、山西、内蒙古等省区(奥运,2023),膜荚黄芪分布于黑龙江、吉林、辽宁、河北、山东、山西、内蒙古、陕西、宁夏、甘肃、青海、新疆、四川和云南等省区(赵一之,2004),均为国家三级保护植物。

一、植株形态特征(图3-1)

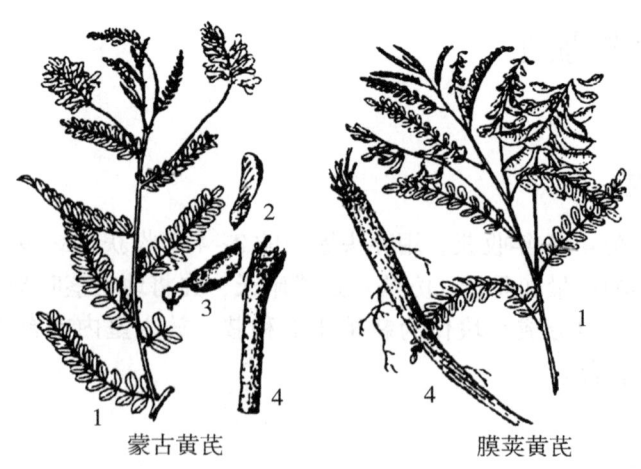

1—植株花枝;2—花;3—果荚;4—根。

图3-1 蒙古黄芪和膜荚黄芪植株形态

二、生态习性及生长发育周期

(一) 生态习性

黄芪喜阳光，怕炎热，耐干旱，不耐涝，喜凉爽气候（海沙·沙比，2020），有较强的耐寒能力，虽可耐受-30 ℃以下低温，但安全越冬温度要求不低于-40 ℃。

黄芪一年生和二年生幼苗的根对水分和养分的吸收功能强。随着生长发育的进行，吸收功能逐渐减弱，但储藏功能增强，主根变得粗大。如果水分过多，易发生烂根，故栽培黄芪应选择渗水性能良好的地块，保护植株根系的正常生长。

黄芪对土壤要求虽不甚严格，但人工栽培宜选在地势较高、土质疏松、土层深厚的土地上进行，因为黄芪是一种深根性植物（及华，2022）。土壤质地和土层厚薄不同对根的产量和质量有很大影响：黏重，根生长缓慢，主根短，分枝多，常畸形；土壤砂性大，根纤维木质化程度大，粉质少；土层薄，根多横生，分枝多，呈鸡爪形，品质差。在pH值7~8的砂壤土或冲积土中黄芪根垂直生长，长可达1 m以上，俗称"鞭竿芪"，品质好，产量高。黄芪忌重茬，不宜与马铃薯、菊花、白术等连作。

(二) 生长发育周期

黄芪从播种到种子成熟要经过5个时期：幼苗生长期、枯萎越冬期、返青期、孕蕾开花期和结果种熟期（敖日格乐，2018）。

1. 幼苗生长期

黄芪种子萌发后，在幼苗五出复叶出现前，根系发育不完全，入土浅，吸收差，怕干旱、高温、强光。五出复叶出现后，根系吸收水分、养分能力增强，叶片面积扩大，光合作用增强，幼苗生长速度显著加快。通常当年播种的黄芪处于幼苗生长期不开花结果。

2. 越冬期

地上部分枯萎到第2年植物返青前称为枯萎越冬期。一般在9月下旬气温降低，光合作用显著减弱后，叶片开始变黄，地上部枯萎，地下部根头越冬芽形成，此期需经历180~190 d。黄芪抗寒能力强，不加覆盖物也可安全过冬。

3. 返青期

越冬芽萌发并长出地面的过程称为返青。春天当地温达到5~10 ℃时，黄芪开始返青。首先长出丛生芽，然后分化茎、枝、叶，形成新的植株。返青初期生长迅速，30 d左右即可长到正常株高，随后生长速度又减缓下来，这一时期受温度和水分的影响很大。

4. 开花期

从花蕾由叶腋现出到小花凋谢为现蕾开花期。二年生以上植株一般6月初在叶腋中出现花蕾，先是中部枝条叶腋现蕾，而后陆续向上逐渐现蕾，蕾期20~30 d。先期花蕾于7月初开放，花期为20~25 d。开花期若遇干旱，会影响授粉结实。在生育期长的地方，春播黄芪于8月下旬现蕾开花。

5. 结果期

从小花凋谢至果实成熟为结果期。二年生黄芪7月中旬进入果期，约为30 d。果实成熟期若遇高温、干旱，种皮不透性增强，会造成种子硬实率增加，使种子品质降低。黄芪的根在开花结果前生长速度最快，此时地上光合产物主要运输到根部积累，而以后则由于开花结果会大量消耗养分，使根部生长减缓。

黄芪的种子呈半卵圆形，千粒重约5.83 g。黄芪种子具硬实性，一般硬实率在40%~80%，造成种子透性不良、吸水力差，在正常温度和湿度条件下，约有80%的种子不能萌发，影响了自然繁殖。生产上，一般播种前要对种子进行前处理，打破种皮的不透水性，提高发芽率。黄芪种子吸水膨胀后，在地温5~8 ℃时即可萌发，以25 ℃时发芽最快（段琦梅，2005），仅需3~4 d。

三、栽培技术

（一）选地与整地

黄芪对土壤酸碱度要求不严，一般以pH值6.5~8.0的砂壤土最为适宜。平地栽培应选择地势高、排水良好、疏松而肥沃的砂壤土；山区应选择土层深厚、排水好、背风向阳的山坡或荒地种植。选好地后进行整地，以秋季翻地为好。一般耕深30~45 cm，结合翻地施基肥，施农家肥37 500~45 000 kg/hm^2、饼肥750 kg/hm^2、过磷酸钙375~450 kg/hm^2，也可春季翻地，但要注意土壤保墒，然后耙细整平，作畦或垄，一般垄宽40~45 cm，垄高12~15 cm。

（二）繁殖方法

黄芪的繁殖既可种子直播，也可育苗移栽。

1. 选种

黄芪种子不耐储藏，以膜荚黄芪为例，储藏2年的种子发芽率为50%左右，3年为10%左右。因此应选择当年或上年采收的籽粒饱满、无虫蛀的良种作种用。黄芪播种前，要对种子进行风选或筛选，去除秕粒、杂粒、杂物等。

2. 种子处理

黄芪种子有硬实现象，即使在适宜的温度、水分和氧气条件下硬实的种子也不能吸胀萌发。黄芪种子的硬实率与采种期有关，应在种子呈褐色时采收，种子老熟变为黑色带斑点时则成为硬实，很少发芽。为加速吸水萌发，促使苗齐苗壮，应进行种子处理，目前有两种处理方法。

(1) 温汤浸种法

播种前，将黄芪种子置于容器中，加入适量开水，不停搅动约 1 min，然后加入冷水调水温至 40 ℃，放置 2 h，将水倒出，种子加覆盖物焖 8~10 h，待种子膨大或外皮破裂时，可趁雨后播种。

(2) 砂磨法

将种子与粗砂按 1∶1 比例混匀，用碾子碾至划破种皮为止，也可用碾米机快速碾一遍，以种皮起毛刺为度，随即可播种。

3. 种子直播

黄芪春、夏、秋三季均可播种。春播在"清明"节前后进行，最迟不晚于"谷雨"，一般地温达到 5~8 ℃ 时即可播种，保持土壤湿润，15 d 左右即可出苗；夏播在 6—7 月雨季到来时进行，土壤水分充足，气温高，播后 7~8 d 即可出苗；秋播一般在"白露"前后，地温稳定在 0~5 ℃ 时播种。要注意适期晚播以保证种子播后不萌发，以休眠状态越冬；播种较早，种子萌动易被冻死。目前播种黄芪主要采用穴播、条播等方法。其中穴播方法较好，因穴播保墒好，覆土一致，镇压适度，有利于种子萌发。另外，种子集中有利于出苗，出苗后苗丛内互相遮光保温，有利于保苗。穴播多按 20~25 cm 穴距开穴，每穴点种 3~10 粒，覆土 1.5 cm，踩平，播种量 15 kg/hm^2。条播按 20~30 cm 行距开浅沟（沟深 1 cm），将种子拌适量细沙，均匀撒于沟内，覆土 1.5~2.0 cm 厚，轻轻镇压一遍，播种量 22.5~30 kg/hm^2。

4. 育苗移栽

育苗移栽的优点是既可集中利用时间和地力，又可减少投资，便于人工采挖，提高产量和质量。由于黄芪入土较深，起收费工，近年来一些地区采用育苗移栽的方法栽培黄芪，其做法是育苗 1 年，起收后平栽，栽后 1~2 年采收，经济收益较好。

(1) 育苗

选土壤肥沃、灌溉和排水方便、疏松的砂壤土作苗床。要求土层厚度 40 cm 以上，土壤板结，应施足农家肥，并深翻 30 cm 以上。在春夏季育苗，可采用撒播或条播。撒播的，直接将种子撒在平畦内，覆土 2 cm，用种子量 225~300 kg/hm^2，加强田间管理，适时清除杂草；条播的，行距 15~20 cm，用种量 30 kg/hm^2。也可与小麦套作。

(2) 移栽

移栽时间可在秋末、初春进行，要求边起边栽，忌日晒。起苗时要深挖，保证根长不小于 20 cm，严防损伤根皮或折断黄芪根，同时将细小、自然分叉苗淘汰。移栽时按行距 40~50 cm 开沟，沟深 10~15 cm，将根顺直放于沟内，株距 15~20 cm，栽后踩实或镇压紧密，利于缓苗，移栽最好是浇水后或趁雨天进行，利于成活。土壤墒情适宜时，浅锄 1 次，以防板结。

（三）田间管理

1. 中耕除草

(1) 人工除草

黄芪齐苗后可进行第 1 次锄草。苗期根系较浅应浅锄，否则会引起幼苗死亡。黄芪苗期生长慢，于植株封行前适时中耕除草，可使地面疏松、无杂草，利于黄芪生长，封行后视草情酌情人工除草。

（2）化学除草

黄芪化学除草应根据当地种植经验，结合良好农业规范（GAP）生产要求，在杂草较多的幼龄期，用黄芪专用除草剂喷杀1次（除草剂每年只能用1次），基本保证田间无杂草。

2. 间苗、定苗

黄芪小苗对不良环境抵抗力弱，不宜过早间苗，一般在苗高6~10 cm时，按株距6~8 cm进行间苗。结合间苗进行中耕除草，苗高8~10 cm时，进行第二次中耕除草，以保持田间无杂草，地表层不板结，当苗高10~12 cm时，按株距10~15 cm定苗，穴栽的按每穴2~3株定苗。

3. 追肥

黄芪生长需肥量大，每年可结合中耕除草施肥1~2次，每次施厩肥7 500~15 000 kg/hm²。如用化肥，应以磷、钾肥为主。定苗后要追施氮肥和磷肥，一般田块追施硫铵225~255 kg/hm²或尿素150~180 kg/hm²、硫酸钾105~120 kg、过磷酸钙150 kg。花期追施过磷酸钙75~150 kg/hm²、氮肥105~150 kg/hm²，促进结实和种熟。在土壤肥沃的地区，尽量少施化肥。

4. 灌溉与排水

黄芪"喜水又怕水"，管理中要注意"灌水又排水"。黄芪有两个需水高峰期，即种子发芽期和开花结荚期。幼苗期灌水需少量多次，小水勤浇；开花结荚期视降水情况适量浇水。灌溉水质应严格执行《农田灌溉水质标准》（GB 5084—2021），以井水、雨水及无污染的河水灌溉。黄芪地中湿度过大易诱发（加重）沤根、麻口病、根腐病及地上白粉病等病害，故生长季雨季应随时进行排水。

5. 打顶

黄芪以根部入药，因此，为了控制黄芪的营养生长，应在6月中下旬至7月中旬完成打顶工作，以减少地上部分对于养分的消耗，这样有利于黄芪根系生长，提高产量。

（四）病虫害防治

1. 白粉病

症状：一般在8月上旬发病，平均气温在19~21 ℃，空气湿度为40%~60%时蔓延迅速。高温多湿年份发病严重。主要为害叶片，也可侵染叶柄、茎和荚果，苗期至成株期均可发生，受害叶片和荚果表面如覆白粉，后期在病斑上出现很多小黑点，造成叶片早期脱落，严重时使叶片和荚果变褐或逐渐干枯死亡。

防治措施：①彻底清除病残体，加强田间管理，合理密植。施肥以有机肥为主，注意氮、磷、钾比例配合适当。实行轮作，尤其不要与豆科植物和易感染此病的作物连作。②药剂防治：25%粉锈宁可湿性粉剂800倍液或50%多菌灵可湿性粉剂500~800倍液喷雾；75%百菌清可湿性粉剂500~600倍液或30%固体石硫合剂150倍液喷雾；

50%硫黄悬浮剂 200 倍液或 25%敌力脱乳油 2 000~3 000 倍液喷雾；25%敌力脱乳油 3 000 倍液加 15%三唑酮可湿性粉剂 2 000 倍液喷雾。用以上任意一种杀菌剂或交替使用，每隔 7~10 d 喷 1 次，连续喷 3~4 次，具有较好的防治效果。

2. 白绢病

症状：发病初期，病根周围以及附近表土产生棉絮状的白色菌丝体。由于菌丝体密集而成菌核，初为乳白色，后变米黄色，最后呈深褐色或栗褐色。被害黄芪，根系腐烂殆尽或残留纤维状的木质部，极易从土中拔起，地上部枝叶发黄，植株枯萎死亡。

防治措施：①合理轮作：轮作的时间以间隔 3~5 年较好。②土壤处理：可于播种前施入杀菌剂进行土壤消毒，常用的杀菌剂为 50%可湿性多菌灵 400 倍液，拌入 2~5 倍的细土。一般要求在播种前 15 d 完成，可以减少和防止病菌为害。另外，也可以 60%棉隆作消毒剂，但需提前 3 个月进行，10 g/m^2 与土壤充分混匀。③药剂防治：50%混杀硫或 30%甲基硫菌灵悬浮剂 500 倍液，或 20%三唑酮乳油 2 000 倍液，用其中一种，每隔 5~7 d 浇注 1 次；也可用 20%利克菌（甲基立枯磷乳油）800 倍液于发病初期灌穴或淋施 1~2 次，每 10~15 d 防治 1 次。

3. 紫纹羽病

症状：黄芪整个生长季节都能发生病害，以 8—9 月症状最为显著。主要为害一年生以上的植株根部。发病从小根开始，逐渐向主根蔓延。病根初期形成不明显黄褐色斑块，外表较正常的根皮略深，内部皮层组织则变褐色，病健交界明显。菌丝层及菌索的色泽较红，后逐渐变紫，药农俗称"红根病"。根表面着生 1~2 mm 半球形暗褐色菌核。后期病根皮层剥离，木质部腐朽。秋后在病根表面及土壤缝隙处可见大小形状不定的菌丝块。病株叶片黄化，生长衰弱或枯萎死亡。

防治措施：①加强栽培管理，增强生长势和提高抗病力，并进行土壤消毒。山林迹地栽培，应尽量清除土壤中的残留树根，不用林间土渣肥作基肥。合理安排与非寄主植物轮作。发现病株立即清除销毁。②药剂防治：用 70%甲基硫菌灵 1 000 倍液、50%苯来特 1 000~2 000 倍液或多菌灵等药液浇灌。③病土处理可施用石灰氮（300~375 kg/hm^2）消毒，但必须早期（2 周前）耕翻入土壤中，使其有效成分氰氨分解成尿素后才可种植。

4. 根腐病

症状：病害常于 5 月下旬至 6 月初开始发病，7 月以后严重发生。被害黄芪地上部枝叶发黄，植株萎蔫枯死。地下部主根顶端或侧根首先患病，然后渐渐向上蔓延。受害根部表面粗糙，呈水渍状腐烂，其肉质部红褐色。严重时，整个根系发黑溃烂。极易从土中拔起。

防治措施：①深翻土壤，施用腐熟有机肥；整地时进行土壤消毒。②山林地栽培，应尽量清除土壤中的残留树根，不用林间土渣肥作基肥。③与非寄主植物轮作倒茬。④对带病种苗进行消毒后再播种，发现病株立即清除销毁。⑤药剂防治参考白粉病。

5. 锈病

症状：一般在北方地区于 4 月下旬发生，7—8 月为盛发期。主要为害叶片。被害叶片背面生有大量锈菌孢子堆，常聚集成中央一堆。锈菌孢子堆周围红褐色至暗褐色。

叶面有黄色的病斑，后期布满全叶，最后叶片枯死。

防治措施：①选择排水良好、向阳、土层深厚的砂壤土种植。②实行轮作，合理密植。③彻底清除田间病残体，降低越冬菌源基数；注意开沟排水，降低田间湿度，减少病菌为害。④药剂防治：发病初期，用25%粉锈宁600~800倍液、80%代森锰锌600~800倍液喷雾，或用敌锈钠喷雾防治。

6. 根结线虫病

症状：一般在6月上中旬至10月中旬均有发生。砂性重的土壤发病严重。黄芪根部被线虫侵入后，导致细胞受刺激而加速分裂，形成大小不等的瘤结状虫瘿。主根和侧根能变形成瘤。瘤状物小的直径为1~2 mm，大的可以使整个根系变成一个瘤状物。罹病植株枝叶枯黄或落叶。

防治措施：①忌连作，最好与禾本科作物轮作或水旱轮作综合防治。②及时拔除病株。③施用农家肥应充分腐熟。④土壤消毒参照白绢病。

7. 食心虫

种类：为害黄芪的食心虫主要是黄芪籽蜂。黄芪籽蜂对种子为害率一般为10%~30%，严重时可达到40%~50%。其他食心虫还有豆荚螟、苜蓿夜蛾、棉铃虫、菜青虫等，这四类害虫对种荚的总为害率在10%以上。

防治措施：①及时消除田内杂草，处理枯枝落叶，减少越冬虫源。②种子收获后用1∶150倍液的多菌灵拌种。药剂防治：在盛花期和结果期各喷10%氯氰菊酯1 000倍液1次；种子采收前喷5%西维因粉22.5 kg/hm²。

8. 芫菁

种类：为害黄芪的芫菁共9种，在内蒙古丘陵或山区为害尤重。芫菁取食茎、叶、花，喜食幼嫩部分，严重的可在几天之内将植株吃成光秆。

防治措施：①农业防治，冬季翻耕土地，消灭越冬幼虫。②人工网捕成虫，因有群集为害习性，可于清晨网捕。③药剂防治：2.5%敌百虫粉剂喷粉，用量22.5~30 kg，或喷施90%晶体敌百虫1 000倍液，用药液量1 125 kg/hm²，均可杀死成虫。

9. 蚜虫

种类：为害黄芪的蚜虫有槐蚜和无网长管蚜。主要为害枝头幼嫩部分及花穗等，常群居吸食植株汁液，使嫩芽枯萎，幼叶卷缩。4月中下旬或5月中下旬形成第1次的为害期。花果期为害严重，导致植株生长不良，落花、落果或空荚现象严重，影响了根及种子的产量。

防治措施：应该充分考虑气候及天敌的自然控制作用；在天敌非敏感期选用10%氯氰菊酯1 500~2 000倍液、5%敌百虫粉、10%杀灭菊酯等药剂喷雾防治，每3 d喷1次，连续2~3次。

四、留种技术

秋季收获时，选植株健壮、主根肥大粗长、侧根少、当年不开花的根留作种苗，芦头下留10 cm长的根。留种田宜选排水良好、阳光充足的肥沃地块，施足基肥，按行距

40 cm，开深 20 cm 的沟，按株距 25 cm，将种根垂直排放于沟内，芽头向上，芦头顶离地面 2~3 cm，覆土盖住芦头顶 1 cm 厚，压实，顺沟浇水，再覆土 10 cm 左右，以利防寒保墒，早春解冻后，扒去防寒土。随着植株的生长结合松土进行护根培土，以防倒伏。7—9 月开花结果后，待荚果下垂、果皮变白、种子变绿褐时摘下荚果，随熟随摘，晒干脱粒，去除杂质，置通风干燥处储藏。留种田，如加强管理，可连续采种 5~6 年。

五、采收与加工

（一）采收

黄芪品质以 3~4 年采挖的最好，年头过久内部易造成黑心甚至朽根，不能药用。目前生产中一般都在 1~2 年采挖，影响了黄芪的药材品质。建议 3 年采挖。黄芪在萌动期和休眠期的有效成分黄芪甲苷含量较高。据此，黄芪应在春（4 月下旬至 5 月上旬）和秋（10 月下旬至 11 月上旬）两季采收。蒙古黄芪不同物候期总皂苷含量是随着植物的生长发育而逐渐升高的，9 月可达到最高值，因此从得到总皂苷角度考虑，应在 9 月采收。此外，就氨基酸含量来说，三年生的高于一年生的，二年生的最低，因此最好采收三年生的。采收时，先用镰刀割去地上茎蔓，然后从地边开挖深沟，然后用铁钗顺畦深挖，尽量保全根，严防伤皮断根。

（二）加工

黄芪采收后要先去净泥土，趁鲜将芦头切除，再切掉侧根，然后分级，并剔除破损、虫害、腐烂变质的部分。挑选分级的黄芪在太阳下晒到含水七成时搓条。搓条是黄芪初加工过程中重要的一道工序，黄芪在晒干的过程中反复搓 2~3 次，能使皮紧实，保持营养成分，特别是对糖分保持有重要作用，搓条还能使黄芪外观性状整齐一致，便于进一步加工和储运。

搓条是将晒至七成左右的黄芪取 1.5~2 kg，用无毒编织袋包好，放在干整的木板上来回揉搓，搓到条直、皮紧实为止。然后将搓好的黄芪平晾在洁净的场院内，晾晒 2 天后，进行第 2 次搓条，此时黄芪含水量达五成左右，搓条方法同第 1 次。当黄芪含水量在二三成时进行第 3 次搓条，方法同前 2 次。搓好的黄芪用细铁丝扎 0.5~1 kg 的小把晾晒到全干时待加工或储藏。

六、药材质量标准

黄芪以无芦头、尾梢、须根、枯朽、虫蛀及霉变为合格。以条粗、皱纹少、断面色黄白、粉性足、味甜者为优。共分 4 个等级，参见《中药材商品规格等级——黄芪》（T/CACM 1021.4—2018）。

特等：干货。呈圆柱形的单条，去掉疙瘩头或喇叭头，顶端尖有空心。表面灰白色或淡褐色。质硬而韧。断面外层白色，中间淡黄色或黄色，有粉性。味甘，有生豆气。长70 cm以上，上中部直径2 cm以上，末端直径不小于0.6 cm。无须根、老皮、虫蛀、霉变。

一等：与特等区别为长50 cm以上，上中部直径1.5 cm以上，末端直径不小于0.5 cm。无须根、老皮、虫蛀、霉变。

二等：与特等区别为长40 cm以上，上中部直径1 cm以上，末端直径不小于0.4 cm。无须根、虫蛀、霉变。

三等：与特等区别为不分长短，上中部直径0.7 cm以上，末端直径不小于0.3 cm。无须根、虫蛀、霉变。

另本品按干燥品计算，含黄芪甲苷（$C_{48}H_{68}O_{14}$）不得少于0.04%。

七、包装、储藏与运输

（一）包装

选用不易破损、干燥、清洁，无异味以及不影响黄芪品质的材料制成的专用袋或麻袋包装，每袋25 kg，误差控制在每袋±100 g内，然后抽真空封口，装箱封口打包，包装要牢固。箱外应有品名、批号、重量、产地、等级、采收时间、生产日期、含水量、注意事项、质量检查结果等。

（二）储藏

储存包装好的黄芪不能暴晒、风吹、雨淋，应妥善保管，在清洁和通风、干燥、避光、温度、湿度等符合黄芪储存要求的专用库房内储存，库房要设有通风窗，以便晴天能开窗通风，阴天能闭窗防止水蒸气侵入室内，做到库内干燥，室内相对湿度应控制在70%以内，室内温度不超过25 ℃。

制定严格的仓储养护规程和管理制度，确定专人负责。在储存的1~2年内不使用任何保鲜剂和防腐剂。在储存前先将地面清扫干净，铺一层棚膜，以防潮，在棚膜上铺上木板，将打成捆或装箱的黄芪架起，按不同规格堆成长、宽、高3~4捆（箱）的正方体，码起的药堆中间留2 m宽的走廊，便于通风和防止发热。

本品安全含水10%~13%，必要时安装空调及除湿设备，并具有防鼠、虫、禽畜的措施。本品易吸潮后发霉，虫蛀，为害的仓库害虫有家茸天牛、咖啡豆象、印度谷螟，储藏期应定期检查、消毒，经常通风，必要时可以密封氧气充氮养护，发现虫蛀可用磷化铝等熏蒸。

（三）运输

药材批量运输时，不应与其他有毒、有害、易串味的物品混装。运载容器应具有较好的通气性，以保持干燥，并应有防潮措施。

第四章　甘草栽培技术

甘草（*Glycyrrhiza uralensis* Fisch.）为豆科甘草属多年生草本，以根和根状茎入药。药材名：甘草。甘草是一种重要的大宗药材，同时又是食品、香烟及其他轻工业的重要辅料。甘草性平味甘，具有清热解毒、润肺止咳、调和诸药的功效，主治脾胃虚弱、中气不足、咳嗽气喘、痈疽疮毒、腹中挛急作痛等症。

甘草的有效成分主要为三萜类化合物和黄酮类化合物。三萜类化合物主要包括甘草酸、甘草次酸等，黄酮类化合物主要为甘草苷等（肖先等，2023）。除乌拉尔甘草外，甘草属的胀果甘草（*Glycyrrhiza Inflata* Bat.）和光果甘草（*Glycyrrhiza glabra* L.）也为《中华人民共和国药典》所收录，作为甘草使用。在我国，以乌拉尔甘草的分布范围最广，药材质量最优，目前生产上引种栽培的基本都是乌拉尔甘草（代少山，2011）。

商品甘草按产地不同有东甘草、西甘草和新疆甘草之分。东甘草原植物为乌拉尔甘草，主产于东北三省及内蒙古的赤峰、通辽一带；西甘草原植物也主要是乌拉尔甘草，主产于宁夏、陕西和内蒙古等地；新疆甘草的原植物以胀果甘草为主，也有乌拉尔甘草和光果甘草。

一、植株形态特征（图4-1）

1—花枝；2—果实；3—根。
图4-1　甘草植株形态

二、生态习性

（一）对环境条件的要求

甘草是喜光植物，野生甘草分布区的年日照时数为 2 700~3 360 h，充足的光照条件是甘草正常生长的重要保障。

甘草对温度具有较强的适应性，野生甘草分布区的年均温度平均在 3.5~9.6 ℃，最低温度在-30 ℃以下，最高温度在 38.4 ℃。

甘草具有较强的耐干旱、耐沙埋的特性。野生甘草分布区的降水量一般在 300 mm 左右，不少地区甚至在 100 mm 以下，在干旱的荒漠地区，甘草能形成单独的种群。

甘草对土壤具有广泛的适应性。在栗钙土、灰钙土、黑垆土、石灰性草甸黑土、盐渍土上均能正常生长，但以含钙土壤最为适宜。土壤 pH 值在 7.2~9.0 范围内均可生长，但以 8.0 左右较为适宜。此外，甘草还具有一定的耐盐性，总含盐量在 0.08%~0.89%范围的土壤上均可生长，但不能在重盐碱化的土壤或重盐碱土上生长。

甘草是深根性植物，适宜于土层深厚、排水良好、地下水位较低的砂质土或砂壤质土上生长，不宜在涝洼地和地下水位高的土中生长（何兰，2004）。

（二）生长发育

甘草的地上部分每年秋末死亡，以根及根茎在土壤中越冬。第 2 年春季 4 月在根茎上长出新芽，5 月中旬出土返青，6—7 月开花结果，8—9 月荚果成熟。甘草根茎萌发力强，在地表下呈水平状向老株的四周延伸。一株甘草种后 3 年，在远离母株 3~4 m 处，可见新的植株长出。土层深厚，根长达 10 m 以上。

（三）种子及其萌发特性

甘草的种皮致密，不易透水透气，存在着大量硬实（李海华等，2015）。成熟的种子硬实率高达 80%以上，种子萌发困难，所以在播种以前必须对种子进行处理。干燥的成熟甘草种子具有很高的抗逆性，以 60~80 ℃烘烤 4 h，或 90~100 ℃烘烤 10 min，对其发芽率都没有任何影响。在有霉菌和细菌侵染的环境条件下，培养 15 个月，种子表面长满了霉菌和细菌，但种子的发芽率仍然高达 96%。储藏 13 年的种子仍可保持约 60%的发芽率。甘草种子的吸水能力非常强，在极度干旱的条件下（4 bar），也能迅速吸足萌发所需的水分。甘草种子发芽的最低温度 6 ℃，适宜温度 15~35 ℃，最适温度 25~30 ℃，最高温度 45 ℃；种子萌发的适宜土壤含水量为 75%以上。

三、栽培技术

（一）选地整地

选择地势高燥，土层深厚、疏松、排水良好的向阳坡地。土壤以略偏碱性的砂质土、砂壤质土或覆砂土为宜。忌涝洼地及黏土地种植。选好地后，一般于播种的上年秋季施足基肥（厩肥 30 000~45 000 kg/hm²），深翻土壤 20~35 cm，然后整平耙细，灌足底水以备第 2 年播种。

（二）繁殖方法

1. 种子繁殖

1）种子选择及处理

（1）选种

目前甘草种子几乎全部来自野生，还未见有人工栽培品种的报道。因此，在选择种子时应尽量遵循就近取种的原则，在距离栽培区较近的野生甘草分布区，选择籽粒成熟饱满无虫害的种子用于生产，以保障药材的高产优质。

（2）种子处理

甘草种子的处理方法有物理方法和化学方法两大类。物理方法主要有机械碾磨法、温水浸种法、湿沙埋藏法等。化学方法主要是硫酸处理法。

机械碾磨法：根据碾米机的类型、甘草种粒大小、种子的干燥程度，合理控制碾种的强度和次数。特别是种粒的均匀程度对于处理效果至关重要。一般在碾磨处理前，首先将种子过筛分级，然后分级进行碾磨处理。碾磨 1~2 遍，处理效果以用肉眼观察绝大部分种子的种皮失去光泽或轻微擦破，但种子完整、无其他损伤为宜。更为可靠的方法是进行种子吸胀检测，方法是随机抽取一定量的种子，用温水浸泡 3 h 左右，如果有 90% 以上的种子吸水膨胀，说明种子已处理好可用于播种，如吸水膨胀的种子低于 70%，还需要继续碾磨。

硫酸处理法：这种方法造价相对较高，但种粒大小不均匀不影响处理效果，比较适合少量种子样品的处理。具体做法是采用浓硫酸（98%），按照每千克种子 30~40 mL 浓硫酸进行均匀混合，并不时搅拌，使种子与浓硫酸充分接触，1 min 后迅速用大量清水漂洗种子去掉硫酸晾干即可。硫酸处理的技术要点是尽量使种子与浓硫酸充分接触，并根据种皮厚度，合理控制腐蚀时间，处理时要注意做好防护，以免烧伤。处理好的种子发芽率可达 90% 左右。

2）播种

播种分春播、夏播和秋播。春播一般在公历的 4 月中下旬、阴历的谷雨前后进行；对于灌溉困难的地区，可在夏季或初秋雨水丰富时抢墒播种，夏播一般在 7—8 月，秋播一般在9月进行。但具体播种期的确定应该视土壤温度和水分状况，在土壤含水量适合的情况下，温度是种子萌发的限制因子。甘草在土壤温度大于10 ℃时即可萌发，最适宜的温度范围为25 ℃左右。

播种前首先作畦。畦宽4 m，然后灌透水1次，蓄足底墒。播种前种子可先进行催芽处理，也可直接播处理好的干种子。播种量为22.5~30 kg/hm²，播种行距30 cm，播种深度2.0 cm左右。可采用人工播种，也可采用播种机进行机械播种。播后稍加镇压，一般经1~2周即可出苗。对于春季气候多变的地区也可选在5月播种，当日平均气温升至10 ℃以上，地面温度升至20 ℃以上即可进行播种。

3）育苗移栽法

育苗也可分春季育苗、夏季育苗和秋季育苗。一般多采用春季育苗，选择有灌溉条件、土层深厚、质地疏松较肥沃的砂质壤地，施足底肥，作为育苗用地。播种时间与直播法基本相同，但下种量较大，45~75 kg/hm²，种植株行距小，采用宽幅条播（幅宽20 cm，幅间距25 cm），保证每亩不少于7万株苗。

移栽分秋季移栽和春季移栽。秋季移栽一般在10月初土壤上冻前进行，春季移栽一般在4—5月，土壤解冻后进行。春季移栽比秋季移栽第2年春季返青早，可适当延长生长期，有利于高产。为了保证速生丰产，可采用分级移栽，即将幼苗主根挖出后，保留芽头，去掉尾根，整成30~40 cm长的根条，按粗细长短分级：粗0.8~1.0 cm、长30~40 cm为1级根条；粗0.5~0.8 cm、长30~40 cm为2级根条；粗度小于0.5 cm的短根为3级根条。用此方法，1、2级苗移栽当年即可成材，3级苗经2~3年也可成材，产量0.6 kg/m²左右，商品等级较高。开沟移栽，沟深8~12 cm，沟宽40 cm左右，沟间距20 cm，将根条水平摆于沟内，株距（根头间的距离）10 cm，覆土即可。

2. 根茎繁殖

在春秋采收甘草时，将无伤、直径0.5~0.8 cm的根茎剪成10~15 cm长、带有2~3个芽眼的小段。在整好的田畦里按行距30 cm，开8~10 cm深的沟，将剪好的根茎节段按株距15 cm平放沟底，覆土压实即可。根茎繁殖以秋季进行较好，可减少春天因采挖或移栽不及时造成的新生芽的损伤，提高成活率。

（三）田间管理

1. 中耕除草

当年播种的甘草幼苗生长缓慢，易受杂草侵害。一般在幼苗出现5~7片真叶时，进行第一次锄草松土，入伏后进行第二次中耕除草，立秋后拔除大草，地上部枯黄，霜后上冻前培土压护根头越冬。翌年返青后，株高10~15 cm时中耕除草，结合施追肥，趟垄培土一次，入伏后再中耕除草，秋后趟垄培土越冬。第3年管理同第2年，但3年龄植株根头萌发较多根茎，串走垄间，宜适当增加趟垄次数，切断根茎，促进主根生长。

2. 间苗、定苗

当幼苗出现3片真叶、苗高6 cm左右时，结合中耕除草间去密生苗和重苗，定苗株距以 10~15 cm 为宜。

3. 浇水、排水

无论直播或根茎繁殖的甘草,在出苗前都要保持土壤湿润,特别是直播甘草,在播种前一定要灌足底墒。甘草具有较强的抗旱性,出苗后一般自然降水可满足其生长需要。但久旱时应浇水,浇水次数不宜过频,特别是要注意"迟浇头水"。甘草是深根性植物,在出苗后,甘草主根随着土壤水层的下降,迅速向下延伸生长,形成长长的主根。而如果这时浇水过勤则会导致甘草萌发大量侧根,影响药材根形。一般在苗高 10 cm 以上,出现 5 片真叶后浇头水,并保证每次浇水浇透,这样有利于根系向下生长。雨季土壤湿度过大会使根部腐烂,所以应特别注意排除积水,充分降低土壤湿度,以利根部正常生长。

4. 追肥

甘草追肥应以磷肥、钾肥为主,少施氮肥,氮肥过多,会引起植株徒长,使营养向枝叶集中,影响根茎的生长。甘草喜碱,若种植地为酸性或中性土壤,可在整地时或在甘草停止生长的冬季或早春,向地里撒施适量熟石灰粉,调节土壤为弱碱性,以促进根系生长。第 1 年在施足基肥的基础上可不追肥,第 2 年春天在芽萌动前可追施部分有机肥,以棉饼和厩肥为宜,第 3 年可雨季追施少量速效肥,一般追施磷酸二铵 225 kg/hm^2,以加速甘草的生长。每年秋末甘草地上部分枯萎后,用 30 000 kg/hm^2 腐熟农家肥覆盖畦面,以增加地温和土壤肥力。

(四) 病虫害及其防治

1. 锈病

症状:一般于 5 月甘草返青时始发,为害幼嫩叶片,感病叶背面产生黄褐色疱状病斑,表皮破裂后散出褐色粉末,即为夏孢子。8—9 月形成黑色冬孢子堆。

防治措施:①集中病株残体烧毁。②发病初期喷 97% 敌锈钠 400 倍液防治。

2. 褐斑病

症状:病原是真菌中一种半知菌。为害叶。受害叶片产生圆形和不规则形病斑,病斑中央灰褐色,边缘褐色,在病斑的正反面均有灰黑色霉状物。

防治措施:①集中病残株烧毁。②发病初期喷 1∶1∶120 波尔多液或 70% 甲基硫菌灵粉剂 1 000~1 500 倍液。

3. 白粉病

症状:病原是真菌中一种子囊菌。为害叶。被害叶正反面产生白粉,后期叶变黄枯死。

防治措施:喷相关农药。

4. 甘草种子小蜂

症状:为害种子。成虫产卵于青果期的种皮上,幼虫孵化后即蛀食种子,并在种子内化蛹,成虫羽化后,咬破种皮飞出。被害籽被蛀食一空,种皮和荚上留有圆形小羽化孔。此虫对种子的产量、质量影响较大。

防治措施：①清园，减少虫源。②种子处理，去除虫籽或用西维因粉拌种。

5. 蚜虫

症状：成虫及若虫为害嫩枝、叶、花、果，刺吸汁液，严重时使叶片发黄脱落，影响结实和产品质量。

防治措施：发生期用飞虱宝1 000~1 500倍液、赛蚜朗1 000~2 000倍液、吡虫啉1 500倍液或蚜虱绝2 000~2 500倍液喷洒全株，并在5~7 d后再喷1次，便可较长期有效控制蚜虫为害。

四、留种与采收、加工

（一）留种

从野生甘草采得种子，8—9月种子成熟，割下晒干脱粒。家种的甘草，直播者第四年开花结籽。根茎及分株繁殖当年开花结实。

（二）采收

直播栽培甘草第4年、根茎及分株繁殖第3年、育苗移栽者第2年可以采收。栽培甘草第1年至第4年是甘草酸快速积累期，第4年采收较为适宜。采收期春季、秋季均可，秋季于甘草地上部枯萎时至封冻前均可采收，春季采收于甘草萌发前进行。有研究认为，春季采收的药材质量优于秋季采收。

（三）加工

去掉芦头、毛须、支根，晒至半干，按照条草的商品规格分级捆扎。一等草：干货顶端直径≥1.5 cm，长20~50 cm；二等草：干货顶端直径为1.0~1.5 cm，长20~50 cm；三等草：干货顶端直径为0.7~1.0 cm，长20~50 cm。也可采用人工或机械的方法将在甘草半干时加工成切片。

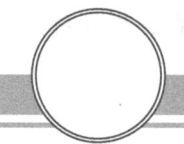

第五章　防风栽培技术

防风［*Saposhnikouia divaricata* (Turcz.) Schischk.］为伞形科防风属多年生草本植物，主要以干燥根入药。中药名：防风。别名：关防风、东防风、川防风、云防风、旁风、屏风、山芹菜、白毛草、茴芸、铜芸、百韭、百种、百枝等。主治风寒感冒、头痛、发热、无汗、风寒湿痹、关节疼痛、皮肤风湿瘙痒、四肢拘挛、脊痛颈强、荨麻疹、破伤风等症。现代药理学研究表明,防风的根、茎叶水提液具有显著的抗炎、抑菌、抗惊厥、抗过敏、抗肿瘤、抗凝血、增强免疫力等作用,而多糖为其主要的水溶性活性成分(陈雨秋等,2021)。

防风主产黑龙江、吉林、辽宁、内蒙古、河北、宁夏、甘肃、陕西、山西、山东等省区。生长于草原、丘陵、多砾石山坡,为东北地区著名药材之一,原产东北三省的防风品种最佳(许芳,2022),称关防风。

一、植株形态特征(略)

1—茎基及根部;2—叶片;3—果序;4—小总苞叶;5—花及花瓣;
6—果实;7—分生果;8—分生果横剖面。

图5-1 防风植株形态

二、生态习性与生物学特性

(一)生态习性

防风分布的生态区域较广,适宜防风生长的土壤也较为广泛,主产区最适宜防风生长的土壤为砂土、黑钙土和草甸土(王喜军等,2003),甚至轻度盐碱土壤也能够生长，因此 pH 值为 5.5~8.5 的广泛条件均适合防风栽培。防风耐旱、耐寒，忌过湿和雨涝，虽然有较强的环境适应能力，但还是适宜在温暖、夏季凉爽、昼夜温差较大、地势高燥、土壤肥沃和灌排条件良好的地方种植。防风的主产区多分布在半干旱地区，年降水量仅为 300~400 mm，可见防风耐旱性极强。防风对湿度的要求范围较宽，除苗期需要较长时期湿润土壤外，在整个其他生长期均不宜土壤水分过大。栽培过程中，水分过大或长期积水，植株叶色由绿变黄，严重时造成根系腐烂。

（二）生物学特性

防风种子寿命短（苗万波等，2009），发芽能力较低，千粒重 4.13~5.05 g。一般隔年种子发芽率很低或丧失发芽能力，不能作种用。当年产新鲜种子发芽率为 75%~85%，低温贮藏可提高发芽率。田间土壤含水量达 60%~70%，温度达 20 ℃以上时，播种后 1 周左右出苗，温度降至 15~17 ℃时，约需 2 周出苗，因此，确定播种期时，要根据气候情况考虑。野生防风，由于土地瘠薄，一般 10 年左右开花结实，而种植的防风，因土壤肥沃，2~4 年便可开花结实。当年播种的幼苗只形成叶簇。在东北地区第 2 年 5 月上旬返青，6—7 月孕蕾开花，9 月中下旬种子成熟。

三、栽培技术

（一）选地与整地

防风对土壤要求不十分严格，以地势高燥、向阳且远离交通干道和工厂的地块为宜，土壤以疏松、肥沃、土层深厚、排水良好的砂质土壤最适宜，忌连作。

防风为深根植物，二年生根长可达 50~70 cm。因此在秋天要求对土地进行深翻达 40 cm 以上，早春整平耙细，拾净根茬和杂物，为防风生长创造良好的基础条件。为满足多年生防风生长、发育对营养成分的需要，必须施足基肥，每公顷施腐熟农家肥 45 000~60 000 kg，加入过磷酸钙 300~450 kg 或磷酸二铵 120~150 kg，施肥要均匀。一般于秋天深翻前施入地表面，然后翻入耕层。最迟要在整地作畦前施入，然后作畦，一般畦宽 110~130 cm，畦沟宽 30 cm，沟深 15 cm，畦长可根据地势而定，以方便苗期田间管理为度。

（二）繁殖方法

防风既可种子繁殖，也可用根段繁殖。生产上以种子繁殖为主。

1. 种子繁殖

（1）育苗移栽

露地在早春 4 月上中旬气温达到 15 ℃以上时进行，以条播为宜。播种前 3~5 d 用温水浸泡处理精选好的种子。用35 ℃的温水浸泡24 h，使其种子充分吸水，以利于发芽。浸泡要做到边搅拌边撒种子，捞出浮在水面上的瘪籽和杂质，将沉底的饱满种子泡好后取出，稍晾后播种。在整好的畦面上开横沟，行距15~20 cm，沟深2~3 cm（壤土稍浅，沙土略深），将种子均匀地播撒在沟内，覆土1~1.5 cm厚，待稍干进行踩压保墒。每公顷用种量37.5~45.0 kg。育苗1年即可移栽。

于第2年春天3—4月幼苗"返青"前，在整好的移栽田内，按行距15~18 cm横向开沟栽移，沟深10~15 cm，株距8~10 cm；也可穴栽，穴距10~20 cm，每穴栽两株，栽植时要栽正、栽稳，使根系舒展。栽后覆土压实，栽后普浇1次定根缓苗水，提高栽植成活率。

（2）直播栽培

播种期分春播与秋播。春播和秋播的方法均与育苗移栽方法基本一致，但行距要加大到25~30 cm，每公顷用种量降至15.0~22.5 kg。防风直播生产一般以秋播为好，出苗早而整齐，到第2年开花前即可收获。

2. 根段繁殖

利用根段萌生的根茎。早春防风苗未萌发前，选取2年以上、健壮无病害、粗0.7 cm以上的根条，截取3~5 cm长的根段作种根，在整好的畦面上开横沟，行距30 cm，将根段均匀地放入沟内，株距15~20 cm，栽后覆土，浇水保墒。每公顷用根段525~600 kg。

（三）田间管理

1. 中耕除草

苗期田间和畦面的杂草严重影响防风幼苗的生长，要求随见随拔，此外还应结合间苗、定苗进行松土除草2~3次，为幼苗根系生长改善环境，促使根系深扎，达到壮苗的目的。生长期间仍然有一部分杂草在不同时期生长出来，要结合中耕松土及时拔除，经常保持畦面无杂草。

2. 间苗定苗

幼苗出土后15~20 d，苗高达3~5 cm时，进行间苗，打开"死撮"，防止小苗过度拥挤，生长细弱。生长到1个月左右，苗高达10 cm以上时，进行最后定苗。育苗田苗距2~3 cm，生产田苗距8~10 cm，防止苗荒徒长。

3. 水分管理

苗期抗旱保墒措施十分重要，应因地、因时并用压、踩、搂、轧等技术措施，确保播种层内有充足的土壤水分，满足其萌发需要，严防土壤"落干"和种子"芽干"的现象发生，苗期如遭遇严重干旱天气时，还需适当灌水，力争达到苗全、苗壮。防风生长的旺盛时期在6—8月，正逢雨季，田（畦）间发生洪涝和积水时要及时排除，并随后进行中耕，保持田间地表土壤有良好的通透性，以利于根系正常生长。另外还需浇好越冬前的封冻水，严防因北方气候干旱而引起水分不足。要在10月底或11月上旬进行浇封冻水，要浇灌均匀。

4. 追肥

防风栽培当年，若基肥施用充足，很少表现缺肥症状。如播前基肥不足或播种在沙质土壤时，在定苗后需适量追肥，以保证其养分供应，促其健壮生长。一般每公顷追施尿素 120~150 kg，硫酸钾 45~75 kg。追肥可穴施，施后覆土盖肥，浇水。播种第 2 年的防风需在返青前结合清园进行追肥，一般每公顷追施优质农家肥 22 500~30 000 kg，全田铺施，随即浇水，促使返青，达到壮株、壮根的目的。

5. 打薹促根

防风第 2 年将有 80% 左右植株抽薹开花结实，植株开花以后，地下根开始木质化，严重影响药材的质量，为此，第 2 年开始，除留种田外，必须将花薹及早摘除。一般需进行 2~3 次，见薹就打掉，避免开花消耗养分，影响根的生长、发育。

（四）病虫害防治

1. 白粉病

症状：常于夏、秋季发生。被害叶片两面呈白粉状斑，后期逐渐长出小黑点（病菌的菌囊壳），叶片干枯，严重时使叶片早期脱落，此病发病率较高。

防治措施：①冬前清除病残体，集中销毁，减少田间侵染源。②发病初期用 15% 粉锈宁 800 倍液，或 50% 多菌灵 1 000 倍液喷雾，每隔 7~10 d 交替使用，共喷 2~6 次。③用 0.2~0.3°Bé 石硫合剂或 25% 粉锈宁喷雾防治，每 7~10 喷 1 次，连续喷 2~3 次。

2. 叶枯病

症状：叶枯病开始从叶尖或叶缘发生不规则的黑褐色病斑，随后逐渐向内延伸，并使叶片干枯，高温多雨季节容易发生。该病有时使地上部分死亡，根上部部分腐烂，第 2 年从顶部有重新发出新芽，严重时可造成植株死亡，该病主要通过种子传播。

防治措施：①秋末要搞好清园工作，彻底清除田间病残体，集中深埋或烧毁，以减少越冬菌源量。②7 月、8 月发病初期，采用 75% 甲基硫菌灵 800 倍液、70% 代森锰锌可湿性粉剂 500 倍液、50% 多菌灵可湿性粉剂 600 倍液和 0.3% 多抗霉素 100 倍液交替用药喷雾防治。

3. 根腐病

症状：主要为害防风根部，被害初期须根发病，病根呈褐色腐烂。随着病情的发展，病斑逐步向茎部发展，维管束被破坏，失去输水功能，导致根际腐烂，叶片萎蔫、变黄，最后整个植株枯死。在高温多雨季节发生，被害后根际腐烂，叶片逐渐萎蔫，变黄，最后整个植株枯死。病菌在土壤中和田间病残体上越冬，成为病害的初侵染源，留在土中和病株上所发生的分生孢子，经风雨传播，进行再次侵染。一般在 5 月初发病，6—7 月进入盛发期。温度较高，湿度较大，连续阴雨天气利于发病。植株生长不良，抗病性降低，发病较重；在地下害虫和线虫为害严重的地块发病也较重。

防治措施：①防风收后，要及时清除地面病残物，进行整翻土地。在翻耕时，每亩撒石灰粉 50~60 kg，进行土壤消毒。②种苗栽前用 50% 甲基硫菌灵 1 000 倍液浸苗 5~10 min，晾干后栽种。③种子播种前，用 50% 退菌特可湿性粉剂 1 000 倍液，或 50% 多菌灵可湿性粉剂 1 000 倍液浸种 5 h。④发病初期，拔除病株，窝内撒石灰粉消毒；也可用 50%多菌灵可湿性粉剂 500 倍液灌根。

4. 黄凤蝶

症状：黄凤蝶为昆虫幼虫害，一般多在 5 月发生。幼虫咬食叶片及花蕾，严重时叶片全部被吃光。黄凤蝶的幼虫黄绿色，有黄条纹。

防治措施：①秋季清理田间残株并烧毁，清灭越冬蛹。②在 3 龄前消灭，3 龄以前害虫尚幼小，当害虫发生量少时可人工捕杀。③幼龄期用 90%敌百虫 800 倍液喷雾防治。

5. 黄翅茴香螟

症状：多在现蕾期发生，幼虫在花蕾上结网，咬食花和果实，使防风不能结实，严重时防风完全没有种子。

防治措施：害虫发生时，于早晨或傍晚用 90%敌百虫 800 倍液或 Bt 乳剂 300 倍液喷雾防治。

四、留种、采收与加工

（一）留种技术

选择无病虫害、生长旺盛的两年生植作为留种株。对留种株要加强管理，增施磷钾肥，培土壅根，促进开花结实。在种子成熟时连同茎秆割下，搓下种子，晾干后装入布袋置阴凉处保存待用；在收获时选取粗 0.7 cm 以上的根条作种根，边收边栽，也可在原地假值，等第 2 年春季移栽、定植用。

（二）采收

直播防风于栽培第 3 年冬前采收。春季根插的防风，生长好的，当年秋季即可采收；长势一般的，可在栽种第 2 年冬前采收，以根长达 30 cm 以上，根粗 0.5 cm 以上时才采挖。采收早，产量低，采收过迟则根易木质化。防风根部入土较深，嫩脆易断，采收时应从畦或垄的一边挖一条深沟，然后利用深挖机或长齿钗从一侧依次挖出，抖净泥土，或用振动式深松机起收，可深达 50 cm。摘去叶及叶残基，洗净。根茎活性成分和药理作用较低，去叶残费工费时，也可去除根茎。栽培种抽薹防风木质化不明显，主要活性成分和药理作用与未抽薹防风无显著差异，可供入药，如抽薹防风根茎木质化严重，必须去除。

（三）加工

将除去茎叶的根放到场上晾干，晒至半干时去掉须毛，按根的粗细长短分级，扎成小捆，每捆 250 g、500 g 或 1 kg，晒干即可。一般每公顷产干货 2 250~3 000 kg，折干率 30%。有条件的可采取 45 ℃ 烘至含水量 10% 左右，其有效成分含量高于晒干。

五、药材质量标准

直播防风和移栽防风外观性状、主要活性成分含量和药理作用相差较大。直播防风与野生防风外观性状相近，移栽防风主要活性成分和药理作用明显高于直播防风。

两者市场价格也有所差异，一般分作两类商品。直播防风：粗大，直径一般 0.5~1.5 cm，长且直，基本无分支。根头部环纹较疏而分布不均；稍粗糙，表皮类白色；少见残存毛状叶基，蚯蚓头较短，质较硬而韧，体重，断面较平坦，"菊花芯"不明显；移栽防风：主根通常弯曲，直径一般 0.5~1 cm；一般 3~10 个分支，其直径明显低于主根，通常 3 mm 以下，其余同直播防风。移栽防风同传统性状差异较大，但活性成分含量和药理活性较高。

六、包装、储藏与运输

（一）包装

用塑料绳捆成小把放入适当大小纸箱内，每把具体规格可按购货商要求而定。包装要牢固、密封、防潮。包装材料应使用干燥、清洁、无异味、不影响质量、容易回收和降解的材料制成。传统包装材料多用麻袋、草席、塑料尼龙布。包装前应再检查，清除杂质，包装每件重量不宜超过 50 kg。包装上应有记录：品名、批号、规格质量、重量、产地、工号、生产日期。

（二）储藏

包装好商品要求放在清洁、通风、阴凉、干燥、避光、无异味的专用仓库中，置于货架上。仓库应具有防鼠、防虫、防霉烂设施。地面为混凝土或可冲洗地面，货架与墙壁保持足够距离。适宜温度 30 ℃ 以下，相对湿度 70%~75%。商品安全水分 11%~14%。防风为常用中药，一般可储存 2~3 年。

（三）运输

运输工具或容器应清洁、干燥、无异味、无污染。药材批量运输时，与其他有毒、有害、易串味物品混装。运输中应保持干燥，防晒、防潮、防雨淋。

第六章　丹参栽培技术

丹参（*Salvia miltiorrhiza* Bunge），又名紫丹参、赤参，血丹参、红丹参，为唇形科植物丹参的干燥根。具有祛瘀止痛、活血调经、养心除烦的功能。适用于月经不调、经闭、宫外孕、肝脾肿大、心绞痛、心烦不眠、疮疡肿毒等症状，系常用中药材（刘慧开等，2010）。丹参主要分别于辽宁、河北、河南、山东、山西、江苏、安徽、浙江、江西、福建、湖北、广东、广西、宁夏、陕西、甘肃、四川、湖南、贵州等省区，生于山坡、草地、林下、溪旁等处（滕艳芬等，2001）。

一、植株形态（略）

二、生态习性

丹参喜气候温暖、湿润、阳光充足的环境，在年平均气温17.15 ℃，平均相对湿度77%的条件下生长发育良好，在气温-5 ℃时，茎叶受冻害；地下根部能耐寒，可露天越冬，幼苗期遇到高温干旱天气，生长停滞或死亡。丹参为深根植物，在土壤深厚肥沃，排水良好，中等肥力的砂质壤土中生长发育良好。土壤过于肥沃，参根生长不壮实；在水涝、排水不良的低洼地会引起烂根。土壤酸碱度近中性为好。过砂或过黏的土壤丹参生长不良（韩晶锋，2022）。

丹参植株返青后，3—4月茎叶生长较快，果实成熟后植株枯死，倒苗后重新长出新芽和叶片，进入第2次生长，母株一般生3~5个分株，从4月上旬开始分枝，并陆续抽出花茎，秋季花茎少，只有春季的1/3，7—8月日照时间长有利根部生长。

三、栽培技术

（一）繁殖方式

1. 分根繁殖

秋季收获丹参时，选择色红、无腐烂、发育充实、直径0.7~1 cm粗的根条作种根，用湿沙储藏至第2年春季栽种。也可选留生长健壮、无病虫害的植株在原地不起挖，留作种株，待栽种时随挖随栽。春栽，于早春2—3月，在整平耙细的栽植地畦面上，按行距33~35 cm、株距23~25 cm挖穴，穴深5~7 cm，穴底施入适量的粪肥或土杂肥作基肥，与底土拌匀。然后，将径粗 0.7~1.0 cm 的嫩根，切成 5~7 cm 长的小段作种根，大头朝上，每穴直立栽入 1 段，栽后覆盖火土灰，再盖细土厚 2 cm 左右。不宜过厚，否则难以出苗；也不能倒栽，否则不发芽。每公顷需种根 750 kg 左右。北方因气温低，可采用地膜覆盖培育种苗的方法。

2. 芦头繁殖

收挖丹参根时，选取生长健壮、无病虫害的植株，粗根切下供药用，将径粗 0.6 cm 的细根连同根基上的芦头切下作种栽，按行株距 33 cm×23 cm 挖穴，与分根方法相同，栽入穴内。最后覆盖细土厚 2~3 cm，稍加压实即可。

3. 种子繁殖

于 3 月下旬选阳畦播种。畦宽 1.3 m，按行距 33 cm 横向开沟条播，沟深 1 cm，因丹参种子细小，要拌细沙均匀地撒入沟内，覆土不宜太厚，以不见种子为度播后覆盖地膜，保温保湿，当地温达 18~22 ℃时，半个月左右即可出苗。出苗后在地膜上打孔放苗，当苗高 6 cm 时进行间苗，培育至 5 月下旬即可移栽。

4. 扦插繁殖

北方于 7—8 月。先将苗床畦面灌水湿润，然后，剪取生长健壮的茎枝，切成长 17~20 cm，将插穗斜插入土中，深为插条的 1/3~1/2，随剪随插，不可久置，否则影响成苗率。插后保持床土湿润，适当遮阴，半个月左右即能生根。待根长 3 cm 时，定植于大田。

以上 4 种繁殖方法，以采用芦头作繁殖材料，产量最高。其次是分根繁殖。

（二）选地整地

根据丹参的生活习性，应选择光照充足、排水良好、浇水方便、地下水位不高的地块，土壤要求土层深厚，质地疏松，pH 值 6~8 的砂质壤土。土质黏重、低洼积水、有物遮光的地块不宜种植。丹参为深根多年生植物，种前需施足以磷肥为主的迟效长效厩肥、饼肥或化肥作基肥。一般施腐熟的农家肥 75 000 kg/hm², 过磷酸钙 750 kg/hm² 或磷酸二铵 300 kg/hm²，深翻 30~40 cm，一定要打破犁底层，以利根系生长发育。耙细整平，北方做宽 1.5~2 m 的平畦。

（三）田间管理

1. 中耕、除草、追肥

4 月上旬齐苗后，进行 1 次中耕除草，宜浅松土，随即追施 1 次稀薄人畜粪水，22 500 kg/hm²；第 2 次于 5 月上旬至 6 月上旬，中除后追施 1 次腐熟人粪尿，30 000 kg/hm²，加饼肥 750 kg/hm²；第 3 次于 6 月下旬至 7 月中下旬，结合中耕除草，重施 1 次腐熟、稍浓的粪肥，45 000 kg/hm²，加过磷酸钙 375 kg/hm²、饼肥 750 kg/hm²，以促参根生长发育。施肥方法可采用沟施或开穴施入，施后覆土盖肥。

2. 除花薹

丹参自 4 月下旬至 5 月将陆续抽薹开花，为使养分集中于根部生长，除留种地外，一律剪除花薹，时间宜早不宜迟。

3. 排灌水

丹参最忌积水，在雨季要及时清沟排水；遇干旱天气，要及时进行沟灌或浇水，多余的积水应及时排除，避免受涝。

（四）病虫害及其防治

1. 根腐病

症状：多在 5—11 月发生。染病初期个别支根或须根变褐腐烂，以后逐渐蔓延至主根，外皮变成黑色，全根腐烂。地上部分个别茎枝先枯死，最后整个植株死亡。

防治措施：①轮作。②发病初期用 50% 甲基硫菌灵 800~1 000 倍液浇灌。

2. 叶斑病

症状：叶斑病是一种细菌性病害。为害叶片，上面生近圆形或不规则形的深褐色病斑，严重时病斑扩大汇合，致使叶片枯死。5 月初发生，一直延续到秋末，6—7 月最严重。

防治措施：①加强田间管理，实行轮作。②增施磷钾肥，或于叶面上喷施 0.3% 磷酸二氢钾，以提高植株的抗病能力。③发病初期喷 50% 多菌灵 500~1 000 倍液或 70% 甲基硫菌灵 800 倍液，7~10 d 喷 1 次，连续 2~3 次。

3. 菌核病

症状：发病植株茎基部、根芽、根茎区逐渐腐烂，成暗褐色，植株枯萎死亡。在发病部位、茎基内部及附近土壤上有菌核，呈黑色鼠粪状，并有白色菌丝体。

防治措施：①保持土壤干燥，及时排除积水。②发病地可进行水田栽种，淹死种核，再作为丹参栽培田。③发病期用 50% 氯硝铵 0.5 kg 加石灰 10 kg 拌成灭菌药，撒在病株茎的基部及附近土壤，以防止病害蔓延。④用 50% 速克灵 1 000 倍液浇灌。

4. 根结线虫病

症状：根结线虫病是一种寄生虫病。本病由根结线虫寄生于植物的须根上，形成许多瘤状结节。一般在砂性大的、透气性好的土壤上栽培丹参易受虫害。

防治措施：①不重茬，可与禾本科植物如小麦、玉米轮作。②用 80% 二溴氯苯烷 2~3 kg 兑水 100 kg，栽种前 15 d 开沟施入土壤中，并覆上土，防止药液挥发，提高防治效果。

5. 粉纹夜蛾

症状：粉纹夜蛾一般在夏、秋季发生，幼虫咬食叶片，严重时将叶片全部吃光。粉纹夜蛾每年发生 5 代，以第 2 代幼虫于 6—7 月开始为害丹参叶片，7 月下旬至 8 月中旬为害最为严重。

防治措施：①收获后将病株集中烧毁，以杀灭越冬虫卵。②可于地中悬挂黑光灯，诱杀成蛾。③幼虫出现时，用 10% 杀灭菊酯 2 000~3 000 倍液或 90% 敌百虫 800 倍液喷杀。每周 1 次，连续喷 2~3 次。

四、收获、加工

（一）根的收获

根的收获可分不同时期进行。分根繁殖、芦头繁殖和扦插繁殖的，可于栽培后当年 11 月或第 2 年春季萌发前采挖；种子繁殖的，于移栽后第 2 年的 10—11 月或第 3 年早春萌发前采挖。由于丹参根质脆、易断，故应在晴天、土壤半干半湿时挖取，挖后可在田间曝晒，去掉泥土，运回进行加工，切忌用水洗根。

（二）根的加工

当根晒至五六成干时，把一株一株的根收拢，扎成小把，晒至八九成干，再收拢一次，当须根也全部晒干时，即成商品药材。北方可直接把根晒干即可。鲜干比为 (3.1~4.4)∶1。南方有些产区在加工过程中有堆起"发汗"的习惯。根据科学研究，采用堆起"发汗"的方法加工，会使丹参根中的一种有效物质丹参酮含量降低，故此法不宜采用。一般产干货 3 000~3 750 kg/hm²。以无芦头、无须根、无霉变、无不足 7 cm 长的碎节为合格品；以根条粗壮、外皮紫红色者为佳。

五、种子采收

留种田植株于第 2 年 5 月开始开花，可一直延伸到 10 月。6 月种子陆续成熟，分批剪下，暴晒打出种子，再晒至干即可。种子不耐储藏，最好当年播种。

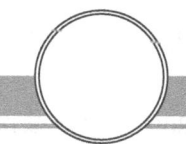

第七章　北沙参栽培技术

北沙参为伞形科植物珊瑚菜（*Glehnia littoralis* Fr. Schmidt ex Miq.），以根入药（黄璐琦，2017）。别名莱阳参、海沙参、银沙参、辽沙参、苏条参、条参、北条参。北沙参味甘甜，是临床常用的滋阴药，养阴清肺，祛痰止咳。主治肺燥干咳、热病伤津、口渴等症（李红芳等，2009）。

一、植物学特性（略）

二、生态习性

北沙参种子发芽最低温度为 8 ℃，萌发适宜温度为 15~18 ℃，生长发育适温 15~25 ℃，温度低于 10 ℃生长发育不良，高于 25 ℃时，长茎叶而不利于根生长。6—8 月为根生长期膨大期，8—9 月开花，9—10 月结果（王淑敏，2009）。北沙参在不同的生长发育阶段对气温要求不同，种子萌发必须通过低温阶段，营养生长期内则以温和的气温条件下发育较快。气温过高，植株会出现短期休眠。开花结果期需要较高的气温。冬季植株地上部枯萎，根部能露地越冬。沙参的适应性广、抗逆性强。对土壤和栽培制度要求不严，但以土层深厚、质地疏松、微酸或微碱性砂质壤土、壤土、紫色土为宜。前茬以禾本科、豆科作物为好。

三、栽培技术

（一）选地

选择地势平坦、土层深厚，土质疏松肥沃，富含腐殖质，排水良好。不宜选用低洼积水地、黏土地与盐碱地。忌连作。

（二）整地

栽培上年秋季进行整地，整地时土壤翻耕 40 cm 以上，翻耕后有条件的在封冻前浇一次足水。结合整地施充分腐熟的农家肥 22 500~45 000 kg/hm² 做底肥，播种时施复合肥 300~375 kg/hm²。翻耕后田间打埂。第 2 年春季播种时将地整平耙细，开沟即可进行播种。有条件的可在翻耕整平后将地作畦，畦宽 4~5 m，畦长因地而定。

（三）播种

1. 种子质量要求

常温储藏不超过 1 年，种子净度不低于 95%，籽粒饱满度 70% 以上，发芽率不低于 75%。

2. 种子处理

（1）低温沙藏处理

播种上年的 11—12 月，将选好的北沙参种子浸泡约 24 h，将种子与含水量 30% 的沙土按体积 1∶3 比例混合拌匀，在背阴处将种子埋入深 50 cm 左右的深坑中，坑的长、宽视种子多少而定。于翌年解冻后取出，筛去泥沙。

（2）催芽

将低温沙藏冷冻处理后的种子于种植前半个月放入室内，使其在常温条件下进行萌发，待胚根突破种皮时及时播种。

3. 播种技术

可采用春播和秋播，一般在 4 月上旬、9 月中旬和 10 月上旬进行播种。按行距 15 cm 左右开沟，沟深 5 cm 左右，沟宽 10 cm 左右，将种子均匀撒入沟内，播种后覆土 2~3 cm，稍加镇压。播种量 45~60 kg/hm²。

（四）田间管理

1. 间苗、定苗

苗高 3~4 cm 时，按株距 3~5 cm 间苗；当苗长到 4~5 cm 高时定苗。

2. 中耕除草

生长期间要及时清除杂草。根据田间状况及时中耕，破除地表板结。

3. 追肥浇水

浇水视降水量和土壤墒情而定。追肥施钾肥 150 kg/hm²，氮肥 300~375 kg/hm²。追施 2 次。

4. 打顶

6 月出现花蕾时，要及时摘除，以减少营养消耗，促进根部生长。

（五）病虫害防治

1. 根腐病

症状：一般 5 月初开始发病，6 月下旬到 7 月上旬为发病盛期。受害植株根尖和幼根呈水渍状，随后变黄脱落。主根呈锈黄色腐烂，严重时仅剩下纤维状物。地下部初期植株矮小，黄化严重时死亡。

防治措施：①实行轮作 3 年以上。轮作以禾本科作物为宜，与大葱和牛膝也可以。②播种时用哈茨木霉拌种（用量见产品说明）。③发病初期，用 50% 多菌灵可湿性粉剂 800~1 000 倍液，进行喷雾或浇灌，7~10 d 喷雾 1 次，连续喷 2~3 次。最后 1 次喷药，应当在收获前 10 d。④可用噁霉灵、吡唑醚菌酯，用法用量见产品说明。⑤每亩用 50% 多菌灵 1~1.5 kg 或 70% 敌可松 1 kg 或 40% 五氯硝基苯 2 kg，用其中一种混拌 20~30 kg 细土。播种时把药土施入垄沟内，以杀灭土壤中的病菌。土壤消毒后回填益生菌。

2. 蚜虫

症状：蚜虫一般发生在北沙参的生长中期，造成叶片发生皱缩，并有腥臭味，致使北沙参生长受阻，影响北沙参的质量和产量。

防治措施：①利用黄板诱蚜。②可在蚜虫发生初期，用 0.3% 苦参碱乳剂 800~1 000 倍液、天然除虫菊素 2 000 倍液喷雾防治。

3. 地老虎

症状：为害北沙参幼苗，取食嫩叶造成小孔或缺刻，或咬断幼苗主茎造成缺苗。

防治措施：①入冬前，将待种地块深耕，杀伤虫卵，阻碍幼虫发育。②播种时将白僵菌和绿僵菌毒饵与种子拌匀，一起播撒。

四、采收

（一）采收时间

种植当年 9 月下旬或 10 月上旬植株枯黄时收挖。

（二）采收方法

人工采挖，采挖前先将地上茎叶部分割去，挖约 50 cm 深的沟，使参根稍露，然后顺势用手提出。

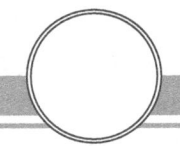

第八章　黄芩栽培技术

黄芩（*Scutellaria baicalensis* Georgi.）为唇形科黄芩属多年生草本植物，以根入药，药材名黄芩，别名山茶根、黄芩茶、土金茶根、黄花黄芩、大黄芩、下巴子、川黄芩等。黄芩味苦、性寒，有清热燥湿、泻火解毒、止血安胎等效用。现代药理学研究表明，黄芩的根、茎叶提取物，尤其是黄酮类化合物，具有抗菌、抗病毒、抗炎、抗氧化、抗艾滋病、抑制肿瘤、降血脂和提高机体免疫力等多种药理作用（龚发萍等，2021）。黄芩属植物有 300 余种之多，广布世界各地，我国有 101 种及 29 个变种，但古今本草皆以黄芩的干燥根供正品药用。黄芩主产于河北、山东、陕西、内蒙古、辽宁、黑龙江等省区（刘亚南等，2024）。

一、植株形态特征（图 6-1）

二、生态习性

黄芩喜温和气候，耐寒冷，较耐高温。原野生于山坡、地堰、林缘及路旁等向阳较干燥的地方，喜阳较耐阴（张永清等，2013）。

1—植株；2—花；3—花冠纵剖面；4—根。
图 6-1 黄芩植株形态

黄芩种子发芽的温度范围较宽，15~30 ℃均可正常发芽；发芽最适温度为20 ℃。成年植株的地下部分在-35 ℃低温下仍能安全越冬，在山东、山西、河北中南部等炎热的夏季，气温达35 ℃以上，甚至40 ℃左右也可正常生长（李欣等，2006）。

黄芩幼苗喜湿润，早春怕干旱；成株耐旱怕涝，生长期间，地内积水或雨水过多，都会影响黄芩正常生长，轻者生长不良，重者导致烂根死亡。

黄芩对土壤要求不甚严格，但若土壤过于黏重，既不便于整地出苗和保苗，会影响根的生长和品质，导致根色发黑，烂根增多，产量低，品质差。土壤质地过砂，肥力低，保水保肥性差，不易高产。以土层深厚、疏松肥沃、排水渗水良好、中性或近中性的壤土、砂壤土等最为适宜。

黄芩适宜轮作，忌连作，因其根部中心腐烂，有传染性，隔3年后再种植效果更好。

三、栽培技术

（一）选地与整地

选择地势高、气候干燥、排水良好、地下水位低、背风向阳、光照充足、无树木遮光、土层深厚、土质疏松、富含腐殖质的砂质壤土地块。平地、缓地、山坡梯田均可。宜单作种植，也可利用幼龄林果行间，提高退耕还林地的利用效率及其经济效益和生态效益。结合整地，每公顷均匀撒施腐熟的农家肥 30 000~60 000 kg，磷酸二铵等复合肥

150~225 kg。施后适时深耕 25 cm 以上，随后整平耙细，去除石块杂草和根茬，达到土壤细碎、地面平整。并视当地降雨及地块特点做成宽 2 m 的平畦或高畦。春季采用地膜覆盖种植的，做成畦面宽 60~70 cm、畦沟宽 30~40 cm、高 10 cm 的小高畦更为适宜。

（二）繁殖方法

分直播和育苗移栽两种技术。

1. 直播技术

（1）种子播前处理

将种子用 40~45 ℃温水浸泡 5~6 h 或室温下自来水浸泡 12~24 h，捞出稍晾，置于 20 ℃左右温度下保湿催芽，待部分种子裂口出芽时即可播种。

（2）种子直播技术

播种期：在土壤水分有保障的情况下，以 4 月中旬前后，地下 5 cm 地温稳定在 15 ℃时为宜；一般春播在 3—4 月，秋播 9—10 月间。播种方法为散播、点播、条播三种，一般宜浅不宜深，以免幼芽细弱。

播种量：干种子 12~15 kg/hm^2。

播种方法：播后覆盖细湿土 1~2 cm，并适时镇压和覆盖地面。保持土壤湿润至出苗。

2. 育苗移栽技术

（1）选地作畦

选择温暖、向阳、疏松肥沃、排灌水方便的田块，做成畦面宽 1.2~1.3 m 畦埂宽 0.5~0.6 m 长，长 10 m 左右的平畦。

（2）施肥整地

在做好的畦内，每平方米均匀撒施 7.5~15 kg 腐熟的优质农家肥和 25~30 g 磷酸二铵，施后与畦内 10~15 cm 深的土壤充分拌匀，随后砸碎土块，拣净石块、根茬、搂平畦面待播。

（3）适时播种

4 月上旬，先在已准备好的畦内浇足水，水渗后按 6~7.5 g/m^2 干种子的播量，将处理好的种子均匀撒播于畦内，随后覆盖 0.5~1.0 cm 厚的过筛粪土或肥沃表土，然后覆盖薄膜或碎草，保持畦内湿润。

（4）幼苗管理

出苗后，应及进通风去膜或除盖草，按照苗距 3~5 cm 适时疏苗，拔除杂草，并视具体情况适当浇水和追肥。

（5）移栽定植

当苗高 7~10 cm 时，按行距 40~45 cm 和每米长 25~30 株的密度进行开沟栽植，栽后土压实并适时浇水，也可先开沟浇水，水渗后再栽苗覆土。旱地无灌水条件者应结合降雨定植。

（三）田间管理技术

1. 中耕除草

第 1 年中耕锄草 3~4 遍，第 2 年以后，每年中耕除草 1~2 遍即可。

2. 间苗与定苗

在苗高 5~7 cm 时，按每平方米留苗 60 株左右进行间苗与定苗。

3. 追肥

直播栽培当年，生长前期，植株生长正常可不追肥；如小苗生长较弱，可适当追施一些氮肥，以培育壮苗，每公顷施稀的人粪尿 7 500 kg 或尿素 45~75 kg；6—7 月，植株生长旺盛，为促进根系发育，每公顷可追施过磷酸钙 200~250 kg、磷酸二氢铵 150 kg、硫酸钾 100 kg。追肥时，三肥混合、开沟施入，追肥后覆土并及时浇水，以提高肥效。第 2 年，可酌情适时适量补充追施磷酸二氢铵和硫酸钾肥。

4. 灌水与排水

黄芩在播种至出苗期间应保持土壤湿润。出苗后，若土壤水分不足，应在定苗前后灌水 1 次，之后若不是特别干旱，一般不再浇水，以利蹲苗，促根深扎。黄芩成株以后，遇严重干旱或追肥时土壤水分不足，应适时适量灌水。由于黄芩怕涝，雨季应注意及时松土和排水防涝，以减轻病害发生，避免和防止烂根死亡，降低产量和品质。

5. 镇压蹲苗

幼苗期，选晴天下午，用脚顺垄轻踩或用石、木滚子轻压黄芩地上部分，每隔 3~5 d 压 1 次，连压 3 次左右。

6. 梳理枝蔓

2~3 年生黄芩地上部分生长旺盛，覆盖严实，严重影响通风透光，并增加养分消耗，同时影响根部发育和种子质量，此时应适当梳理枝条，可在 6—7 月割去黄芩茎秆的 1/5~1/3，以利生长。

7. 摘蕾

除留种田外，应在植株抽出花序之前，摘掉花蕾，控制养分消耗，使养分集中供应根部，促进根部生长，增加药材产量。摘除选择晴天进行，有利于伤口愈合，以防感染病害。

（四）病虫害防治

1. 叶枯病

症状：又名枯斑病。病原是真菌中一种半知菌，为害叶片，开始从叶尖或叶缘发生不规则的黑褐色病斑，然后逐渐向内延伸，并使叶干枯，严重时扩散成片，致使叶片枯死。高温多雨季节易发病。

防治措施：①秋后清理田园，除尽带病的枯枝落叶，消灭越冬菌源。②发病初期喷洒 1∶120 波尔多液，或用 50% 多菌灵 1 000 倍液喷雾防治，每隔 7~10 d 喷药 1 次，连续 2~3 次。

2. 白粉病

症状：病原为蓼白粉菌，病菌以菌丝体及闭囊壳在黄芩病残体上越冬，成为第 2 年的初侵染源。白粉病主要为害叶片和果荚，叶的两面生白色状斑，好像撒上一层白粉一样，病斑汇合而布满整个叶片，最后病斑上散生黑色小粒点，田间湿度大时易发病，导致提早干枯或结实不良甚至不结实。

防治措施：①加强田间管理，秋冬季及时清除病残体可减少越冬菌原，注意田间通风透光，防止氮肥过多或脱肥早衰。②发病期用 40% 氟硅唑悬浮剂 10 000 倍液或 12.5% 烯唑醇可湿性粉剂 500 倍液喷治。

3. 黄芩舞蛾

症状：舞蛾是黄芩的重要虫害，以幼虫在叶背作薄丝巢，虫体在丝巢内取食叶肉，仅留下表皮，以蛹在残叶上越冬。

防治措施：①清洁田园，处理枯枝落叶等残株。②发生期用 90% 敌百虫 800 液喷雾。每 7~10 d 喷 1 次，连续喷治 2~3 次，以控制住虫情为害程度。

除了以上 3 种常见病害外，根腐病、茎基腐病以及菟丝子也常有发生。根腐病、茎基腐病可用 65% 代森锌可湿性粉剂 600 倍液或 50% 多菌灵与 80% 代森锌 1∶1 的 600~800 倍液防治。还可及时拔除病株，并用 5% 石灰水消毒病穴。菟丝子可于发生初期人工彻底摘除。地老虎、菜青虫可用 90% 晶体敌百虫 1 500 倍液喷杀。

四、留种、采收与加工

（一）留种技术

黄芩一般不单独建立留种田。多选择生长健壮、无严重病虫害的田块留种。黄芩花期长达 2~3 个月，种子成熟期不一致，而且极易脱落，因此采种应随熟随采，分批采收。方法是待整个花枝中下部宿萼变为黑褐色，上部宿萼呈黄色时，手捋花枝或将整个花枝剪下，稍晾晒后及时脱粒、清选，放阴凉干燥处备用。使用前如按照种子粒径大小进行分级再播种利用，能够保证出苗整齐，便于苗期管理，确保播种苗的数量和品质。

（二）采收

生长 1 年的黄芩，由于根细、产量低，有效成分含量也较低，不宜采挖。生长 2~3 年的黄芩可采挖，一般三年生的鲜根和干根产量均比二年生增加 1 倍左右，商品根产量高出 2~3 倍，而且主要有效成分黄芩苷的含量也较高，故以生长 3 年为收获最佳期。收获季节春秋二季均可，但以春季采挖更为适宜，春季采挖易于加工晾晒，品质较好。采挖时，应尽量避免或减少伤断，去掉茎叶，抖净泥土，运至晒场进行晾晒。

（三）产地加工

黄芩采收后，去掉残茎，于通风向阳干燥处进行晾晒，晒至半干时，每隔 3~5 d，用铁丝筛、竹筛、竹筐或撞皮机撞一遍老皮，连撞 2~3 遍，生长年限短者少撞，生长年限长者多撞。撞至黄芩根形体光滑，外皮黄白色或黄色时为宜。撞下的根尖及细侧根应单独收藏，其黄芩苷含量较粗根更高。晾晒过程中，应避免暴晒过度使根条发红，禁用水洗，防止雨淋，否则黄芩根变绿、变黑，失去药用价值。黄芩鲜根折干率为 30%~40%。

五、包装、储藏与运输

（一）包装

干燥的黄芩药材一般采用编织袋或麻袋等包装，也可选用不易破损、干燥、清洁、无异味以及不影响黄芩品质的材料制成的专用袋或纸箱包装，具体规格可按购货商要求而定。包装要牢固、密封、防潮。包装应附有包装记录，包装记录内容：品名（药材名）、批号、等级、规格、重量、产地、日期、合格证、验收责任人等。有条件的还应注明药用成分含量、农药残留量、重金属含量等。

（二）储藏

包装好商品要求放在清洁、通风、干燥、避光、无异味的专用仓库中，置于货架上。仓库应具有防鼠、防虫、防霉烂设施。地面为混凝土或其他可冲洗地面，货架与墙壁保持足够距离。黄芩夏季高温季节易受潮变色和虫蛀。高温高湿季节到来前，应按垛或按件密封保藏；发现受潮或轻度霉变时，及时翻垛、通风或晾晒。密闭仓库充 N_2（或 CO_2）养护的药材，无霉变和虫害，色泽气味正常，对黄芩成分无明显影响。

（三）运输

运输工具或容器应清洁、干燥、无异味、无污染。药材批量运输时，与其他有毒、有害、易串味物品混装。运输中应保持干燥，防晒、防潮、防雨淋。

第九章 桔梗栽培技术

桔梗［*Platycodon grandiflorus*（Jacq.） A. DC.］为桔梗科桔梗属多年生草本植物，主要以干燥根入药，为常用中药，药材名桔梗，别名铃铛花、和尚头、僧冠帽、苦根菜、四叶菜、梗草、包袱花、爆竹花、六角荷、白药、土人参、道拉基等。性平，味苦、辛。有宣肺、利咽、祛痰、排脓之功效，用于咳嗽痰多、胸闷不畅、咽痛、喑哑、肺痈吐脓、疮疡脓成不溃。在我国栽培历史悠久，各省区均有分布，主产于安徽、山东、江苏、河北、河南、辽宁、吉林、内蒙古、浙江、四川、湖北和贵州等地。以东北、华北产量较大，称为"北桔梗"，华东地区产品品质最佳，称为"南桔梗"（樊桂均，2020）。

一、植株形态特征（图 9-1）

1—植株；2—雄蕊；3—根。
图 9-1 桔梗植株形态

二、生态习性与生物学特性

（一）生态习性

桔梗喜湿润凉爽气候，对温度要求不严格，既能在严寒的北方安全越冬，又能在高温的南方生存，20 ℃左右最适宜生长。桔梗是喜阳植物，在荫蔽的环境条件下，植株生长细弱，发育不良，易徒长和倒伏。种子萌发期怕旱，成株忌涝、土壤过潮易烂根。怕风害，遇大风易倒伏。桔梗根系肥大，喜肥，土层深厚、肥沃、疏松、排水良好的壤土或沙壤土有利于其生长，土壤pH值以6.5~7为宜，重黏土、盐碱地、白浆土和涝洼地不利于桔梗生长（严一字，2007）。

（二）生物学特性

桔梗播后1~3年采收，一般2年采收。

桔梗种子细小，不同产地桔梗种子的活力、发芽率不同。种子千粒重0.87~1.21 g，含水量6%~15%。10~15 ℃条件下即可萌发，温度20~25 ℃，7~8 d萌发，15 d左右出苗，出苗率50%~70%。陈种子发芽率极低。5 ℃以下低温储藏，可以延缓种子寿命，活力可保持2年以上。赤霉素可促进桔梗种子的萌发。

桔梗为直根系。种子萌发后胚根当年主要是延长生长，特别当土质疏松，表层水分较少时更是如此。当年生每株仅一个地上茎，生长期约为150 d。主根一般可延长至15 cm以上，径粗1 cm左右，单株平均鲜重6.22~10.56 g。二年生桔梗由于根茎侧芽发育，每株地上茎常2个以上，生长迅速，光合面积显著增加，根系增重也较快，在形态上主要表现为根长达40~50 cm，侧根增多，质量明显增加，单株鲜重35 g左右（贾红茹等，2014）。

从种子萌发至倒苗，一般把桔梗生长发育分为4个时期。从种子萌发至5月底为苗期，这个时期植株生长缓慢，高度至6~7 cm。此后，生长加快，进入生长旺盛期，至7月开花后减慢。7—9月孕蕾开花，8—10月陆续结果，为开花结实期。一年生开花较少，5月后晚种的第2年6月才开花，2年后开花结实多。10月至11月中旬地上部开始枯萎倒苗，根在地下越冬，进入休眠期，至第2年春出苗。种子萌发后，胚根当年主要为伸长生长，一年生主根长可达15 cm，二年生长可达40~50 cm，并明显增粗。翌年6—9月为根的快速生长期。一年生苗的根茎只有1个顶芽，二年生苗可萌发2~4个芽。

三、栽培技术

(一) 品种类型

桔梗属植物仅有桔梗一种,但在种内出现不同花色的分化类型,主要有紫色、白色、黄色等,另有早花、秋花、大花、球花等,也有高秆、矮秆,还有半重瓣、重瓣。其中白花类型因常作蔬菜用,入药者则以紫花类型为主,其他多为观赏品种(史月龙等,2022)。

(二) 选地与整地

桔梗对土壤的物理性状要求并不严,除过黏、过砂的土壤外,一般都可以种植,但桔梗为深根性植物,应选向阳、背风的缓坡或平地,要求土层深厚、肥沃疏松、地下水位低、排灌方便和富含腐殖质的砂质壤土种植为好。前茬作物以豆科、禾本科作物为宜。适宜pH值6~7.5。选地后及时翻耕、碎土,播种前一般先深翻土地25~50 cm,秋耕越深越好,以消灭越冬虫卵、病菌。除净草根等杂物。因桔梗的主根能深入土中40 cm左右,深耕细耙可以改善土壤的理化性状促使主根生长顺直,光滑,不分权。如土壤墒情不足,应先灌水造墒再耙。

桔梗生长期长,扎根较深。为了保证全生长期不缺肥,必须重施基肥。基肥以有机肥为主,施腐熟的农家基肥45 000~60 000 kg/hm²、草木灰2 250 kg/hm²、过磷酸钙4 500 kg/hm²,深耕30~40 cm,拣净石块,除净草根等杂物。犁耙1次,整平耙细,作畦或打垄。

(三) 繁殖方法

生产中以种子繁殖为主,有直播和育苗移栽两种方式,因直播产量高于移栽,且根条直,分叉少,便于刮皮加工,质量好,生产上多采用此种方法。

春播、夏播、秋播或冬播均可。春播一般在3月下旬至4月中旬,华北及东北地区在4月上旬至5月下旬。夏播于6月上旬小麦收割完之后,夏播种子易出苗。秋播于10月中旬进行,秋播产量和质量高于春播。冬播于地冻前进行,第2年出苗。

播种前也可将种子用0.3%~0.5%高锰酸钾溶液浸种12~24 h,取出冲洗去药液,稍晾后用适量细土拌匀播种,可提高发芽率。也可将种子放在40~50 ℃温水中浸泡24 h后,用湿布包上,上面用湿麻袋片盖好,在25~30 ℃条件下催芽,其间每天早晚用温水淋1次,3~5 d种子萌动,即可播种。另外,50~250 mg/L的GA_3处理能够提高桔梗种子的发芽率。

1. 直播

种子直播也有条播和撒播两种方式。条播便于施肥管理。在整好的畦面上,按15~

18 cm 行距开条沟，沟深 1.5~2 cm，将种子均匀撒入沟内，也可将种子拌细沙（按 1∶10）均匀撒入沟内（可节省种子用量，且易播撒均匀）。播后覆细土约 1 cm，或以盖住种子为度，稍加镇压，再覆盖约 3 cm 厚的麦秸秆或稻草，浇一次透水，以防雨水冲刷，并可保持土壤湿润和地温，一般 10~15 d 出苗。每亩用种子 0.8~1 kg。撒播，将种子拌细沙，均匀撒入畦面，薄盖一层细土，再覆盖一层麦秸秆或稻草。

2. 育苗移栽

育苗地选向阳、避风的地方，施足基肥，耕把整平，作 120 cm 宽、15~20 cm 高的苗床、长度不限，畦土要松软细碎。采用畦面撒播或大田撒播。每年 3 月播种，播种前种子按直播方法进行处理和催芽。种子与草木灰加适量人畜粪水拌匀，均匀撒入土壤内，覆盖肥土 0.5~1 cm，最后盖草保湿，防止雨水冲刷。春播后 10~15 d 出苗，这时应及时把盖草揭除，苗高 1.5 cm 时，进行间苗，拔除和细弱苗，苗高 3 cm 时，按株距 3~4 cm 定苗，以后加强管理，注意拔除杂草，天旱时浇水保持畦土湿润，以利幼苗生长，并适当施肥，待秋后或春季发芽前，出圃栽种。以便于苗期管理，省工省地，但主根不明显。

移栽分秋栽与春栽两种。秋栽在地上部分枯萎后，即 10 月中下旬至地冻前进行。春栽一般在每年 3 月中旬至 4 月下旬栽种。栽前将种根挖起，按大、中、小分三级，分开栽种。栽时在畦上按行距 20~25 cm 开横沟，深 20 cm，株距 5~7 cm，将种根斜放入沟内，根头抬起，根梢伸直，注意不要伤其主根、须根，否则易生侧根，影响质量。栽后覆细土高于根头 2~3 cm，稍压即可，淋足定根水。

（四）管理技术

1. 苗期管理

播种后保持土壤湿润，防止土壤板结。如遇干旱，每 5~6 d 在覆盖的麦秸秆或稻草浇 1 次透水，以保持土壤湿度。出苗后及时将覆盖物分 2 次除去，结合去掉覆盖物，拔净杂草。苗高 10~12 cm 时进行定苗，按株距 6~8 cm 留壮苗 1 株，拔除小苗、弱苗、病苗。栽种地若有缺苗，则宜选择阴雨天进行补苗，补苗时，根要直立放入穴中，以免增加侧根数。撒播的可按株距 6 cm 左右三角形定苗；条播，一般行距 15~18 cm，每亩留苗 3 万~4 万株。过密则植株生长细弱，易遭害虫为害，过稀则产量低，因而合理密植是增产的关键。秋播的桔梗，11 月下旬幼苗经霜枯萎后立即浇一层掺水畜粪，上盖一层土杂肥，保护苗根安全越冬，于第 2 年 3—4 月发芽前揭去覆盖肥，以利于出苗，以后管理和春播相同。

2. 中耕除草

幼苗期宜勤除草松土，苗小时宜用手拔除杂草，以免伤害小苗，每次间苗应结合除草 1 次。定植以后适时中耕、除草、松土，保持土壤疏松无杂草，松土宜浅，以免伤根。中耕宜在土壤干湿度适中时进行，一般播种当年要除草 3~4 次。种植第 2 年，植株尚未封垄前，可除草 1~2 次，植株长大封垄后，不宜再进行中耕除草以免折断茎秆。

3. 追肥

桔梗除在整地时施足基肥外,在生长期还要进行多次追肥,以满足其生长的需要。一般追肥4~5次。促苗肥:定苗后应及时追施1次稀的人畜粪水(粪水比例1:10),用量30 000 kg/hm²,或尿素30~45 kg/hm²;壮苗肥:在苗高约15 cm时,再施1次同量的人畜粪水,或追施过磷酸钙300 kg/hm²,尿素120 kg/hm²,在行间开沟施入,施后盖土,及时浇水;花期肥:6—7月开花时,为使植株充分生长,可追施稀人畜粪水1次,用量7 500~12 000 kg/hm²,或磷钾复合肥450 kg/hm²;越冬保温肥:入冬地上植株枯萎后,可结合清沟培土3~5 cm,加施草木灰或土杂肥30 000 kg/hm²,及过磷酸钙750 kg/hm²;返青肥:第2年开春齐苗后,施1次稀的人畜粪水12 000~15 000 kg/hm²,以加速植株返青生长。适当施用氮肥,以农家肥和磷肥钾肥为主,对培育粗壮茎秆,防止倒伏,促进根的生长有利。二年生桔梗,植株高,易倒伏。若植株徒长可喷施矮壮素或多效唑以抑制增高,使植株增粗,减少倒伏。

4. 灌水排水

定苗后,视植株生长情况,进行浇水和追肥。若天气干旱,可结合追肥进行灌水。多雨地区和雨季,要及时清沟理墒,畦间沟加深,大田四周加开深沟,以利及时排水,避免田间积水、烂根。

5. 清沟培土、防倒伏

二年生桔梗植株高达60~90 cm,一般在开花前易倒伏。所以种植一年的桔梗,入冬后,结合施越冬肥,在株旁进行培土,防止风害折断茎秆和倒伏。第2年春季适当控制氮肥用量,配合磷钾肥的施用,使茎秆生长粗壮。在雨季前结合松土进行清沟培土,可防止或减轻倒伏。

6. 摘除花蕾

桔梗花期长达3个月,会消耗大量养分,影响根部生长。除留种田外,其余需要及时除去花蕾,以提高根的产量和品质。生产上多采用人工摘除花蕾,但是,桔梗花期长,而且摘除花蕾以后又迅速萌发侧枝,形成新的花蕾。十多天就要摘1次,整个花期需摘蕾5~6次,费工费时,而且易损伤枝叶。近年来开始使用生长调节剂进行疏花疏果,在生长旺盛期喷多效唑(300 g/hm²)对桔梗地上部的生殖生长有明显的抑制作用,可明显延缓桔梗地上部的生殖生长,主要表现为桔梗株高变矮,主茎变粗分枝数减少提高桔梗根的产量和品质。

7. 杈根防治

桔梗商品以顺直、坚实、少杈根为佳。采用直播、撒播或宽幅撒播种植是防止产生杈根的有效措施。另外,为了促进桔梗的主根生长,必须进行打芽,每株只留主芽1~2个,其余枝芽在每年春季全部摘除,保持1株1苗。同时多施磷肥,少施氮钾肥,防止地上部分徒长,促使根部正常生长。可以减少杈根、支根。

(五)病虫害防治

1. 轮纹病

症状:该病6月开始发病,7—8月发病严重。叶片病斑通常由叶尖或叶缘开始,先为黄绿色小斑,后呈褐色、近圆形、半圆形或不规则形大斑,一般有深浅褐色相间的同心轮纹,边缘有褐色隆起线与健部分界明显;以后病斑中央变为灰白色,上生墨黑色小粒点。病害主要发生在成叶和老叶上,也可为害嫩叶和新梢。整个生长季节中均能发生,而以高温、多雨的夏秋发病为盛;尤以气温25~28 ℃、相对湿度80%~85%时病害发生更烈。该菌是一种弱寄生菌,伤口是其侵入的主要途径,因此管理粗放、杂草丛生以及螨类等虫害严重时病害发生常较重。此外,排水不良、密植、湿度大发病也较重。

防治措施:①加强管理,注意氮、磷、钾肥配合施用,使植株生长健壮;及时清除杂草和疏松土壤。②发病季节,做好田间排水工作。③冬季清除枯枝落叶并烧毁,以减少侵染来源。④发病初期用1∶1∶100波尔多液,或65%代森锌600倍液,或50%多菌灵可湿剂1 000倍液,或50%甲基硫菌灵1 000倍液等喷洒。

2. 枯萎病

症状:该病一般多在6月开始发生,7—8月严重。发病初期,茎基呈干腐状态,并且变褐色,病原菌通过茎秆逐渐向茎上部蔓延扩展,致使整株桔梗感染枯萎病,在高温高湿条件下,茎基部表面产生粉白色霉层,即为病菌的分生孢子,最后导致整株枯萎致死。

防治措施:①与禾本科作物进行轮作。②在田间发现发病的桔梗植株应及时拔掉,而在拔出桔梗的病穴中及时用生石灰粉灭菌,并且把拔下的发病桔梗植株集中在一起烧毁,防止病菌的蔓延。③雨后及时排水降低田间土壤的湿度。④给桔梗苗除草时切忌碰伤根部。⑤发病初期可用50%甲基硫菌灵1 000倍液喷雾防治,或用50%多菌灵可湿性粉剂800~1 000倍液,喷药时除上部茎叶外,茎的基部也要注意喷到,可连续喷2~3次,每次间隔7~10 d。

3. 根腐病

症状:一般发病期在6—8月,主要为害桔梗根部,初期根局部黄色而烂,以后逐渐扩大,导致叶片和枝条变黄枯死,湿度大时,根部和茎部产生大量粉红色霉层,即病原菌的分生孢子,最后严重发病时,全株枯萎。

防治措施:①在重病区实行水、旱轮作或非寄主植物轮作,可降低土壤带菌量,减轻发病程度,并及时在喷施消毒药剂加新高脂膜对土壤进行消毒处理,减少病菌源。②加强栽培管理,精耕细作,增施熟有机肥,雨后注意排水,并结合喷施新高脂膜提高植株抗病能力,促使茎叶生长。③适时向叶面喷施药材根大灵,促使叶面光合作用产物(营养)向根系输送,提高营养转换率和松土能力,使根茎快速膨大,药用物质含量大大提高。④发现病株及时拔除销毁,并在病穴处浇注10%石灰水、加新高脂膜800倍液进行消毒。⑤根据植保要求喷施50%甲基硫菌灵600倍液等针对性药剂进行防治,同时配合新高脂膜800倍液提高药剂有效成分利用率,巩固防治效果。

4. 斑枯病

症状:一般发病期在5—6月,7—8月病情严重,为害叶部。受害叶片两面产生直径2~5 mm白色圆形或近圆形病斑,病斑上面生有小黑点,即病原菌的分生孢子器,发生严重病斑融合成片,叶片枯死。偏施氮肥造成倒伏后发病严重,导致叶片干枯;栽植密度大,多雨潮湿时发病重。

防治措施：①秋季桔梗地上枯萎的叶片应彻底清理，减少菌源；雨季注意排水，降低土壤湿度；通过磷肥、钾肥的增施，增强植株抗病能力。②发病初期用50%甲基硫菌灵可湿性粉剂1 000~1 500倍液，或用50%多菌灵可湿性粉剂800~1 000倍液，或用65%代森锌可湿性粉剂600倍液喷雾。每7~10 d喷施1次，连续2~3次，即可达到良好的防效。

5. 炭疽病

症状：一般5—6月开始发病，7—8月为害严重。发病初期叶面出现褐色斑点，逐渐扩大蔓延至茎、枝，表皮粗糙，黑褐色，后期病斑收缩凹陷。多雨、高湿条件下病斑呈水渍状，后期植株茎叶枯萎。高温、多雨和露雾较大的天气条件，粗放管理和生长不良有利于发病和流行，如果防治不力，常导致叶片大量枯死。

防治措施：①秋后桔梗自然枯萎后，彻底清除田间病残体，集中深埋或烧毁可有效降低越冬初侵染基数；加强田间管理，合理密植，注意雨后及时排水降湿。②播种前用40%福尔马林100~150倍液浸种10 min，然后再播种，可杀灭种子上的各种病原菌。③发病前喷施1∶1∶100波尔多液600倍液防治，发病后可根据发病种类选用下列药剂喷施，80%大生600倍液、50%甲基硫菌灵600倍液、50%多菌灵600倍液。10 d喷1次，连续3~4次。

6. 蚜虫

症状：在桔梗嫩叶、新梢上吸取汁液，致使桔梗叶片发黄，植株萎缩，生长不良。4—6月为害最烈，6月以后气温升高，雨水增多，蚜虫量减少，至8月虫口增加，随后因气候条件不适，产生有翅胎生蚜，迁飞到其他植物寄主上越冬。

防治措施：①清除田间杂草，减少越冬虫口密度。②发生初期可选用0.3%苦参碱植物杀虫剂500倍液连续（隔5~7 d）喷药2次可控制其为害。③发生期喷洒5%杀螟硫磷1 000~2 000倍液，每7~10 d 1次，连喷数次。

7. 小地老虎

症状：常从地面咬断幼苗并拖入洞内继续咬食，或咬食未出土的幼芽，造成断苗缺株。当桔梗植株基部硬化或天气潮湿时也能咬食分枝的幼嫩枝叶。幼虫3龄后白天潜伏在表土下，夜间活动为害。4月下旬至5月上旬为害严重，苗期桔梗受害较重。

防治措施：①3—4月间清除田间周围杂草和枯落叶，消灭越冬幼虫和蛹。②清晨日出之前，检查田间，发现新被害苗附近土面有小孔，立即挖土捕杀幼虫。③4—5月，小地老虎开始为害，每公顷用50%辛硫磷250~300 mL，拌湿润细土约225 kg做成毒土，于傍晚顺行撒施于幼苗根际。

8. 红蜘蛛

症状：以成虫、若虫群集于叶背吸食汁液，并拉丝结网，为害叶片和嫩梢，使几十片变黄，最后脱落；花果受害后造成缩、干瘪，蔓延迅速，为害严重，以秋季天旱时为甚。

防治措施：①冬季清园，拾净枯枝落叶，并集中烧毁。②清园后喷1~2°Bé石硫合剂，或0.3%~0.6%苦参碱1 000倍液2~3次。③4月开始喷0.2~0.3°Bé石硫合剂，或50%杀螟硫磷1 000~2 000倍液。每周1次，连续数次。

四、留种技术

(一) 移植法

在收获桔梗时,选择个体发育良好、健壮、无病虫害的植株,从芦头以下 1 cm 处切下芦头、用细火灰拌一下,按 20 cm 行距,开 10 cm 左右的沟深,再按株距 15 cm 栽种芦头 1 个。

(二) 播种法

栽培桔梗用二年生植株新产的种子。制种田应除去与种植品种形态特征不同的杂株,提高品种纯度,选生育健壮植株留种。采籽桔梗的其他管理措施与采药桔梗相同。

桔梗花期长,达 3 个月左右,其先从上部抽薹开花,果实也由上部先成熟。在北方后期开花结果的种子,常因气候影响而不成熟。为了培育优良的种子,留种田桔梗植株在 6—7 月剪去小侧枝和顶端部的花序,以集养分促使上中部果实充分发育成熟,使种子饱满,提高种子质量。9—10 月桔梗蒴果由绿转黄,果柄由青变黑,种子变黑色成熟时,分批带果梗割下,应注意种子成熟时及时采收,否则蒴果干裂,种子散落,难以收集。将采收的果穗放通风干燥的室内后熟 3~4 d,然后晒干,脱粒,除去杂质。储藏备用。种子寿命仅 1 年,发芽率 75%。种子千粒重平均 0.98 g。无生活力的种子无光泽、呈黑灰色,这是区分种子质量优劣的外观标志之一。

将去杂的种子置于通风干燥处保管,防止受潮、虫蛀。一般情况桔梗保存时间为 1 年,存放 2 年的种子于发芽率下降。采好的种子晒干后,每 100 kg 种子拌生石灰 1 kg,装入细布袋和木箱中保存。忌与盐、油、化肥等物接近,以免影响发芽率。

五、采收加工

(一) 采收时期

桔梗收获年限因地区和播种期不同而不同,一般种植 2~3 年收获。采收时间可在秋季地上茎叶枯萎后至第 2 年春桔梗萌芽前进行。以秋季 9—10 月采者体重质实,质量较好。过早采挖,根不充实,折干率低,影响产量和品质;过迟收获,不易剥皮。二年生的采收后,大小不合规格者,可以再栽植 1 年后收获。

(二) 采收方法

采收时,先将茎叶割去,在畦旁开挖 60 cm 深的沟,然后依次深挖取出,或用犁翻起,将根拾出。要防止伤根,以免汁液外流,更不要挖断主根,影响桔梗的等级和品质。

(三) 产地加工

采收时把根部挖起,除去泥土,去掉茎叶,将根部泥土洗净后在水中浸泡,刮去外表粗皮,洗净,晾干或炕干即可。

六、包装、储藏与运输

(一) 包装

桔梗用麻袋包装,每件 30 kg 或压缩打包件,每件 50 kg。在每件包装上,应注明品名、规格、产地、批号、包装日期、生产单位,并附有质量合格的标志。包装必须牢固、防潮、整洁、美观、无异味,便于装卸、仓储和集装化运输。

(二) 储藏

桔梗应储于干燥通风处,温度在 30 ℃ 以下,相对湿度 70%~75%,商品安全水分为 11%~13%。本品易虫蛀、发霉、变色、泛油。久储颜色易变深,甚至表面有油状物渗出。注意防潮,吸潮易发霉。害虫多藏匿内部蛀蚀。储藏期间应定期检查,发现吸潮或轻度霉变、虫蛀,要及时晾晒,并用熏蒸剂熏杀。气调养护,效果更佳。

(三) 运输

运输工具或容器应具有较好的通气性,以保持干燥,应有防潮措施,并尽可能缩短运输时间,同时不与其他有毒、有害药材混装。

第十章 苦参栽培技术

苦参(*Sophora flavescens* Aiton),别名野槐、苦骨、牛参、凤凰爪、山槐子等。为豆科多年生落叶亚灌木植物。以根供药用。味苦性寒。具有清热利尿、燥湿杀虫的功能。主治痈肿、下血肠风、眉脱赤癞、痢疾便血等症。药理及临床研究认为治疗外阴瘙痒、滴虫性阴道炎、湿疹、皮炎等症状。对恶性肿瘤具有抑制作用，苦参注射液可以抗癌，被誉为"生命之光"（杨守研等，2024）。因此，大力发展苦参的人工栽培，前途广阔。全国大部分省区均有分布和栽培（张弩，2009）。主产内蒙古、辽宁、河北、河南、山西等省。

一、形态特征（略）

二、生长习性

苦参为多年生草本植物，根系发达，深度可达 60~80 cm，所以在土层深厚、质地疏松的砂质壤土上，最有利于根系生长。土壤过黏，通气和排水不良时，常引起烂根，以致全株枯萎。根的萌芽力较强，可采用分根法繁殖。根条上中段要比下段发芽生根快。研究表明：苦参根是随着地上部的生长而生长的，后期随着气温逐渐下降，地上部生长逐渐缓慢，养分向下部转移，根部的生长更加迅速。

苦参适应性强，分布广，从北到南均有分布。野生于山坡草地、丘陵、平原、路旁、向阳砂壤地。喜温和高燥气候环境，耐寒，可耐受-30 ℃以下的低温，也耐高温。苦参属深根系植物，以土壤疏松，土层深厚，排水良好的砂质壤土为宜。喜肥又耐盐碱。怕涝害，忌在土质黏重、低洼积水地种植（程红玉，2008）。

三、栽培技术

（一）选地与整地

宜选土层深厚、疏松肥沃、排水良好砂质壤土栽培。地下水位要低。前茬以禾本科作物为宜。每公顷施氮磷钾51%复合肥 750 kg，均匀撒施地面，深翻 30~40 cm，以秋翻，秋整地，秋起垄或作畦为宜。垄距 60 cm，作畦宽 1.2 m 高畦，畦沟宽 45 cm。

（二）繁殖方法

用种子直播的方法繁殖。

1. 种子的采收与处理

于 8—9 月种子成熟时，选生长健壮，无病虫害的植株采种，将荚果采回后，脱粒去杂晒干备用。播种前将种子与细沙按 1∶1 混匀，摩擦划破种皮。因为苦参的种子中有硬实种子，即种皮坚硬，不透水、不透气，因此在适宜条件下也不发芽。经砂磨处理的种子发芽率显著提高。

2. 播种

播种前将砂磨处理好的种子，放在 50 ℃的水温中浸泡 24 h，之后在起好的垄上按株距 30 cm 开穴，或在作好的畦上按行株距 60 cm×30 cm 开穴，穴深 10 cm，每穴抓一把粪肥，盖一层土，点种 3~5 粒，覆细土 2~3 cm，播种量 45~75 kg/hm²。

（三）田间管理

1. 中耕除草

当苗高 5 cm 时进行中耕除草，在封行前进行 3 次，每半个月 1 次，第 1 次要浅松土，逐渐加深，第 3 次要深并培土防止倒伏。

2. 间苗、补苗

结合中耕除草进行，第 1 次中耕除草，去弱苗，留壮苗，第 3 次中耕除草定苗，每穴留 2~3 株。如有缺苗，用间下的苗选壮者补苗。

3. 追肥

结合中耕除草进行，第 1 次施厩肥 15 000 kg/hm²，人畜粪水 15 000 kg/hm²，第 2 次在定苗时，追施人畜粪水 22 500 kg/hm²，厩肥 30 000 kg/hm²，过磷酸钙 450 kg/hm²。

4. 摘花薹

当 6 月抽薹时，除留种的外，全部摘除，因花薹较韧，最好用剪刀剪除。可以显著增产。

（四）病虫害及其防治

1. 根腐病

症状：是由真菌引起的病害，被害根部呈黑褐色，根系自下而上是褐色病变。根髓发生湿腐，黑褐色，整个主根部分变成黑褐色的表皮壳，皮壳内呈乱麻状的木质化纤维。地上部分枝叶萎蔫，逐渐由外向内枯死。

防治措施：①选用抗病品种、合理密植、加强田间管理。②使用生物农药或低毒化学农药进行防治。

2. 叶斑病

症状：以为害叶片为主，植株下部叶片发病重。叶缘、叶尖先发病，病斑形状不规则，红褐色至灰褐色；叶面病斑褐色、圆形。病斑可连片成大枯斑，呈灰褐色，边缘颜色加深，与健康组织界限明显，后期叶片焦枯，严重时植株死亡。

防治措施：①包括及时修剪病枝、弱枝和过密的枝条，保持植株通风和光照。②使用生物农药或低毒化学农药进行防治。

3. 炭疽病

症状：是由真菌引起的病害，主要影响苦参的叶片、茎和果实，导致病斑出现，严重时可能导致叶片枯萎和果实腐烂。

防治措施：及时遮光，选用无病种子或播前用 1% 甲醛溶液浸种，使用杀菌剂喷雾等。

4. 蚜虫

症状：蚜虫是苦参常见的害虫之一，它们会吸取苦参植株的汁液，导致植株生长受阻。

防治措施：定期检查植株生长情况，发现蚜虫及时采取防治措施，可使用生物农药或低毒化学农药进行防治。

5. 红蜘蛛

症状：红蜘蛛也是苦参常见的害虫之一，它们会吸取苦参植株的汁液，导致叶片出现黄斑，严重时导致叶片枯黄。

防治措施：定期检查植株生长情况，发现红蜘蛛及时采取防治措施，可使用生物农药或低毒化学农药进行防治。

四、采收与加工

（一）采收

于播后 2~3 年秋季茎叶枯萎后采挖根部。因为根扎得深，所以应深挖，注意不要挖断。也可以用深耕犁翻收。

（二）加工

将收回的苦参根，按根条的长短分别晾晒，除去芦头和尾根。晒干或烘干即成。产量为干货 4 500~6 000 kg/hm^2。折干率 30%~40%。质量以身干、整齐、顺长均匀、内淡黄白色、无枯朽、味苦者为佳。

第十一章 款冬栽培技术

款冬（学名：*Tussilago farfara* L.），别名冬花、蜂斗菜或款冬蒲公英，属于菊科款冬属植物。性味辛温，具有润肺下气，化痰止嗽的作用。在《本经》中记载：对"寒束肺经之饮邪喘、嗽最宜"。气味虽温，润而不燥，则温热之邪，郁于肺经而不得疏泄者，也能治之。故外感内伤、寒热虚实的咳嗽，皆可应用。特别是肺虚久咳不止，最为适用。款冬花系菊科款冬属植物款冬的花蕾，通常在 10 月下旬至 12 月下旬花尚未出土时采挖。

一、植株形态特征（略）

二、生态习性

款冬喜冷凉潮湿环境，耐严寒，忌高温干旱，在气温 9 ℃ 以上就能出苗，气温在 15~25 ℃ 时生长良好，气温超过 35 ℃ 时，茎叶萎蔫，甚至会大量死亡。冬春二季气温在 9~12 ℃ 时，花蕾即可出上盛开。喜湿润，忌干旱和积水。在半阴半阳的环境和表土疏松、肥沃、通气性好湿润的壤土中生长良好（王建国，2019）。忌连作，根据对款冬连作试验研究表明，连作土中的款冬长势较弱，植株矮小，根系不发达，在生长后期（8月以后），易患病害。同样的田间管理，连作款冬花的单株结花数明显降低（王霞，2023）。款冬宜与玉米、马铃薯等轮作，能很好的克服其连作障碍。适宜款冬生长的土壤肥沃，有机质含量高，土层疏松。

三、栽培技术

（一）选地与整地

栽培宜选择半阴半阳、湿润、腐殖质丰富的微酸性砂质壤土，以既能浇水又便于排水的地块最为合适。栽培地选好后，施入腐熟的农家肥 37 500~52 500 kg/hm²，加过磷酸钙 750 kg/hm² 翻入土中作基肥。深翻、整细、耙平后作畦，宽 1.3 m、高 20 cm，畦四周开好排水沟。

（二）繁殖方法

1. 无性繁殖

在早春土壤解冻后立即采挖收集根茎，栽植方法依据不同条件，可平栽、畦栽，也可垄栽、穴栽、沟栽。栽植行距 30 cm 左右，沟（穴）深 5~6 cm，栽植密度以沟内根茎小节首尾相距 3~5 cm 为宜。育苗移栽时，应保证每穴 1 株。垄下栽培时，垄宽 30 cm、垄距 30 cm、垄高 10 cm。垄下栽植两行，有利于灌水。特别是垄上土壤，经中耕锄草等活动逐渐壅至垄下款冬根茎处，减少花蕾暴露，有利于提高质量。根茎栽培应在早春，秋季采收花蕾，将根茎收集起来掩埋土中越冬，以备春用。

2. 种子直播

每年 4 月采集当年成熟的种子，晒干。在有灌溉条件或遇连阴雨的时候，方可考虑种子直播。由于款冬籽小苗弱，直播时一定要有遮阴植物和遮阴措施。遮阴植物可选用黄豆、荞麦等，将款冬种子与遮阴植物种子均匀撒在新翻平整后的地表，然后用短齿耙横竖浅耙 2~3 遍。遮阴植物宜稀疏，黄豆、荞麦等用种以 15~30 kg/hm² 为宜。播后地表还须撒少许小麦等作物秸秆，既保持地表潮湿，有利于种子发芽，又可为刚出土的幼苗遮阴。直播时用种（带伞毛）750~1 500 g/hm²，撒种时应和一定量的细沙或细土，以保证撒种的均匀。

3. 温室育苗移栽

苗床要求水肥充足，地面平整。塑膜温棚应选择避风向阳处，面积可大可小，以小棚 1.5 m×3.0 m、高 1.5 m，大棚 3.0 m×9.0 m、高 2.0 m 为宜。撒种后用过筛细土覆盖 0.5 cm 左右，扣棚要严密，棚内温度保持在 25~35 ℃，相对湿度 50% 以上。播后 1 周内出苗，出苗 3~4 d 后，应及时放风，以防止烧苗。在苗高 5~10 cm、5 片叶以上时，于 7 月雨季到来后移栽于大田之中。

（三）田间管理

1. 间苗

4 月底至 5 月初，待幼苗出齐后，看出苗情况适当间苗，留壮去弱，留大去小，按 15 cm 左右定苗。

2. 中耕除草

于 4 月上旬出苗展叶后，结合补苗，进行第 1 次中耕除草，因此时苗根生长缓慢，应浅松土，避免伤根；第 2 次在 6—7 月，苗叶已出齐，根系也生长发育良好，中耕可适当加深；第 3 次在 9 月上旬，此时地上茎叶已逐渐停止生长，花芽开始分化，田间应保持无杂草，避免养分消耗。

3. 追肥培土

款冬花前期不追肥，以免生长过旺、易患病害。后期应加强追肥管理，一般在 9 月上旬，施土粪 15 000 kg/hm² 左右，9 月下旬至 10 月上旬施氮肥 225 kg/hm²、磷肥 112.5 kg/hm²。无论追施土肥和化肥都应和除草松土配合进行，追肥后结合松土，一面覆盖肥料，一面向根旁培土，以保持肥效，提高产量。

4. 灌排水

款冬花既怕旱又怕涝。春季干旱，应连续浇水 2~3 次保证全苗。雨季到来之前做好排水准备，防止涝淹。

5. 剪叶通风

款冬花 6—8 月为盛叶期，叶片过于茂密，会造成通风透光不良而影响花芽分化和导致病虫为害，尤其是在和高粱、玉米间作时，叶片过密不易通风透光。这时可用剪刀从叶柄基部把枯黄的叶片或刚刚发病的烂叶剪掉，清理重叠的叶子，以利通风透光。剪叶时切勿用手掰扯，避免伤害植株基部。

（四）病虫害防治

1. 锈病

症状：7 月易感染锈病。病叶上出现明显的锈病孢子，呈褐色，边缘紫红色，严重时，叶子背面上密布成片锈斑，叶片穿孔，逐渐萎蔫枯死。

防治措施：于 6 月用 15%粉锈宁 1 500 倍液和 70%的甲基硫菌灵 800 倍液等药剂预防。发病后可拔掉病残株，堆放一处干后烧掉，并可再次用以上药剂治疗。

2. 叶枯病

症状：雨季发病严重。病斑由叶缘向内扩展，严重时可危及叶柄，形成黑褐色、不规则的大斑，致使叶片发脆干枯，最后萎蔫而死。

防治措施：发现后应及时剪除病叶，集中烧毁深埋。并可用 10%多抗霉素 1 000~2 000 倍液或 50%异菌脲可湿性粉剂 1 000~1 500 倍液等药剂防治。

3. 褐斑病

症状：为害叶片。夏季发病重，叶片上的病斑呈圆形或近圆形，直径 5~20 mm，中央褐色，边缘紫红色，有褐色小点。

防治措施：收获后清园，消灭病残株；发病前或发病初期用 1∶1∶120 波尔多液或 65%代森锌可湿性粉剂 500 倍液喷雾，7~10 d 1 次，连续数次。

4. 虫害

分地下害虫和地上害虫两种。地下害虫主要为蝼蛄，为害根茎，容易造成缺苗断垄，可用 2.5%美曲膦酯粉剂 1 kg 拌细土 15 kg，在整地时翻入土壤，进行防虫。地上害虫偶见一些食叶性软体虫或甲壳虫，使用菊酯类杀虫剂均有效，亩喷施量按商用农药说明。使用农药应首选生物制剂，尽量减少残留。

四、收获与初加工

（一）采收

于栽种的当年冬季前后，当花蕾尚未出土，苞片呈紫红色时采收。采收过早，因花蕾还在土内或贴近地面生长，不易寻找；采收过迟，花蕾已出土开放，质量降低。采收时，从茎基上连花梗一起摘下花蕾，放入竹筐内，不能重压，不要水洗，否则花蕾干后变黑，影响药材质量。

（二）加工

花蕾采后立即薄摊于通风干燥处晾干，经 3~4 d，水汽干后，取出筛去泥土，除净花梗，再晾至全干即成。遇阴雨天气，可烘干，温度控制在 40~50 ℃。烘干时，花蕾摊放不宜太厚，5~7 cm 即可，时间也不宜太长，而且要少翻动，以免破损外层苞片，影响药材质量。

五、储藏与运输

(一) 储藏

款冬花蕾储存时宜箱不宜袋,纸箱的规格为 35 cm×25 cm×15 cm,分 3 层,每层用纸板隔开,防止储存和搬动时振动擦压。由于款冬花蕾易吸水返潮,春末夏初应在纸箱外加套防潮膜或活性炭以保持干燥。夏秋季储存应勤检查,发现问题及时复晒,防止霉变和虫蛀。此外本品药味芳香走窜,储存时应用专库,不与其他物品混置,以免相互串味,且储存库房应干燥通风,温度控制在 15~20 ℃,相对湿度为 20%~30%。

(二) 运输

运输工具或容器应清洁、干燥、无异味、无污染。药材批量运输时,不能与其他有毒、有害、易串味物品混装。运输中应保持干燥,防晒、防潮、防雨淋。

第十二章　牛膝栽培技术

牛膝(*Achyranthes bidentata* Bl.)为苋科,牛膝属多年生草本植物,以干燥肉质根入药。药材名牛膝,别名:百倍、牛茎、脚斯蹬、怀夕、怀膝、怀牛膝、红牛膝、粘草子根等。产于河南者称怀牛膝,其茎叶亦供药用。牛膝味苦、酸,性平;归肝、肾经;具有补肝肾,强筋骨,逐瘀通经,引血下行功能。生用散瘀血、消痈肿,用于淋病、尿血、经闭、癥瘕、难产、胞衣不下、产后瘀血腹痛、喉痹、痈肿和跌打损伤等症;熟用补肝肾、强腰膝,用于腰膝酸痛、四肢拘挛、痿痹、跌打瘀痛等症。以河南产质量最佳,产量最大,每公顷干货可达 5 250~6 000 kg,为著名道地药材"四大怀药"之一,目前产区逐渐向北移动,成为内蒙古地区优势药材之一。

一、植株形态特征（图 12-1）

1. 植株；2. 有两小苞的花。
图 12-1　牛膝植株形态

二、生态习性与生物学特性

（一）生态习性

牛膝适宜在海拔 200～1 750 m 的地区生长，常分布在山坡林下，喜温暖而干燥的气候环境，最适宜的温度为 22～27 ℃，不耐寒。冬季地温-15 ℃时，根能越冬，过低则不宜，气温-17 ℃时，植株被冻死。牛膝为深根性植物，耐肥性强，喜土层深厚而透气性好的砂质壤土，并要求富含有机质，土壤肥沃，土壤含水量 27% 左右，pH 值 7～8.5。适宜生长于干燥、向阳、排水良好的砂质壤土，要求土层深厚，土壤疏松肥沃，利于根生长；黏性板结土壤，涝洼盐碱地不适合种植。

怀牛膝耐连作，而且连作的牛膝地下根部生长较好，根皮光滑，须根和侧根少，主根较长，产量高、品质佳（李吉，2013）。牛膝在不同生长期对水分要求不同，幼苗期保持湿润，可加速幼苗的生长发育，中期（生长期）水分不宜过多，否则引起植物地上茎徒长，后期（8月以后）根生长较快，需较多水分，否则会影响根的产量和品质。地势低洼，地下水位高，含水过多时则长分权多，不长独根，对生长发育不利（王喆，2022）。

（二）生物学特性

牛膝人工栽培生长期为130~140 d。若生长期太长，植株花果增多，根部纤维多，易木质化而品质差。植株生长不繁茂，当年开花少，则主根粗壮，产量高，品质好。牛膝种子，宜选培育2~3年（秋薹籽），主根粗大，上下均匀，侧根少，无病虫害的植株的种子，品质好，发芽率高，根分枝少。当年植株的种子（蔓籽）不饱满，不成熟，出苗率低，根分枝多。播种后，一般4~5 d出苗，7—10月为生长期，10月下旬植株开始枯黄休眠，整个生育期可分为以下4个生育时期。

1. 幼苗期

怀牛膝的最佳播种期在夏收后的伏天，此时的日平均温度较高（26 ℃左右）。幼苗生长比较缓慢，大约经过30 d，这一时期根据苗情追施提苗肥，当植株高度达到20~30 cm时，进入快速发棵期。

2. 快速发棵期

这一时期为植株生长发育的旺盛期，此时要求水肥充足，在管理上应增施氮肥、磷肥，补充养分，增加植株的抗病能力。经过30 d左右植株高度可达1 m左右，同时开花结实。

3. 根部伸长发粗期

进入9月，地上部植株发育成型，制造疏松充足的养分供地下根部生长，这一时期怀牛膝根部迅速向下生长、发粗，此时不需要过多水分，此期管理上要做好防涝排水工作。

4. 枯萎采收期

10月以后，气温逐渐下降，月平均气温在15 ℃左右，怀牛膝的生长发育逐渐缓慢，霜降后，植株开始进入采收期。

三、栽培技术

（一）品种类型

在河南，怀牛膝的主要栽培品种有'核桃纹''风筝棵''白牛膝'等。

1. 核桃纹（怀牛膝1号）

为传统的药农当家品种。因其产量高，品质优而大面积种植。特征特性：株型紧凑，主根匀称，芦头细小，中间粗，侧根少，外皮土黄色，肉白色；茎紫色，叶圆形，叶面多皱；喜阳光充足、高温湿润的气候，不耐严寒，适宜于土层深厚、肥沃的砂质壤土，生育期为100~125 d。

2. 风筝棵（怀牛膝2号）

为传统的药农当家品种。特征特性：株型松散，主根细长；芦头细小，中间粗，侧根较多，外皮土黄色，肉白色；茎紫色，叶椭圆形或卵状披针形，叶面较平。喜阳光充足、高温湿润的气候，不耐严寒，生育期 100~120 d，适宜于土层深厚、肥沃的砂质壤土。

3. 白牛膝

根圆柱形，芦头细小，中部粗，侧根少，主根均匀，根短外皮白色，断面白色。茎直立，四方形有棱，青色。单叶对生，有柄，叶片圆形或椭圆形，全缘，叶面深绿色。此品种在牛膝产区零星种植。

（二）选地与整地

宜选土层深厚、疏松肥沃、排水良好、地下水位低、向阳的砂质壤土种植。因牛膝的根可深入土中 60~100 cm，所以一般宜深翻，每公顷施基肥（堆肥或厩肥）45 000~60 000 kg，加入 375~600 kg 过磷酸钙，饼肥 1 500 kg，然后把沟填平整好，浅耕 20 cm 左右，耕后耙细、耙实，同时也就使肥料均匀，以利保肥保墒。土地整平后作畦 1 m 左右，并使畦面土粒细小。

（三）繁殖方法

多采用种子繁殖。种子分秋子、蔓薹子。蔓薹子又可分为秋蔓薹子、老蔓薹子。实践表明，秋子发芽率高，不易出现徒长现象，且产品主根粗长均匀，分杈少，产量高，品质较好。

1. 采种

选择核桃纹、风筝棵两品种的牛膝薹种植所产的秋子最佳。当年种植的牛膝所产的种子质量差，发芽率低。

2. 种子处理

播种前，将种子在凉水中浸泡 24 h，然后捞出，稍晾，使其松散后播种。也有用套芽（即催芽，其方法类似生豆芽）的方法，生芽后播种。

3. 播种

将处理过的种子拌入适量细土，均匀地撒入土畦中，轻耙一遍，将种子混入土中然后用脚轻轻踩一遍，保持土壤湿润，3~5 d 后出苗。如不出苗，须用水浇 1 次。每公顷需种子 7.5~11.25 kg，为增加种子顶土能力，可加大播种量。

（四）田间管理

1. 中耕除草

结合浅锄松土，除掉田间杂草。牛膝幼苗期，怕旱、忌高温，应及时进行中耕松土，既可起到降温、保蓄土壤水分和清除杂草的作用，同时也可顺带将幼苗四周表土内的毛根锄断除掉，而有利于主根的生长。幼苗长高后，不再中耕，但要注意及时除草。

2. 间苗定苗

牛膝播种后 1 周即可出苗。当苗高 3~4 cm 时进行第 1 次间苗，苗高 5~6 cm 时第 2 次间苗，苗高约 15 cm 时结合松土除草按 9~12 cm 株距定苗，间苗时要把过密、徒长、茎基部颜色不正常的苗和病苗、弱苗拔除，留大小一致的苗。

3. 水分管理

定苗后随即浇水 1 次，使幼苗直立生长。幼苗生长期间如遇高温天气，还应注意再适当浇水 1~2 次，以降低地温，利于幼苗正常生长。大雨后，要及时排水，如果地湿又遇大雨，易造成茎基部腐烂。8 月初以后，根生长最快，此时应注意浇水，特别是天旱时，每 10 d 要浇 1 次水，一直到霜降前，都要保持土壤湿润。在雨季应及时排水，否则容易染病害。并应在根际培土防止倒伏。

4. 追肥

牛膝以基肥为主，一般不再追肥。若肥力不足，植株叶色发黄，定苗后封垄前可追施稀薄人粪尿 2 250~3 000 kg/hm² 或尿素 300 kg/hm²，追肥后及时浇水。

5. 打顶

在植株高 40 cm 以上，长势过旺时，应及时打顶，以防止抽薹开花，消耗营养。为控制抽薹开花，可根据植株情况连续几次适当打顶，使株高 45 cm 左右为宜。生产上打顶后结合施肥，促进地下根的生长，是获得高产的主要措施之一。但不可留枝过短，以免叶片过少而影响根部营养积累。

（五）病虫草害防治

1. 白锈病

症状：该病在春秋低温多雨时容易发生。虽然植株地上部分均可受害，但主要为害叶片，在叶面出现淡黄绿色斑块，相应背面长出白色疱斑，直径 1~2 mm，表皮破裂后散出白色有光泽黏滑性粉状物。疱斑发生多时病叶枯黄变褐。发生在叶柄幼芽等部位上，产生淡黄色斑点，后成白色疱斑，病茎往往肿大扭曲。

防治措施：①收获后清园，集中病株烧毁或深埋，以消灭或减少越冬菌。②春寒多雨季节，开沟排水降低田间湿度。③发病初期喷 1∶1∶120 波尔多液或 65%代森锌 500 倍液，每 10~14 d 喷 1 次，连续 2~3 次。

2. 叶斑病

症状：该病 7—8 月发生，早秋雨水多、露水重易引起大量发病。为害叶片，产生多角形不规则叶斑，主要在背面生淡褐色霉层，严重时，整叶变成紫褐色枯死。

防治方法：同锈病防治法。

3. 根腐病

症状：在雨季或低洼积水处易发病。发病后叶片枯黄，生长停止，根部变褐色，水渍状，逐渐腐烂，最后枯死。

防治措施：①实行合理轮作；合理施肥，提高植株抗病力。②及时移除病株集中烧毁。③注意排除田间积水，选择高燥的地块种植，忌连作。④发病初期用 50%琥胶肥酸铜可湿性粉剂 350 倍液，或 12.5%敌萎灵 800 倍液喷灌，或 3%广枯灵（有效成分：噁霉灵、甲霜灵）600~800 倍液灌根，7 d 喷 1 次，喷 3 次以上。

4. 银纹夜蛾

症状：俗称青虫，是一种杂食性害虫，属鳞翅目夜蛾科，该种虫害多发生在幼苗期。幼虫为害寄主植物的叶片，轻则食成缺口，重则将叶片吃光，只留主脉。

防治措施：在苗期幼虫发生期，利用幼虫的假死性进行人工捕杀；幼虫低龄期用 100 亿/g 活芽孢 Bt 可湿性粉剂 200 倍液，或卵孵化盛期用氟啶脲（5%抑太保）2 500 倍液，或 25%灭幼脲悬浮剂 2 500 倍液，或 25%除虫脲悬浮剂 3 000 倍液，或氟虫脲（5%卡死克）乳油 2 500~3 000 倍液，或 0.36%苦参碱（维绿特、京绿、绿美、绿梦源等）水剂 800 倍液，或天然除虫菊（5%除虫菊素乳油）1 000~1 500 倍液，或用烟碱（1.1%绿浪）1 000 倍液，或用多杀霉素（25%菜喜悬浮剂）3 000 倍液喷雾防治。7 d 喷 1 次，防治 2~3 次。

5. 棉红蜘蛛

症状：一般 6—7 月发生为害，干旱时为害严重。成虫在叶背面吸取汁液，病叶干枯脱落。

防治措施：①清园，收挖前将地上部收割，处理病残体，以减少越冬基数。②与棉田相隔较远距离种植。③发生期用 40%水胺硫磷 1 500 倍液或 20%双甲脒乳油 1 000 倍液喷雾防治。

此外，寄生性种子植物菟丝子（*Cuscuta japonica* Choisy）的种子比牛膝稍晚萌发，可形成黄色丝状体，向寄主牛膝茎上缠绕后，可造成牛膝植株枯萎或死亡。防治措施：播种前清洗除混杂在种子中的菟丝子种子；田间如杂有菟丝子种子，应与禾本科植物进行轮作；发现少量发生时，可在菟丝子开花前，将其人工拔除，并带出田外暴晒后烧掉除去；用"鲁保 1 号"粉剂直接撒施（在 16 时以后施药，最好在雨后或下小雨时撒施），每公顷用药 22.5~37.5 kg；如用喷雾法，在田间菟丝子基本都出土后，将"鲁保 1 号"每亩 0.4 kg 药兑水 100 kg 溶解，在傍晚喷雾施药，也可用 40%地乐胺乳油喷雾，用法是：每公顷用药 3 000~3 750 mL，兑水 600~900 kg。

四、留种技术

霜降后，在怀牛膝采挖时节，选择植株高矮适度，枝密叶圆，叶片肥大，根部粗长，表皮光滑，无分叉及须根少的植株，去掉地上部，保留芦头（芽）。取芦头下 20~25 cm 根部即为牛膝薹，在阴凉处挖坑深 30 cm，垂直放入牛膝薹，填土压实越冬。第 2 年 3 月下旬或 4 月上旬，按株行距 60 cm×75 cm 植入牛膝薹，苗高 20~30 cm 时，每株施尿素 150 g，适量浇水。也可在收获时选优良植株的根存放在地窖里，第 2 年解冻后再按上述方法栽培、栽种。秋后种子成熟后采种即为秋子，秋子种植的牛膝所产的种子为秋蔓薹子，秋蔓薹子种植的牛膝所产的种子为老蔓薹子。

五、采收与加工

（一）采收

牛膝收获期以霜降后，封冻前最好。北方在10月中旬至11月上旬收获。过早收获则根不壮实，产量低；过晚收获则易木质化或受冻影响品质。采收前浇一次水，再一层一层向下挖，挖掘时先从地的一端开沟，然后顺次采挖，要做到轻、慢、细，不要将根部损伤，要保持根部完整。采用人工采挖进行采收，用镰刀割去牛膝地上部分，留茬3 cm左右，从田间一头起槽采挖，尽量避免挖断根部。

（二）加工

挖回的牛膝，先不洗涤，去净泥土和杂质，将地上部分捆成小把挂于室外晒架上，枯苗向上根条下垂，任其日晒风吹；新鲜牛膝怕雨怕冻，因此应早上晒晚上收。若受冻或淋雨，会变紫发黑，影响品质。应按粗细不同晾晒，晒8~9 d至七成干时，取回堆放室内盖席。闷2 d后，再晒干。此时的牛膝称为毛牛膝。传统上是将毛牛膝打捆投入水中，使之蘸水，立即拿出，交错分熏炕中，用席覆盖后，用硫黄熏。每50 kg毛牛膝用硫黄0.5~0.75 kg，到烧完硫黄为止。然后取出，削去芦头，再按长短选出特膝、头肥、二肥、平条等不同等级。将其主根细尖与支根摘去，依级3.5~4 kg成捆，再蘸水后，用硫黄熏，熏后将其分成小把，每把200 g左右（为7~8根或10余根不等），捆好后再上炕以小火烘焙干。但一般多为晒干，只有天气不好时，才用火烘干。

六、包装、储藏与运输

（一）包装

将干的牛膝小把用木箱装，内衬防潮纸或纸箱包装。装箱时做到闷不好不装、残条不装、碎条不装、冻条不装、霉条不装、油条不装、散把不装、混等级不装。每箱20 kg左右，放置通风阴凉处。在每件包装上注明品名、规格、产地、批号、包装日期、生产单位，并附有质量合格的标志。

（二）储藏

加工与包装好的牛膝要求放在清洁、通风、阴凉、干燥、避光、无异味的专用仓库中，置于货架上。适宜温度28 ℃以下，相对湿度68%~75%。商品安全水分11%~14%。夏季最好放在冷藏室，防止生虫、发霉、泛糖（油）。储藏期应定期检查，消毒，保持环境卫生整洁，经常通风。商品存放一定时间后，要换堆，倒垛。有条件的地方可密封充氮降氧保护。发现轻度霉变、虫蛀，要及时翻晒，严重时用熏蒸剂熏灭。

（三）运输

运输工具或容器应具有较好的通气性，以保持干燥，并应有防潮措施，同时不应与其他有毒有害、有异味的物质混装。

参考文献

敖日格乐, 红艳, 王秀兰, 等, 2018. 蒙药材蒙古黄芪生长规律研究 [J]. 中国民族医药杂志, 24 (10): 59-61.

奥运, 2023. 蒙古黄芪高产种质筛选与鉴定 [D]. 呼和浩特: 内蒙古农业大学.

鲍布日额, 奥·乌力吉, 2019. 特金罕山国家自然保护区药用植物图谱 [M]. 赤峰: 内蒙古科学技术出版社.

曹亚男, 2023. 不同成熟期菊芋农艺性状、生产性能及多糖理化性质的研究 [D]. 泰安: 山东农业大学.

陈雨秋, 张涛, 陈长宝, 等, 2021. 防风的化学成分、提取工艺及药理作用研究进展 [J]. 江苏农业科学, 49 (9): 43-48.

成彦武, 薛军, 李欢乐, 等, 2023. 北苍术栽培技术要点 [J]. 特种经济动植物, 26 (11): 93-95.

程红玉, 2008. 苦参种子发芽特性及水分和盐碱对幼苗胁迫效应的研究 [D]. 兰州: 甘肃农业大学.

代少山, 2011. 乌拉尔甘草种质资源与药材质量研究 [D]. 保定: 河北农业大学.

段琦梅, 2005. 黄芪生物学特性研究 [D]. 杨凌: 西北农林科技大学.

樊桓均, 2020. 桔梗种质资源的比较及适应性研究 [D]. 延边: 延边大学.

龚发萍, 郑鸣, 2021. 黄芩的化学成分及药理作用 [J]. 临床合理用药杂志, 14 (34): 176-178.

关强, 魏玉侠, 王艾绒, 等, 1992. 苍术种子生物学特性的研究 [J]. 中药材 (10): 10-11.

国家药典委员会, 2020. 中华人民共和国药典 [M]. 北京: 中国医药科技出版社.

国家中医药管理局《中华本草》编委会, 2004. 中华本草·蒙药卷 [M]. 上海: 上海科学技术出版社.

海沙·沙比, 2020. 旱地黄芪育苗技术 [J]. 世界热带农业信息 (5): 24.

韩晶锋, 2022. 丹参栽培技术 [J]. 河南农业 (10): 15, 52.

何兰, 2004. 名贵中药材绿色栽培技术: 枸杞 甘草 [M]. 北京: 科学技术文献出版社.

黄璐琦, 2017. 北沙参生产加工适宜技术 [M]. 北京: 中国医药科技出版社.

黄璐琦, 张春红, 李旻辉, 2017. 赤芍生产加工适宜技术 [M]. 北京: 中国医药科技出版社.

及华，张海新，王琳，等，2022. 河北省道地中药材——黄芪［J］. 现代农村科技（9）：124.

贾红茹，韩静，吴雪艳，2014. 太行山区桔梗丰产栽培技术［J］. 湖北林业科技，43（2）：73-74.

姜辉，顾胜龙，张玉婷，等，2020. 黄芪化学成分和药理作用研究进展［J］. 安徽中医药大学学报，39（5）：93-96.

蒋微，蒋式骊，刘平，2019. 黄芪甲苷的药理作用研究进展［J］. 中华中医药学刊，37（9）：2121-2124.

李海华，青梅，于娟，等，2015. 甘草的研究进展［J］. 内蒙古医科大学学报，37（2）：199-204.

李红芳，许响，2009. 珊瑚菜的栽培与利用［J］. 现代中医药，29（1）：58-59.

李吉，2013. 怀牛膝连作对根际土壤微生物群落结构和功能多样性的影响［D］. 福州：福建农林大学.

李润萍，蔡延渠，陈健，等，2012. 内蒙古、宁夏地产草麻黄的质量考察［J］. 时珍国医国药，23（9）：2317-2319.

李欣，魏朔南，2006. 黄芩的生物学研究进展［J］. 中国野生植物资源（6）：11-15.

刘慧开，金龙，2010. 丹参的现代研究进展［J］. 甘肃中医，23（2）：70-72.

刘亚南，施群，吴卫，2024. 黄芩种质资源及栽培技术研究进展［J］. 现代农业科技（9）：73-79.

苗万波，苏才龙，2009. 北防风种子发芽及播种量的研究［J］. 中国林副特产（4）：32.

南京中医药大学，2006. 中药大辞典［M］. 上海：上海科学技术出版社.

内蒙古植物药志编辑委员会，1989. 内蒙古植物药志·第三卷［M］. 呼和浩特：内蒙古人民出版社.

祁心，梁力丹，雷慧，2024. 干旱胁迫对北苍术种子萌发及幼苗生理特性的影响［J］. 中国种业（5）：113-117.

秦立金，李铮，刘婧，等，2020. 露地越冬赤芍在赤峰地区生物学特性的表现［J］. 赤峰学院学报（自然科学版），36（2）：33-35.

冉先德，2010. 中华药海（精华本）［M］. 北京：东方出版社.

容路生，姜大成，孟芳芳，等，2020. 北苍术种植技术［J］. 农业与技术，40（22）：82-84.

史月龙，袁凌峰，杨艳，等，2022. 药食同源桔梗的开发价值及栽培加工分析［J］. 世界热带农业信息（12）：85-86.

宋焕芝，于晓南，沈苗苗，2011. 芍药属植物种子双重休眠特性与破眠技术研究进展［J］. 种子，30（3）：67-70.

滕艳芬，王峥涛，余国奠，2001. 丹参的药用资源研究进展［J］. 中国野生植物资源（2）：1-3，16.

万群芳，信小娟，赵光磊，等，2016. 大兴安岭地区赤芍生产技术［J］. 防护林科技（10）：107-108.

王国强，2014. 全国中草药汇编［M］. 北京：人民卫生出版社.

王建国，2019. 甘肃款冬花栽培技术［J］. 新农业（19）：36-37.

王淑敏，2009. 北沙参及其栽培管理技术［J］. 北方园艺（12）：154-155.

王喜军，孟祥才，左军，等，2003. 黑龙江省地道中药材龙胆、防风的种植基本情况调查［J］. 中医药信息（2）：55-56.

王霞，2023. 款冬连作障碍效应及其施肥缓解措施研究［D］. 兰州：甘肃农业大学.

王喆，金虎，2022. 经济植物牛膝栽培管理技术［J］. 中国林副特产（2）：36-37，40.

肖先，李春燕，刘晓龙，等，2023. 甘草的主要化学成分及药理作用研究进展［J］. 新乡医学院学报，40（3）：280-285.

徐国钧，何宏贤，徐珞珊，等，1996. 中国药材学［M］. 北京：中国医药科技出版社.

许芳，2022. 防风林药间作生态种植对药材产量、质量及土壤养分的影响［D］. 长春：吉林农业大学.

严一字，2007. 桔梗种质资源及种子生物学特性研究［D］. 哈尔滨：东北林业大学.

杨守研，刘瑛琦，2024. 苦参的化学成分、药理作用及临床应用研究进展［J］. 中国药物滥用防治杂志，30（1）：80-83.

张成才，覃明，王红阳，等，2024. 苍术生物学特性与繁育技术研究进展［J］. 中国中药杂志，49（12）：3144-3151.

张丽微，董清山，解国庆，等，2022. 密山市北苍术栽培技术［J］. 黑龙江农业科学（6）：117-120.

张弩，2009. 不同播期和施肥对苦参生物产量及生物碱含量的影响［D］. 兰州：甘肃农业大学.

张秀丽，2013. 芍药从萌芽到花落的物候期调查［J］. 辽宁农业职业技术学院学报，15（1）：16-17.

张永清，刘合刚，2013. 药用植物栽培学［M］. 北京：中国中医药出版社.

赵一之，2004. 黄芪植物来源及其产地分布研究［J］. 中草药，35（10）：1189-1190.

赵一之，赵利清，曹瑞，等，2020. 内蒙古植物志［M］. 呼和浩特：内蒙古人民出版社.

赵中振，陈虎彪，2010. 中药材鉴定图典［M］. 福州：福建科学技术出版社.

中国科学院中国植物志编辑委员会，1977. 中国植物志［M］. 北京：科学出版社.

中国科学院中国植物志编辑委员会，1978. 中国植物志［M］. 北京：科学出版社.

中国科学院中国植物志编辑委员会，1979. 中国植物志［M］. 北京：科学出版社.

中国科学院中国植物志编辑委员会，1985. 中国植物志 [M]. 北京：科学出版社.
中国科学院中国植物志编辑委员会，1987. 中国植物志 [M]. 北京：科学出版社.
中国科学院中国植物志编辑委员会，1991. 中国植物志 [M]. 北京：科学出版社.
中国科学院中国植物志编辑委员会，1992. 中国植物志 [M]. 北京：科学出版社.
中国科学院中国植物志编辑委员会，2004. 中国植物志 [M]. 北京：科学出版社.
中华中医学会，2018. 中药材商品规格等级——黄芪 T/CACM 1021.4—2018 [S].
　　北京：中华中医药学会.